U0311293

"十三五"国家重点图书出版规划项目

中国北方及其毗邻地区综合科学考察

董锁成　孙九林　主编

中国北方及其毗邻地区综合科学考察数据集

杨雅萍　王卷乐 等　著

科　学　出　版　社

北　京

内 容 简 介

本书对中国北方及其毗邻地区综合科学考察获取的数据集进行了规范化整理和描述。本书第1~3章对项目考察中获取的点上监测数据、面上数据及样带综合分析数据进行规范化整编，统一编制元数据、数据文档和数据缩略图，并对数据集的部分数据内容进行可视化展示；第4章给出各野外调查数据的采集和处理技术规范，以便读者了解该数据集的产生方法和质量控制过程。

本书可作为高等院校及科研院所地理学、资源科学、环境科学、地图学与地理信息系统等学科的教学或参考书目，可供从事自然地理、资源管理、环境保护、全球变化与区域可持续发展等工作的研究人员、技术人员和政府部门管理人员使用。

图书在版编目（CIP）数据

中国北方及其毗邻地区综合科学考察数据集／杨雅萍，王卷乐等著.
—北京：科学出版社，2016.5

（中国北方及其毗邻地区综合科学考察）

"十三五"国家重点图书出版规划项目

ISBN 978-7-03-038959-6

Ⅰ.①中… Ⅱ.①杨… ②王… Ⅲ.①科学考察–数据集–东亚
Ⅳ.①N831

中国版本图书馆 CIP 数据核字（2013）第 251225 号

责任编辑：李　敏　周　杰／责任校对：邹慧卿
责任印制：肖　兴／封面设计：黄华斌　陈　敬

科学出版社 出版
北京东黄城根北街 16 号
邮政编码：100717
http://www.sciencep.com
中国科学院印刷厂 印刷
科学出版社发行　各地新华书店经销

*

2016 年 5 月第　一　版　开本：787×1092　1/16
2016 年 5 月第一次印刷　印张：15 1/2
字数：400 000

定价：138.00 元
（如有印装质量问题，我社负责调换）

中国北方及其毗邻地区综合科学考察
丛书编委会

项目顾问委员会

主 任

孙鸿烈　中国科学院原常务副院长、中国青藏高原研究会名誉理事长、中国科学院院士、研究员

陈宜瑜　国家自然科学基金委员会原主任、中国科学院院士、研究员

委 员

方　磊　中国生态经济学会原副理事长、原国家计划委员会国土地区司司长、教授

李文华　中国生态学学会顾问、中国工程院院士、研究员

田裕钊　原中国科学院–国家计委自然资源综合考察委员会副主任、研究员

刘兴土　中国科学院东北地理与农业生态研究所，中国工程院院士、研究员

周晓沛　外交部原欧亚司司长、中华人民共和国驻哈萨克斯坦共和国大使馆原大使

李静杰　中国社会科学院原苏联东欧所所长、学部委员、研究员

陈　才　吉林大学东北亚研究院名誉院长、东北师范大学终身荣誉教授

刘纪远　中国自然资源学会名誉理事长、资源与环境信息系统国家重点实验室原主任、中国科学院地理科学与资源研究所研究员

中国北方及其毗邻地区综合科学考察
丛书编委会

项目专家组

组　长

刘　恕　中国科学技术协会原副主席、荣誉委员，中国俄罗斯友好协会常务副会长、研究员

副组长

孙九林　中国工程院院士、中国科学院地理科学与资源研究所研究员

专　家

石玉林　中国工程院院士、中国自然资源学会名誉理事长、研究员

尹伟伦　中国工程院院士、北京林业大学原校长、教授

黄鼎成　中国科学院资源环境科学与技术局原副局级学术秘书、研究员

葛全胜　中国科学院地理科学与资源研究所所长、研究员

江　洪　南京大学国际地球系统科学研究所副所长、教授

陈全功　兰州大学草地农业科技学院教授

董锁成　中国科学院地理科学与资源研究所研究员

《中国北方及其毗邻地区综合科学考察数据集》

编写委员会

序　一

科技部科技基础性工作专项重点项目"中国北方及其毗邻地区综合科学考察"经过中、俄、蒙三国 30 多家科研机构 170 余位科学家 5 年多的辛勤劳动，终于圆满完成既定的科学考察任务，形成系列科学考察报告，共 10 册。

中国北方及其毗邻的俄罗斯西伯利亚、远东地区及蒙古国是东北亚地区的重要组成部分。除了 20 世纪 50 年代对中苏合作的黑龙江流域综合考察外，长期以来，中国很少对该地区进行综合考察，尤其缺乏对俄蒙两国高纬度地区的考察研究。因此，该项考察成果的出版将为填补中国在该地区数据资料的空白做出重要贡献，且将为全球变化研究提供基础数据支持，对东北亚生态安全和可持续发展、"丝绸之路经济带"和"中俄蒙经济走廊"的建设具有重要的战略意义。

这次考察面积近 2000 万 km²，考察内容包括地理环境、土壤、植被、生物多样性、河流湖泊、人居环境、经济社会、气候变化、东北亚南北生态样带、综合科学考察技术规范等，是一项科学价值大、综合性强的跨国科学考察工作。系列科学考察报告是一套资料翔实，内容丰富，图文并茂的重要成果。

我相信，《中国北方及其毗邻地区综合科学考察》丛书的出版是一个良好的开端，这一地区还有待进一步深入全面考察研究。衷心希望项目组再接再厉，为中国的综合科学考察事业做出更大的贡献。

2014 年 12 月

序 二

2001 年，科技部启动科技基础性工作专项，明确了科技基础性工作是指对基本科学数据、资料和相关信息进行系统的考察、采集、鉴定，并进行评价和综合分析，以加强我国基础数据资料薄弱环节，探求基本规律，推动科学基础资料信息流动与利用的工作。近年来，科技基础性工作不断加强，综合科学考察进一步规范。"中国北方及其毗邻地区综合科学考察"正是科技部科技基础性工作专项资助的重点项目。

中国北方及其毗邻的俄罗斯西伯利亚、远东地区和蒙古国在地理环境上是一个整体，是东北亚地区的重要组成部分。随着全球化和多极化趋势的加强，东北亚地区的地缘战略地位不断提升，越来越成为大国竞争的热点和焦点。东北亚地区生态环境格局复杂多样，自然过程和人类活动相互作用，对中国资源、环境与社会经济发展具有深刻的影响。长期以来，中国缺少对该地区的科学研究和数据积累，尤其缺乏对俄蒙两国高纬度地区的考察研究。因此，该项综合科学考察成果的出版将填补我国在该地区长期缺乏数据资料的空白。该项综合科学考察工作必将极大地支持中国在全球变化领域中对该地区的创新研究，支持东北亚国际生态安全、资源安全等重大战略决策的制定，对中国社会经济可持续发展特别是丝绸之路经济带和中俄蒙经济走廊的建设都具有重要的战略意义。

《中国北方及其毗邻地区综合科学考察》丛书是中俄蒙三国 170 余位科学家通过 5 年多艰苦科学考察后，用两年多时间分析样本、整理数据、编撰完成的研究成果。该项科学考察体现了以下特点：

一是国际性。该项工作联合俄罗斯科学院、蒙古国科学院及中国 30 多家科研机构，开展跨国联合科学考察，吸收俄蒙资深科学家和中青年专家参与，使中断数十年的中苏联合科学考察工作在新时期得以延续。项目考察过程中，科考队员深入俄罗斯勒拿河流域、北冰洋沿岸、贝加尔湖流域、远东及太平洋沿岸等地区，采集到大量国外动物、植物、土壤、水样等标本。该项考察工作还探索出利用国外生态观测台站和实验室观测、实验获取第一手数据资料，合作共赢的国际合作模式。如此大规模的跨国科学考察，必将有力地推进中国综合科学考察工作的国际化。

二是综合性。从考察内容看，涉及地理环境、土壤植被、生物多样性、河流湖泊、人居环境、社会经济、气候变化、东北亚南北生态样带以及国际综合科学考察技术规范等内容，是一项内容丰富、综合性强的科学考察工作。

三是创新性。该项考察范围涉及近 2000 万 km²。项目组探索出点、线、面结合，遥感监测与实地调查相结合，利用样带开展大面积综合科学考察的创新模式，建立 E-Science 信息化数据交流和共享平台，自主研制便携式野外数据采集仪。上述创新模式和技术保障了各项考察任务的圆满完成。

考察报告资料翔实，数据丰富，观点明确，在科学分析的基础上还提出中俄蒙跨国合作的建议，有许多创新之处。当然，由于考察区广袤，环境复杂，条件艰苦，对俄罗斯和蒙古全境自然资源、地理环境、生态系统与人类活动等专题性系统深入的综合科学考察还有待下一步全面展开。我相信，《中国北方及其毗邻地区综合科学考察》丛书的面世将对中国国际科学考察事业产生里程碑式的推动作用。衷心希望项目组全体专家再接再厉，为中国的综合科学考察事业做出更大的贡献。

2014 年 12 月

序 三

进入 21 世纪以来，我国启动实施科技基础性工作专项，支持通过科学考察、调查等过程，对基础科学数据资料进行系统收集和综合分析，以探求基本的科学规律。科技基础性工作长期采集和积累的科学数据与资料，为我国科技创新、政府决策、经济社会发展和保障国家安全发挥了巨大的支撑作用。这是我国科技发展的重要基础，是科技进步与创新的必要条件，也是整体科技水平提高和经济社会可持续发展的基石。

2008 年，科技部正式启动科技基础性工作专项重点项目"中国北方及其毗邻地区综合科学考察"，标志着我国跨国综合科学考察工作迈出了坚实的一步。这是我国首次开展对俄罗斯和蒙古国中高纬度地区的大型综合科学考察，在我国科技基础性工作史上具有划时代的意义。在该项目的推动下，以董锁成研究员为首席科学家的项目全体成员，联合国内外 170 余位科学家，利用 5 年多的时间连续对俄罗斯远东地区、西伯利亚地区、蒙古国，中国北方地区展开综合科学考察，该项目接续了中断数十年的中苏科学考察。科考队员足迹遍布俄罗斯北冰洋沿岸、东亚太平洋沿岸、贝加尔湖沿岸、勒拿河沿岸、阿穆尔河沿岸、西伯利亚铁路沿线、蒙古沙漠戈壁、中国北方等人迹罕至之处，历尽千辛万苦，成功获取考察区范围内成系列的原始森林、土壤、水、鱼类、藻类等珍贵样品和标本 3000 多个（号），地图和数据文献资料 400 多套（册），填补了我国近几十年在该地区的资料空白。同时，项目专家组在国际上首次尝试构建东北亚南北生态样带，揭示了东北亚生态、环境和经济社会样带的梯度变化规律；在国内首次制定 16 项综合科学考察标准规范，并自主研制了野外考察信息采集系统和分析软件；与俄蒙科研机构签署 12 项合作协议，创建了中俄蒙长期野外定位观测平台和 E-Science 数据共享与交流网络平台。项目取得的重大成果为我国今后系统研究俄蒙地区资源开发利用和区域可持续发展奠定了坚实的基础。我相信，在此项工作基础上完成的《中国北方及其毗邻地区综合科学考察》丛书，将是极富科学价值的。

中国北方及其毗邻地区在地理环境上是一个整体，它占据了全球最大的大陆——欧亚大陆东部及其腹地，其自然景观和生态格局复杂多样，自然环境和经济社会相互影响，在全球格局中，该地区具有十分重要的地缘政治、地缘经济和地缘生态环境战略地位。中俄蒙三国之间有着悠久的历史渊源、紧密联系的自然环境与社会经济活动，区内生态建设、环境保护与经济发展具有强烈的互补性和潜在的合作需求。在全球变化的背景下，该地区在自然环境和经济社会等诸多方面正发生重大变化，有许多重大科学问题亟待各国科学家共同探索，共同寻求该区域可持续发展路径。当务之急是摸清现状。例如，在当前应对气候变化的国际谈判、履约和节能减排重大决策中，迫切需要长期采集和积累的基础性、权威性全球气候环境变化基础数据资料作为支撑。在能源资源越来越短缺的今天，我国要获取和利用国内外的能源资源，首先必须有相关国家的资源环境基础资料。俄蒙等周边国家在我国全球资源战略中占有极其重要的地位。

　　中国科学家十分重视与俄、蒙等国科学家的学术联系，并与国外相关科研院所保持着长期良好的合作关系。1998 年、2004 年，全国人大常委会副委员长、中国科学院院长路甬祥两次访问俄罗斯，并代表中国科学院与俄罗斯科学院签署两院院际合作协议。2005 年、2006 年，中国科学院地理科学与资源研究所等单位与俄罗斯科学院、蒙古科学院中亚等国科学院相关研究所成功组织了一系列综合科学考察与合作研究。近年来，各国科学家合作交流更加频繁，合作领域更加广泛，合作研究更加深入。《中国北方及其毗邻地区综合科学考察》丛书正是基于多年跨国综合科学考察与合作研究的成果结晶。该项成果包括：《中国北方及其毗邻地区科学考察综合报告》、《中国北方及其毗邻地区土地利用/土地覆被科学考察报告》、《中国北方及其毗邻地区地理环境背景科学考察报告》、《中国北方及其毗邻地区生物多样性科学考察报告》、《中国北方及其毗邻地区大河流域及典型湖泊科学考察报告》、《中国北方及其毗邻地区经济社会科学考察报告》、《中国北方及其毗邻地区人居环境科学考察报告》、《东北亚南北综合样带的构建与梯度分析》、《中国北方及其毗邻地区综合科学考察数据集》、*Proceedings of the International Forum on Regional Sustainable Development of Northeast and Central Asia*。

　　2013 年 9 月，习近平主席访问哈萨克斯坦时提出"共建丝绸之路经济带"的战略构想，得到各国领导人的响应。中国与俄蒙正在建立全面战略协作伙伴关系，俄罗斯科技界和政府部门正在着手建设欧亚北部跨大陆板块的交通经济带。2014 年 9 月，习近平主席提出建设中俄蒙经济走廊的战略构想，从我国北方经西伯利亚大铁路往西到欧洲，有望成为丝绸之路经济带建设的一条重要通道。在上海合作组织的框架下，巩固中俄蒙以及中国与中亚各国之间的战略合作伙伴关系是丝绸之路经济带建设的基石。资源、环境及科技合作是中俄蒙合作的优先领域和重要切入点，迫切需要通过科技基础工作加强对俄蒙的重点考察、调查与研究。在这个重大的历史时刻，中国北方及其毗邻地区综合科学考察丛书的出版，对广大科技工作者、政府决策部门和国际同行都是一项非常及时的、极富学术价值的重大成果。

2014 年 12 月

前　言

随着全球化、国际化趋势的不断增强，国与国之间、国家与区域之间在能源、资源、科技、军事、政治、经济等各个方面的竞争和合作都在不断加强。中国北方及其毗邻地区在地理环境上是一个整体，其生态环境格局复杂多样，气候条件和生态环境相互影响和制约。在该地区开展综合科学考察活动将极大地支持中国在全球变化领域的创新研究，支持国家生态安全、资源安全等重大战略决策的制定，对中国的社会经济可持续发展具有重要意义。

在科学技术部科技基础性工作专项重点项目"中国北方及其毗邻地区综合科学考察"（2007FY110300）的支持下，项目专家组通过 2007~2012 年在中国北方地区、蒙古、俄罗斯远东及西伯利亚地区的综合科学考察，积累丰富的资源环境本底数据、第一手调查数据及样带综合集成数据。为更好地发挥科技基础性工作积累数据资源的支撑作用，本书对项目考察中获取的点上监测数据、面上数据及样带综合分析数据进行规范化整编，统一编制元数据、数据文档和数据缩略图，并对数据集的部分数据内容进行可视化展示。同时，本书给出各野外调查数据的采集和处理技术规范，以便读者了解该数据集的产生方法和质量控制过程。

全书共 4 章，杨雅萍、王卷乐负责全书的内容组织、统筹编写，并由杨雅萍汇总审校。其中，杨雅萍具体负责第 3 章的撰写，王卷乐负责第 1、2、4 章的撰写。"中国北方及其毗邻地区综合科学考察"项目专家组的各课题参与人员提供了相关数据资源。其中，中国科学院地理科学与资源研究所朱华忠副研究员、中国科学院东北地理与农业生态研究所张树文研究员等提供面上基础地理、土地覆被和相关遥感数据；中国科学院地理科学与资源研究所庄大方研究员、徐新良副研究员、南京农业大学姜小三研究员等提供土壤、气候等自然地理环境综合科学调查数据；同济大学刘曙光教授、匡翠萍教授、钟桂辉高级工程师、蔡奕讲师等提供水资源综合考察和调查数据；中国科学院地理科学与资源研究所欧阳华研究员、徐兴良副研究员、邵彬助理研究员、南京大学江洪教授等提供林草生态系统及自然保护区考察和调查数据；中国科学院水生生物研究所陈毅峰研究员、刘国祥研究员、崔永德博士、何德奎研究员等提供水生生物及生态系统考察数据；中国科学院地理科学与资源研究所董锁成研究员、李宇副研究员、李泽红副研究员，内蒙古师范大学齐晓明副教授等提供经济社会发展考察数据；西安交通大学顾兆林教授、李旭祥教授、李志刚教授等提供人居环境与城镇化考察数据；南京大学江洪教授、金佳鑫博士、卢学鹤博士、张秀英副教授，中国科学院地理科学与资源研究所王卷乐研究员、朱立君博士等提供样带考察及考察成果综合集成数据；中国科学院南京地理与湖泊研究所张路副研究员、胡维平研究员等提供典型湖泊水环境调查数据；中国科学院地理科学与资源研究所杨雅萍高级工程师、吕宁副研究员、冯敏博士、姚凌助理研究员、杜佳工程师、乐夏芳助理工程师、李文娟博士、雷蕾、元艳艳等提供东北亚样带综合集成数据。

多名科研人员和研究生参与了本书的编写。其中，中国科学院地理科学与资源研究所高孟绪、朱立君、曹晓明、冉盈盈、张永杰等参与第1、2章的数据整编和文稿撰写；杜佳、乐夏芳、王俊岭、荆文龙、赵晓丹等参与第3章的数据整编和文稿撰写；为本书提供科学考察数据的多名研究人员参与第4章数据采集、处理规范的编写和修改，在此不再一一重复列举。王俊岭、荆文龙、赵晓丹、刘鹏、常中兵、许光明等协助完成全书的排版工作。本书在编制过程中得到了中国工程科技知识中心建设项目——地理资源与生态专业知识服务系统（CKCEST-2015-1-4）、江苏省地理信息资源开发与利用协同创新中心建设项目的支持，在此一并致谢。

作　者

2014 年 12 月

目　　录

第1章　中国北方及其毗邻地区综合科学考察面上数据

1.1　自然地理数据集

1.1.1　行政区划数据

中俄蒙考察区 1∶100 万行政区划数据集。

（1）数据集元数据

数据集标题：中俄蒙考察区 1∶100 万行政区划数据（1997 年）。

数据集摘要：数据范围是中俄蒙项目考察区范围。数据集包括行政区划、首都位置及面上考察区范围。

数据集关键词：基础地理、中俄蒙、行政区划、百万。

数据集时间：1997 年。

数据集格式：shape 文件。

所在单位：中国科学院地理科学与资源研究所。

通信地址：北京大屯路甲 11 号。

（2）数据集说明

数据集内容说明：中俄蒙考察区 1∶100 万行政区划数据集，包括 3 个图层：行政区划、首都位置点、面上考察区。

数据源说明：www.geocomm.com（俄罗斯、蒙古全境与周边国家）。

数据加工方法：历史数据数字化。

数据质量描述：良好。

数据应用成果：主要用于科学研究。

（3）数据集内容

本数据集示意图如图 1-1 所示。

中俄蒙考察区 1∶100 万行政区划数据集图层中包括中俄蒙三国的首都位置点分布图层、行政区划图层和面上考察区范围图层等 7 个 layer 数据。

数据均为矢量格式，部分属性数据如表 1-1～表 1-3 所示。

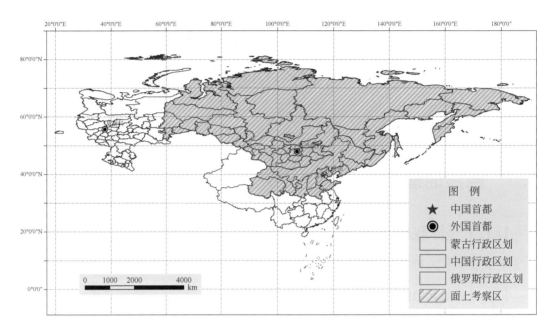

图 1-1　中国北方及其毗邻地区综合科学考察面上考察区示意图

表 1-1　中国行政区划图层属性数据

编号	代码	名称_省级行政区	省会_中文	省会_English
1	110000	北京市	北京市	Beijing
2	120000	天津市	天津市	Tianjin
3	130000	河北省	石家庄市	Shijiazhuang
4	140000	山西省	太原市	Taiyuan
5	150000	内蒙古自治区	呼和浩特市	Hohhot
6	210000	辽宁省	沈阳市	Shenyang
7	220000	吉林省	长春市	Changchun
8	230000	黑龙江省	哈尔滨市	Harbin
9	370000	山东省	济南市	Jinan
10	410000	河南省	郑州市	Zhengzhou
11	610000	陕西省	西安市	Xi'an
12	620000	甘肃省	兰州市	Lanzhou
13	630000	青海省	西宁市	Xining
14	640000	宁夏回族自治区	银川市	Yinchuan

表 1-2　俄罗斯行政区划图层属性数据

编号	名称	缩写	国家	洲
1855	Nenetskiy Avtonomnyy Okrug	RS	Russia	Europe
2062	Khanty-Mansiyskiy Avtonomnyy Okrug	RS	Russia	Asia
2063	Sverolovskaya Oblast'	RS	Russia	Asia
2072	Ostrov Ushakova, Taymyrskiy（Dolgano-Nenetskiy）Avt. Okrug	RS	Russia	Asia
2085	Ostrov Slozhnyy, Taymyrskiy（Dolgano-Nenetskiy）Avt. Okrug	RS	Russia	Asia
2086	Taymyrskiy（Dolgano-Nenetskiy）Avt. Okrug	RS	Russia	Asia
2087	Ostrov Barentsa, Nenetskiy Avtonomnyy Okrug	RS	Russia	Europe
2088	Ostrov Barentsa, Nenetskiy Avtonomnyy Okrug	RS	Russia	Europe
2089	Nenetskiy Avtonomnyy Okrug	RS	Russia	Europe
2090	Nenetskiy Avtonomnyy Okrug	RS	Russia	Europe
2093	Ostrov Troynoy, Taymyrskiy（Dolgano-Nenetskiy）Avt. Okrug	RS	Russia	Asia
2096	Ostrov Pologiy-Sergeyeva, Taymyrskiy（Dolgano-Nenetskiy）Avt. Okrug	RS	Russia	Asia
2097	Ostrova Mona, Taymyrskiy（Dolgano-Nenetskiy）Avt. Okrug	RS	Russia	Asia
2098	Taymyrskiy（Dolgano-Nenetskiy）Avt. Okrug	RS	Russia	Asia
2099	Taymyrskiy（Dolgano-Nenetskiy）Avt. Okrug	RS	Russia	Asia
2100	Ostrov Ringnes, Taymyrskiy（Dolgano-Nenetskiy）Avt. Okrug	RS	Russia	Asia

表 1-3　蒙古行政区划图层属性数据

编号	名称	缩写	国家	洲
1	Bayan-Olgiy	MG	Mongolia	Asia
2	Hovsgol	MG	Mongolia	Asia
3	Selenge	MG	Mongolia	Asia
4	Bulgan	MG	Mongolia	Asia
5	Uvs	MG	Mongolia	Asia
6	Dzavhan	MG	Mongolia	Asia
7	Tov	MG	Mongolia	Asia
8	Hovd	MG	Mongolia	Asia
9	Arhangay	MG	Mongolia	Asia
10	Ovorhangay	MG	Mongolia	Asia
11	Bayanhongor	MG	Mongolia	Asia
12	Govi-Altay	MG	Mongolia	Asia
13	Dundgovi	MG	Mongolia	Asia
14	Darhan	MG	Mongolia	Asia
15	Dornod	MG	Mongolia	Asia
16	Hentiy	MG	Mongolia	Asia
17	Ulaanbaatar	MG	Mongolia	Asia
18	Dornogovi	MG	Mongolia	Asia
19	Suhbaatar	MG	Mongolia	Asia
20	OMNOGOVI	MG	Mongolia	Asia
21	ORHON	MG	Mongolia	Asia
22	GOVISUMBER	MG	Mongolia	Asia

1.1.2 交通数据

中俄蒙考察区 1∶100 万铁路、公路交通数据集。

（1） 数据集元数据

数据集标题：中俄蒙考察区 1∶100 万铁路、公路交通数据（1997 年）。

数据集摘要：数据范围是中俄蒙项目考察区范围。数据集包括中俄蒙三国的铁路、公路交通。

数据集关键词：基础地理、中俄蒙、铁路、公路、百万。

数据集时间：1997 年。

数据集格式：shape 文件。

所在单位：中国科学院地理科学与资源研究所。

通信地址：北京大屯路甲 11 号。

（2） 数据集说明

数据集内容说明：中俄蒙考察区 1∶100 万铁路、公路交通数据集，包括 6 个图层，分别为中俄蒙三国的铁路交通和公路交通。

数据源说明：www. geocomm. com（俄罗斯、蒙古全境与周边国家）。

数据加工方法：历史数据数字化。

数据质量描述：良好。

数据应用成果：主要用于科学研究。

（3） 数据集内容

本数据集示意图如图 1-2 所示。

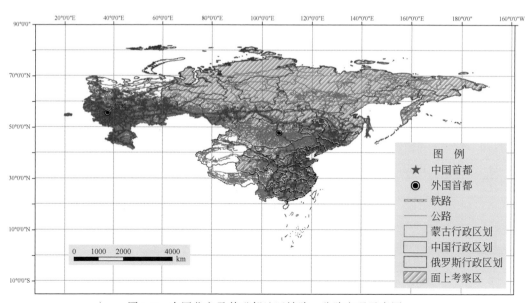

图 1-2　中国北方及其毗邻地区铁路、公路交通示意图

中俄蒙考察区 1∶100 万铁路、公路交通数据集中包括中俄蒙三国的铁路和公路数据图层，共有 6 个不同的欠量数据。此外，还包括中俄蒙三国行政区划中的首都位置点分布图层、行政区划图层和面上考察区范围图层等 7 个 layer 数据图层。

以蒙古铁路交通为例，部分属性数据如表 1-4 所示。

表 1-4　蒙古铁路图层属性数据

编号	长度	线路_ 编号	类型代码
1	0. 167 033	154	1
2	0. 030 692	154	8
3	0. 007 097	154	8
4	0. 242 742	154	1
5	0. 106 302	154	1
6	0. 006 046	154	8
7	0. 007 661	154	8
8	0. 264 552	154	1
9	0. 314 005	157	1
10	0. 027 910	157	8
11	0. 029 499	157	1
12	0. 026 730	157	1
13	0. 019 285	157	1
14	0. 048 268	157	1
15	0. 033 803	157	1
16	0. 076 597	157	1
17	0. 543 811	148	1
18	0. 237 693	157	1
19	0. 853 740	1457	1
20	0. 005 196	1278	1
21	0. 017 367	157	1

1.1.3　河流水系分布数据

俄罗斯 1∶400 万河流水文分布数据集。

（1）数据集元数据

数据集标题：俄罗斯 1∶400 万河流水文分布数据。

数据集摘要：数据范围是俄罗斯全范围。由 IIASA 森林项目组提供。数据集包括俄罗斯 1∶400 万水文分布图。

数据集关键词：水文、俄罗斯、400 万、分布图。

数据集时间：1997 年。

数据集格式：shape 文件。

所在单位：中国科学院地理科学与资源研究所。

通信地址：北京大屯路甲 11 号。

（2）数据集说明

数据集内容说明：俄罗斯 1：400 万河流水文分布数据，包括 2 个图层：①常年水系；②季节性水系。

数据源说明：数据来源于 IIASA 森林项目组。数据网址：http：//www. iiasa. ac. at/Research/FOR/russia_ cd/download. htm。

数据加工方法：其他方式。

数据质量描述：良好。

数据应用成果：主要用于科学研究，服务对象包括从事生态系统研究的学生和科研人员等。

（3）数据集内容

本数据集示意图如图 1-3 所示。

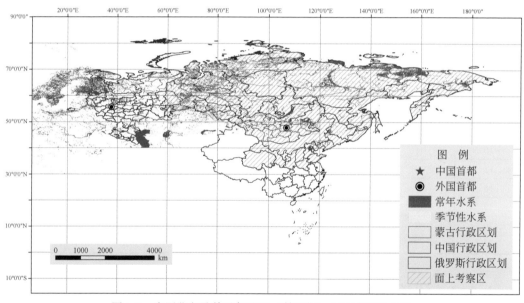

图 1-3　中国北方及其毗邻地区（俄罗斯）河流水系示意图

以俄罗斯常年水系数据图层为例，部分属性数据如表 1-5 所示。

表 1-5　俄罗斯常年水系图层属性数据

编号	代码	类型	名称	面积/km²
1	Inland Water	Perennial/Permanent	EIISVATN	0. 000 082
2	Inland Water	Perennial/Permanent	VATNI	0. 000 143
3	Inland Water	Perennial /Permanent	LOMUNDAROYRI	0. 000 104
4	Inland Water	Perennial/Permanent	FJALLAVATN	0. 000 208
5	Inland Water	Perennial/Permanent	TOFTAVATN	0. 000 115

编号	代码	类型	名称	面积
6	Inland Water	Perennial/Permanent	SORVAGSVATN	0.000 495
7	Inland Water	Perennial/Permanent	SANDSVATN	0.000 099
8	Inland Water	Perennial/Permanent	VATNSNES	0.000 061
9	Inland Water	Perennial/Permanent	LOCH OF CLIFF	0.000 432
10	Inland Water	Perennial/Permanent	UNK	0.000 067
11	Inland Water	Perennial/Permanent	UNK	0.000 092
12	Inland Water	Perennial/Permanent	UNK	0.000 044
13	Inland Water	Perennial/Permanent	UNK	0.000 106
14	Inland Water	Perennial/Permanent	UNK	0.000 075
15	Inland Water	Perennial/Permanent	UNK	0.000 095
16	Inland Water	Perennial/Permanent	UNK	0.000 042

1.1.4　地形（DEM、等高线）数据

中俄蒙 1∶100 万地形（DEM、等高线）数据集。

（1）数据集元数据

数据集标题：中俄蒙 1∶100 万地形（DEM、等高线）数据。

数据集摘要：数据范围是中俄蒙项目考察区范围。数据集包括中俄蒙三国的地形要素数据。

数据集关键词：基础地理、中俄蒙、DEM、等高线、百万。

数据集时间：2000 年（DEM）、1997 年（等高线）。

数据集格式：tif 文件（DEM）、shape 文件（等高线）。

所在单位：中国科学院地理科学与资源研究所。

通信地址：北京大屯路甲 11 号。

（2）数据集说明

数据集内容说明：本数据集共包括 2 个数据子集（DEM、等高线）：DEM 数据集包括 1 个图层——tif 格式的中俄蒙三国 90mDEM；等高线数据集包括 5 个图层，分别为中俄蒙三国的等高线图层，其中俄罗斯的数据分为（东、中、西）3 部分。

数据源说明：①http：//srtm. csi. cgiar. org，美国航天飞机雷达测绘项目；②www. geocomm. com，CD/DVD 码：g080304a297-1（俄罗斯、蒙古全境与周边国家）。

数据加工方法：历史数据数字化。

数据质量描述：良好。

数据应用成果：主要用于科学研究。

（3）数据集内容

本数据集示意图如图 1-4、图 1-5 所示。

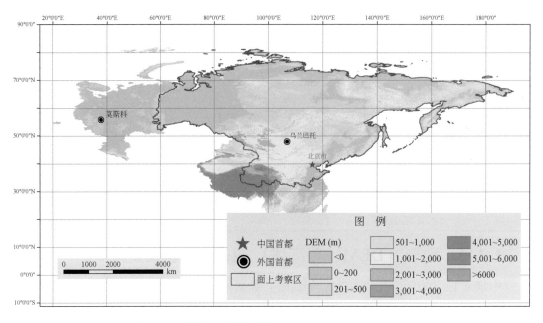

图 1-4　中国北方及其毗邻地区 DEM（90m）示意图

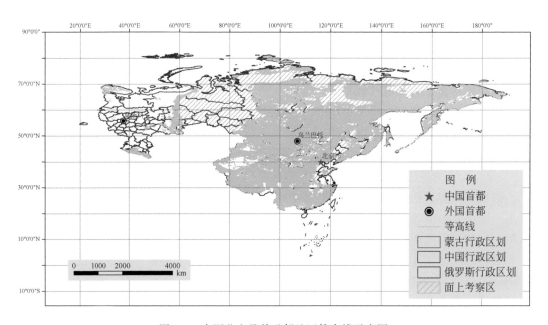

图 1-5　中国北方及其毗邻地区等高线示意图

以中国范围内等高线图层数据为例，部分属性数据如表 1-6 所示。

表 1-6　中国北方地区等高线图层属性数据

编号	长度	代码	类型代码
1	0.040 228	2000	3
2	0.107 290	2000	3
3	0.034 629	2000	1
4	1.617 530	1000	3
5	0.013 620	2000	1
6	0.070 821	2000	3
7	0.117 266	2000	3
8	0.377 851	2000	3
9	0.082 772	2000	3
10	0.054 363	1000	1
11	0.150 100	2000	1
12	0.253 046	2000	3
13	0.045 605	2000	3
14	0.065 718	2000	3
15	0.178 117	2000	1
16	1.523 440	1000	1

1.1.5　降水数据

中俄蒙考察区 1980~2010 年降水数据集。

（1）数据集元数据

数据集标题：中俄蒙考察区 1980~2010 年降水数据集。

数据集摘要：数据范围是中俄蒙项目考察区范围。数据集包括中俄蒙三国降水数据。

数据集关键词：降水、气象观测、空间插值、中俄蒙。

数据集时间：1980~2010 年。

数据集格式：coverage 格式文件。

所在单位：中国科学院地理科学与资源研究所。

通信地址：北京大屯路甲 11 号。

（2）数据集说明

数据集内容说明：中俄蒙三国 1980~2010 年的各年降水插值数据。

数据源说明：根据 NCDC GSOD 全球降水数据集（http：//www.ncdc.noaa.gov/cgi-bin/res40.pl？page=gsod.html），通过空间插值生成。

数据加工方法：空间插值。

数据质量描述：良好。

数据应用成果：主要用于科学研究。

(3) 数据集内容

本数据集包括中俄蒙三国 1980～2010 年各年降水插值数据，以 1980 年、1990 年、2000 年和 2010 年的数据为例，数据集示意图分别展示如图 1-6、图 1-7、图 1-8 和图1-9 所示。

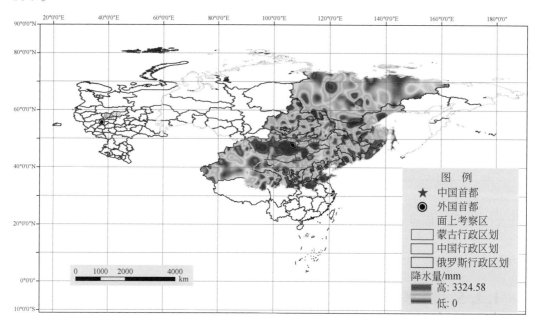

图 1-6 中国北方及其毗邻地区 1980 年降水示意图

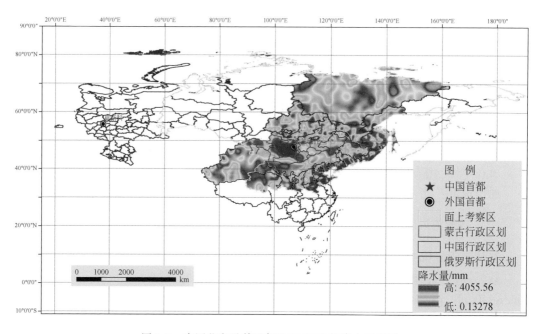

图 1-7 中国北方及其毗邻地区 1990 年降水示意图

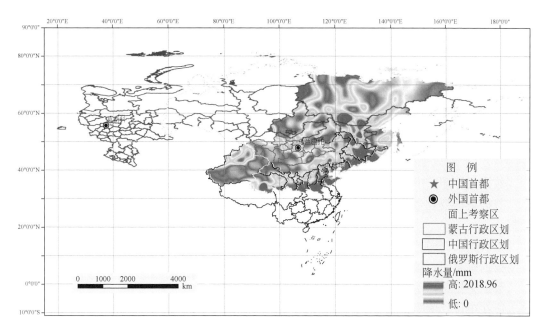

图 1-8　中国北方及其毗邻地区 2000 年降水示意图

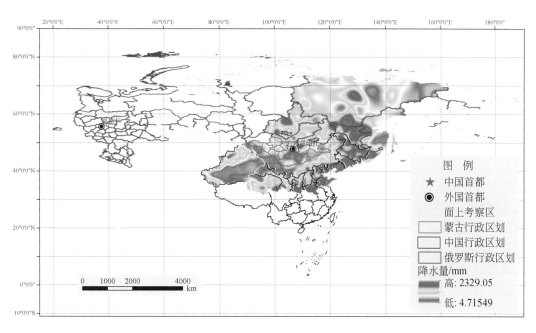

图 1-9　中国北方及其毗邻地区 2010 年降水示意图

中俄蒙考察区 1980～2010 年降水数据集包括有中俄蒙三国 1980～2010 年各年降水插值数据，共 31 个 coverage 格式文件夹。此外，还包括中俄蒙三国行政区划中的首都位置点分布图层、行政区划图层和面上考察区范围图层等 7 个 layer 数据图层。

1.1.6 气温数据

中俄蒙考察区 1980～2010 年气温数据集。

（1）数据集元数据

数据集标题：中俄蒙考察区 1980～2010 年气温数据集。

数据集摘要：数据范围是中俄蒙项目考察区范围。数据集包括中俄蒙三国气温数据。

数据集关键词：气温数据、中俄蒙。

数据集时间：1980～2010 年。

数据集格式：coverage 格式文件。

所在单位：中国科学院地理科学与资源研究所。

通信地址：北京大屯路甲 11 号。

（2）数据集说明

数据集内容说明：中俄蒙三国 1980～2010 年的各年平均气温插值数据。

数据源说明：根据 NCDC GSOD 全球气象数据集（http：//www. ncdc. noaa. gov/cgi-bin/res40. pl？ page＝gsod. html），通过空间插值生成。

数据加工方法：空间插值。

数据质量描述：良好。

数据应用成果：主要用于科学研究。

（3）数据集内容

本数据集包括中俄蒙三国 1980～2010 年各年平均气温插值数据，以 1980 年、1990 年、2000 年和 2010 年的数据为例，数据集示意图分别展示如图 1-10、图 1-11、图 1-12 和图 1-13 所示。

中俄蒙考察区 1980～2010 年气温数据集包括有中俄蒙三国 1980～2010 年的各年平均气温插值数据共 31 个 coverage 格式文件夹。此外，还包括中俄蒙三国行政区划中的首都位置点分布图层、行政区划图层和面上考察区范围图层等 7 个 layer 数据图层。

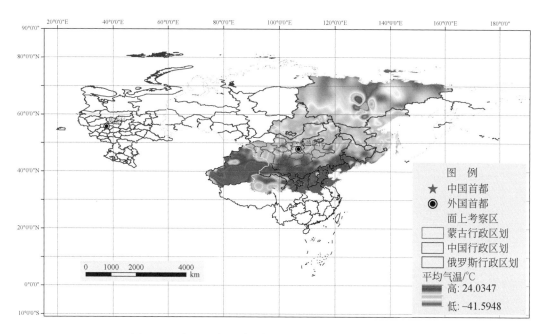

图 1-10　中国北方及其毗邻地区 1980 年平均气温示意图

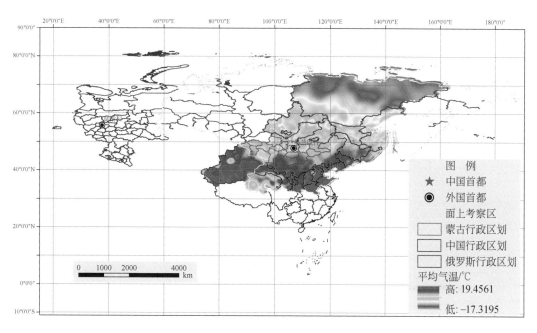

图 1-11　中国北方及其毗邻地区 1990 年平均气温示意图

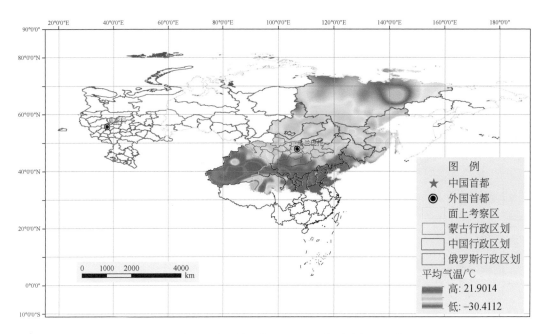

图 1-12　中国北方及其毗邻地区 2000 年平均气温示意图

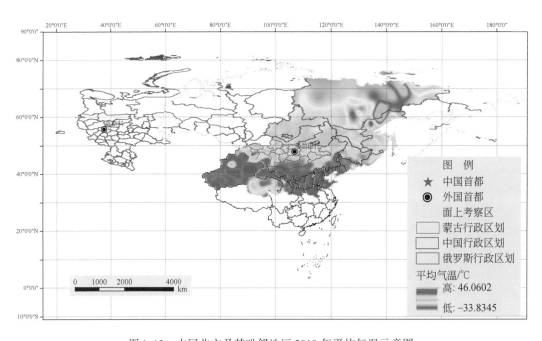

图 1-13　中国北方及其毗邻地区 2010 年平均气温示意图

1.2　资源环境数据集

1.2.1　土地覆被数据

1.2.1.1　中国北方及其毗邻地区 300m 分辨率土地覆被数据集

（1）数据集元数据

数据集标题：中国北方及其毗邻地区 300m 分辨率土地覆被数据集。

数据集摘要：提供了中国北方及其毗邻地区 2005 年和 2009 年 300m 分辨率土地覆被信息。坐标系统：WGS_84 地理坐标系统。

数据集关键词：土地覆被、300m 分辨率、东北亚。

数据集时间：2005 年、2009 年。

数据集格式：栅格。

所在单位：中国科学院东北地理与农业生态研究所。

通信地址：吉林省长春市高新北区盛北大街 4888 号。

（2）数据集说明

数据集内容说明：提供了中国北方及其毗邻地区 2005 年和 2009 年 300m 分辨率土地覆被信息。

数据源说明：原始数据为由欧洲空间局通过全球合作生产的 GlobCover 全球数据集，从 http：//ionia1. esrin. esa. int 下载。

数据加工方法：原始数据采用 FAO 土地覆被分类系统（LCCS），共有 22 类，而项目所需要的分类系统共有 15 类，故首先对原始数据进行分类系统转化，然后采用重采样等方式生成符合项目要求的 300m 分辨率的两期土地覆被数据。数据整体精度 73% 左右，不同土地覆被类型精度不同。

数据质量描述：原始资料数据体精度 73%。在加工生成数据表时，剔除一些明显误差数据。

（3）数据集内容

本数据集示意图如图 1-14、图 1-15 所示，其属性信息如表 1-7、表 1-8 所示。

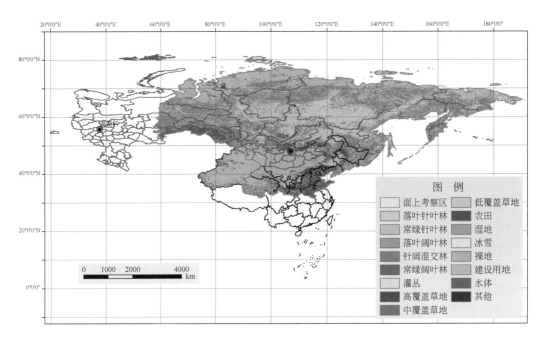

图 1-14　中国北方及其毗邻地区 2005 年土地覆被数据集（GlobCover）

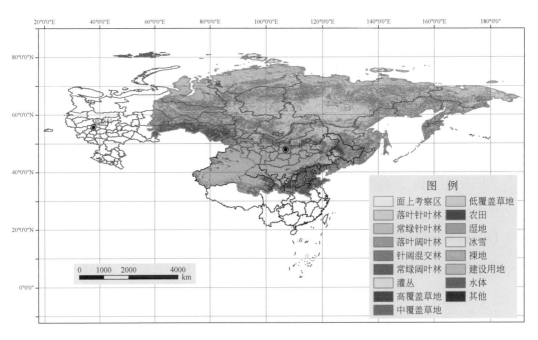

图 1-15　中国北方及其毗邻地区 2009 年土地覆被数据集（GlobCover）

表 1-7　中国北方及其毗邻地区 2005 年土地覆被数据集（GlobCover）属性

编号	类型代码	斑块数量
0	1	132 699 730
1	2	2 010 541
2	3	2 137
3	4	8 354 517
4	5	10 994 286
5	6	399 985
6	7	10 886 817
7	8	23 466 697
8	9	23 747 882
9	10	40 981 646
10	11	6 380 986
11	12	3 371 092
12	13	128 428 254
13	14	642 070
14	15	7 940 366
15	255	120 836

表 1-8　中国北方及其毗邻地区 2009 年土地覆被数据集（GlobCover）属性

编号	类型代码	斑块数量
0	1	128 162 643
1	2	2 498 317
2	3	2 129
3	4	10 524 330
4	5	9 036 516
5	6	271 338
6	7	8 782 028
7	8	24 113 416
8	9	22 378 995
9	10	41 387 768
10	11	7 257 990
11	12	3 254 849

编号	类型代码	斑块数量
12	13	135 431 611
13	14	614 255
14	15	6 672 485
15	255	39 172

1.2.1.2 中国北方及其毗邻地区500m分辨率土地覆被数据集

(1) 数据集元数据

数据集标题：中国北方及其毗邻地区500m分辨率土地覆被数据集。

数据集摘要：提供了中国北方及其毗邻地区2001年、2005年和2009年的500m分辨率的土地覆被信息。坐标系统为WGS_84地理坐标系统。

数据集关键词：土地覆被、500m分辨率、东北亚。

数据集时间：2001年、2005年、2009年。

数据集格式：栅格。

所在单位：中国科学院东北地理与农业生态研究所。

通信地址：吉林省长春市高新区蔚山路3195号。

(2) 数据集说明

数据集内容说明：提供了中国北方及其毗邻地区2001年、2005年和2009年的500m分辨率的土地覆被信息。

数据源说明：原始数据为由美国波士顿大学生产的MODIS Collection 5数据集。从https：//wist. echo. nasa. gov/api下载MODIS/Terra + Aqua Land Cover Type Yearly L3 Global 500m SIN Grid V005这类产品，即MCD12Q1产品。

数据加工方法：首先，选择MODIS/Terra+Aqua Land Cover Type Yearly L3 Global 500m SIN Grid V005这类产品，即MCD12Q1产品，整个考察区共涉及33景MODIS标准分幅数据。其次，采用NASA网站上提供的MODIS重投影工具（MODIS Reprojection Tool，MRT）对MCD12Q1产品进行数据镶嵌、投影体系及数据格式转换，并提取land_ cover_ type_ 1数据层。再次，由于原数据遵循IGBP土地覆被分类系统，共有17类，项目所需分类系统共有15类，故对数据进行分类系统转化，采用重采样方式生成符合项目要求的500m分辨率的三期土地覆被数据。最后，将栅格数据在ARCGIS软件中用滤波方法进行预处理，根据栅格转矢量命令将其转成相应的矢量数据。

数据质量描述：原始资料数据体精度为73%。在加工生成数据表时，剔除一些明显误差数据。

(3) 数据集内容

本数据集示意图如图1-16~图1-18所示。

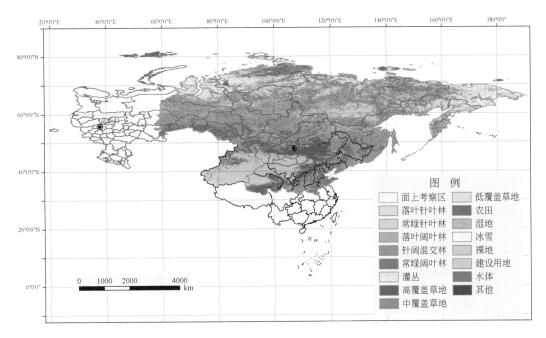

图 1-16　中国北方及其毗邻地区 2001 年土地覆被数据集（MODIS 数据）

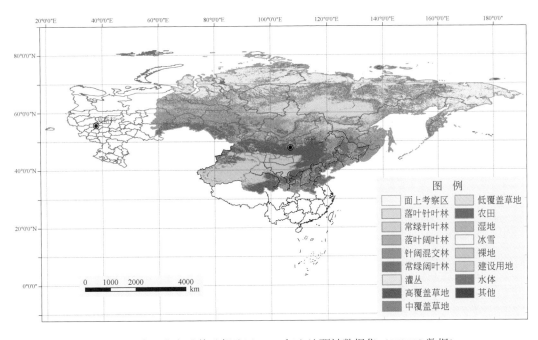

图 1-17　中国北方及其毗邻地区 2005 年土地覆被数据集（MODIS 数据）

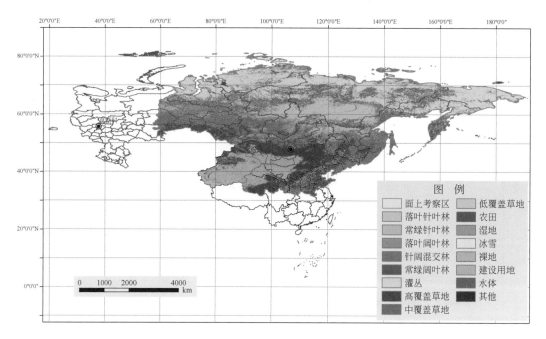

图1-18　中国北方及其毗邻地区2009年土地覆被数据集（MODIS数据）

数据集内容展示如表1-9～表1-11所示。

表1-9　中国北方及其毗邻地区2001年土地覆被数据集属性（MODIS数据）

编号	类型代码	斑块数量
0	1	4 172 733
1	2	1 983 702
2	3	568 335
3	4	4 881 305
4	5	4 096
5	6	18 287 441
6	7	7 807 579
7	8	621 364
8	9	7 846 638
9	10	5 295 253
10	11	506 955
11	12	429 849
12	13	5 153 574
13	14	121 008
14	15	723 264
15	255	40 642

表 1-10 中国北方及其毗邻地区 2005 年土地覆被数据集属性（MODIS 数据）

编号	类型代码	斑块数量
0	1	7 144 759
1	2	1 888 984
2	3	474 523
3	4	4 406 163
4	5	173
5	6	19 164 703
6	7	6 785 314
7	8	766 295
8	9	5 343 402
9	10	5 371 898
10	11	1 097 348
11	12	588 491
12	13	4 676 238
13	14	120 965
14	15	573 886
15	255	40 596

表 1-11 中国北方及其毗邻地区 2009 年土地覆被数据集属性（MODIS 数据）

编号	类型代码	斑块数量
0	1	6 639 683
1	2	2 471 558
2	3	424 020
3	4	4 998 877
4	5	104
5	6	20 197 895
6	7	5 972 595
7	8	348 805
8	9	4 710 645
9	10	5 236 195
10	11	1 146 314
11	12	663 522
12	13	4 860 659
13	14	120 954
14	15	611 318
15	255	40 594

1.2.2 生态地理分区数据

东北亚地区生态地理分区数据。

(1) 数据集元数据

数据集标题：东北亚地区生态地理分区数据。

数据集摘要：东北亚地区生态地理分区数据从全球生态地理分区数据中裁剪出来，包括71种生态地理分区类型。

数据集关键词：生态地理分区、分区类型、东北亚。

数据集格式：Arc/Info . e00。

所在单位：南京大学。

通信地址：江苏省南京市南京大学国际地球系统科学研究所。

(2) 数据集说明

数据集内容说明：东北亚地区生态地理分区数据，包括71种生态地理分区类型。

数据源说明：全球生态地理分区数据。

数据质量描述：经仔细校对，精度良好。

(3) 数据集内容

本数据集示意图如图1-19所示，数据集部分内容展示见表1-12。

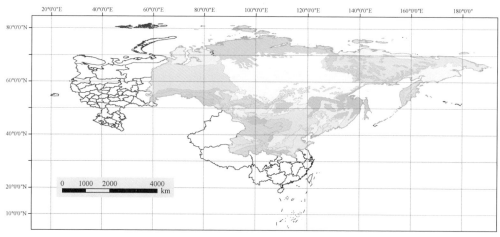

图 1-19　中国北方及其毗邻地区生态地理分区分布

表 1-12　中国北方及其毗邻地区生态地理分区属性

编号	实体编码	实体面积/km²	名称_分区	其他	多边形周长/km	多边形面积/km²	分区面积/km²	分区代码
0	7231	687. 566	Altai alpine meadow and tundra	…	1. 236	0. 084	90 434	PA1001
1	7232	525. 558	Altai alpine meadow and tundra	…	1. 180	0. 064	90 434	PA1001
2	7234	4772. 483	Altai alpine meadow and tundra	…	4. 371	0. 578	90 434	PA1001
3	7241	2901. 898	Khangai mountains conifer forests	…	4. 682	0. 353	2 902	PA0512
⋮				…				
320	8184	436 023. 067	Changjiang plain evergreen forests	…	60. 381	41. 056	437 582	PA0415
321	8283	78 624. 566	Qionglai-Minshan conifer forests	…	29. 285	7. 393	80 134	PA0518
322	8314	168 169. 591	Daba mountains evergreen forests	…	30. 076	15. 999	168 170	PA0417
323	8354	80 936. 117	Nujiang Langcang gorge alpine conifer and mixed forests	…	43. 866	7. 502	82 699	PA0516

1.2.3　湿地分布数据

中国北方及其毗邻地区湿地分布数据（2000 年、2010 年）。

（1）数据集元数据

数据集标题：中国北方及其毗邻地区 2000 年和 2010 年湿地分布数据。

数据集摘要：东北亚湿地数据集包括 2000 年和 2010 年两期。在对全球土地覆被数据集中湿地数据进行提取，并经 TM 影像人工修正后获得。

数据集关键词：湿地、东北亚地区、土地覆被。

数据集时间：2000 年、2010 年。

数据集格式：Arc/Info . e00。

所在单位：中国科学院地理科学与资源研究所。

通信地址：北京大屯路甲 11 号。

（2）数据集说明

东北亚湿地数据集包括 2000 年和 2010 年两期。其中，2010 年湿地数据主要来源于 European Space Agency GlobCover 2009 数据集中的湿地数据，包括 Closed to open（>15%）vegetation（grassland，shrubland，woody vegetation）on regularly flooded or waterlogged soil-fresh，brackish or saline water 和 Water Bodies，具体信息请参考 http：// www. esa. int/esaCP；2000 年湿地数据主要来源于 USGS Land Use/Land Cover 2000 数据集中的湿地数据，包括 Water Bodies、Herbaceous Wetland、Wooded Wetland，具体信息请参考 http：//edc2. usgs. gov/glcc/tabgeo_ globe. php。

为了保证两期湿地数据质量，分别以 2000 年和 2010 年两期 Landsat TM/ETM 数据为参考，通过人工目视解译对湿地数据进行了修改。两期湿地数据的数据格式为 Grid 格式，分类体系：①沼泽地；②水体。

（3）数据集内容

本数据集示意图如图 1-20、图 1-21 所示。

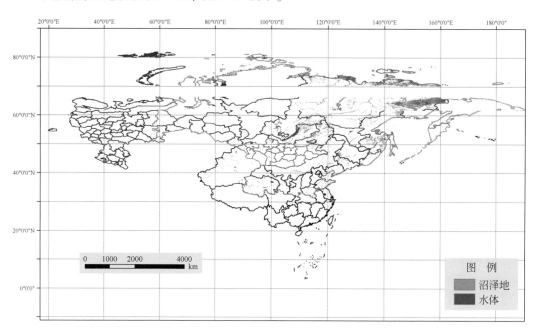

图 1-20 中国北方及其毗邻地区 2000 年湿地分布

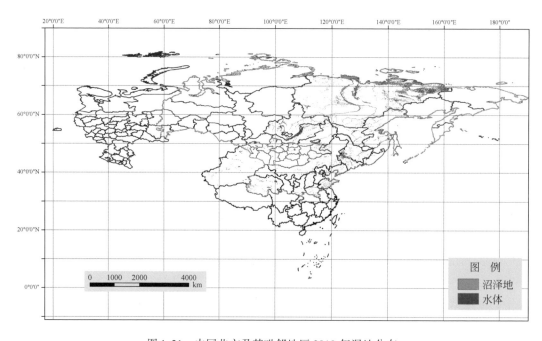

图 1-21 中国北方及其毗邻地区 2010 年湿地分布

属性表中列举了不同属性的像元数量。其中，属性 1 为沼泽地，属性 2 为水体。

1.2.4　沙漠分布数据

中国北方及其毗邻地区沙漠数据集（2000 年和 2010 年）。

（1）数据集元数据

数据集标题：中国北方及其毗邻地区沙漠分布数据（2000 年和 2010 年）。

数据集摘要：基于 MODIS 遥感影像及其 NDVI 相关数据产品，通过植被盖度定量计算，获得其 2000 年和 2010 年的沙漠分布。

数据集关键词：沙漠、东北亚、土地覆被、数据产品。

数据集时间：2000 年和 2010 年。

数据集格式：栅格。

所在单位：中国科学院地理科学与资源研究所。

通信地址：北京大屯路甲 11 号。

（2）数据集说明

数据加工方法：1994～1996 年中国沙漠化普查的地类划分标准以及 2004 年颁布的《天然草地退化、沙化、盐渍化的分级指标》国家标准：

$$C = （NDVI-NDVI_s）/（NDVI_v-NDVI_s）$$

式中，$NDVI_v$ 和 $NDVI_s$ 分别为纯植被与纯土壤的植被指数；NDVI 为被求像元点的植被指数；C 为植被盖度（表 1-13）。其关键是要准确确定 $NDVI_v$ 和 $NDVI_s$，可以通过地面调查点定位方式来确定纯植被和纯土壤对应点的植被指数。

本研究提取的东北亚沙漠标准为 $C<30$。

表 1-13　中国北方及其毗邻地区植被盖度和沙漠化等级

植被盖度	沙漠化等级
0～10	重度沙漠化
10～30	中度沙漠化
30～60	轻度沙漠化
>60	未沙漠化

（3）数据集内容

本数据集示意图如图 1-22、图 1-23 所示，数据集部分属性信息见表 1-14。

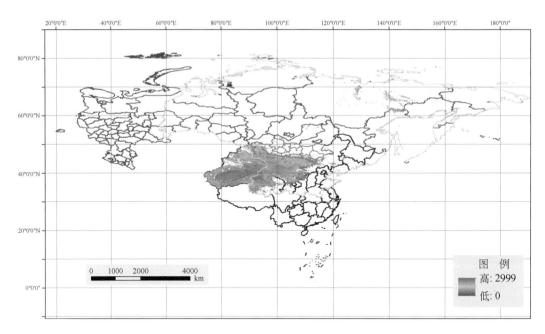

图 1-22   中国北方及其毗邻地区 2000 年沙漠分布

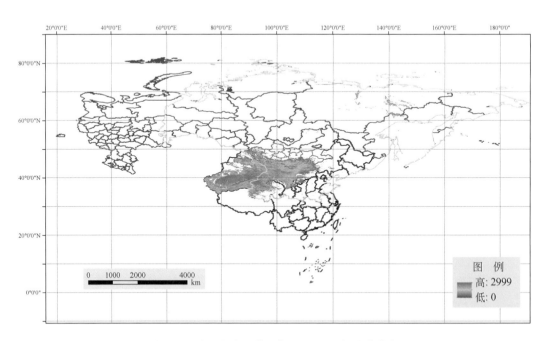

图 1-23   中国北方及其毗邻地区 2010 年沙漠分布

表 1-14　中国北方及其毗邻地区沙漠分布数据属性表格式

编号	植被盖度值	斑块数量
0	0	60
1	43	111
2	86	163
3	130	287
4	173	441
5	217	721
6	260	1 508
7	304	3 061
8	347	5 279
9	391	10 534
10	434	21 645
11	478	39 670
12	521	74 295
13	565	113 676
14	608	146 617
15	652	172 370
16	695	157 574
17	739	134 797
18	782	126 302
19	826	124 104
20	869	123 509
21	913	126 174
⋮	⋮	⋮

1.2.5　水资源调查数据

1.2.5.1　中国黄河流域水资源数据

（1）数据集元数据

数据集标题：中国黄河流域水资源数据。

数据集摘要：中国黄河流域基础背景资料、降水及蒸发数据，地表水资源量数据，地下水资源量及其可开采量数据，部分水文水位、降水蒸发站数据，水资源总量及可利用量数据。

数据集关键词：黄河、水资源分区、河流水系、降水、蒸发。

表 1-15 黄河流域部分水文站属性信息

序号	水系	河名	流入何处	站点	站别	地点	经度	纬度	至河口距离 /km	集水面积 /km²	设立日期	资料最近刊印年份	领导机关
1	湟水	湟水	黄河	民和（二）	水文	青海省民和县川口镇山城村	102°48′E	36°20′N	74	15 342	1940.1	1985	黄河水利委员会
2	洮河	洮河	黄河	红旗	水文	甘肃省临洮县红旗乡沟门村	103°34′E	35°48′N	27	24 973	1954.1	1985	甘肃省水文总站
3	无定河	无定河	黄河	白家川	水文	陕西省清涧县解家沟乡白家川村	110°25′E	37°14′N	59	29 662	1975.1	1985	黄河水利委员会
4	渭河	渭河	黄河	华县	水文	陕西省华县下庙乡甸家堡	109°46′E	34°35′N	73	106 498	1935.3	1985	黄河水利委员会
5	汾河	汾河	黄河	河津（三）	水文	山西省河津县黄村乡柏底村	110°48′E	35°34′N	22	38 728	1934.6	1985	黄河水利委员会
6	伊洛河	伊洛河	黄河	黑石关（四）	水文	河南省巩县芝田乡益家窝村	112°56′E	34°43′N	21	18 563	1934.7	1985	黄河水利委员会
7	沁河	沁河	沁河	武陟（二）	水文	河南省武陟县大虹桥乡大虹桥村	113°16′E	35°04′N	27	12 880	1950.6	1985	黄河水利委员会
8	大汶河	大汶河	东平湖	戴村坝（三）	水文	山东省东平县彭集镇陈流泽村	116°27′E	35°54′N	14	8 264	1935.8	1985	山东省水文总站
9	黄河	黄河	渤海	花园口	水文	河南省郑州市花园口乡花园口村	113°39′E	34°55′N	768	730 036	1938.7	1985	黄河水利委员会
10	黄河	黄河	渤海	利津	水文	山东省利津县刘家村	118°18′E	37°31′N	104	751 869	1934.6	1985	黄河水利委员会
11	黄河	黄河	渤海	兰州	水文	甘肃省兰州市滨河路中山桥	103°49′E	36°04′N	3345	222 551	1934.7	1985	黄河水利委员会
12	黄河	黄河	渤海	三门峡（七）	水文	河南省三门峡市大安乡坝头	111°22′E	34°49′N	1025	688 421	1951.7	1985	黄河水利委员会
13	湟水	大通河	湟水	享堂（三）	水文	青海省民和县川口镇享堂村	102°50′E	36°21′N	1.9	15 126	1939.1	1985	黄河水利委员会
14	黄河	黄河	渤海	唐乃亥	水文	青海省兴海县唐乃亥乡下村	100°09′E	35°30′N	3911	121 972	1955.8	1985	黄河水利委员会
15	黄河	黄河	渤海	龙门（马王庙二）	水文	陕西省韩城县龙门乡禹门口	110°35′E	35°40′N	1269	497 552	1934.6	1985	黄河水利委员会

数据集时间：2008 年。

数据集格式：属性。

所在单位：同济大学。

通信地址：上海市四平路 1239 号同济大学行政楼。

（2）数据集说明

数据集包括：中国黄河流域基础背景资料、降水及蒸发数据（1956～2000 年）；中国黄河流域地表水资源量数据；中国黄河流域地下水资源量及其可开采量数据；中国黄河流域水资源总量及可利用量数据；中国黄河流域部分水文水位、降水蒸发站数据。

（3）数据集内容

以中国黄河流域部分水文水位、降水蒸发站数据为例，显示其属性如表 1-15 所示。

1.2.5.2　中国海河流域水资源数据

（1）数据集元数据

数据集标题：中国海河流域水资源数据。

数据集摘要：包括中国海河流域基础背景资料、降水及蒸发数据，中国海河流域地表水资源量数据，中国海河流域地下水资源量数据，中国海河流域水资源总量和可利用量数据等。

数据集关键词：海河、水资源分区、河流水系、降水、蒸发。

数据集时间：2008 年。

数据集格式：属性。

所在单位：同济大学。

通信地址：上海市四平路 1239 号同济大学行政楼。

（2）数据集说明

中国海河流域基础背景资料、降水及蒸发数据包括：中国海河流域水资源分区和省级行政区面积，河流情况，海河平原水文地质分区面积，山间盆地面积，行政区面积，2005 年人口状况、经济发展指标，1980～2005 年经济社会发展趋势，大暴雨的天气尺度系统统计，雨量选用站实测系列长度统计，1956～2000 年代表性雨量站年降水量特征值，水资源分区及省级行政区年降水量特征值，两次评价降水量成果对比，长系列代表性雨量站统计参数对比，丰枯变化特征，连丰连枯年段发生频次，2001～2005 年降水量，水资源分区、省级行政区各年代平均年降水量成果，代表性雨量站 1956～2000 年平均降水量年内分配过程，不同年段降水量年内分配过程，海河流域及邻近流域 $\Phi20$ 水面蒸发量折算系数分析成果，本次评价采用的 $\Phi20$ 水面蒸发量折算系数分区成果，代表站年水面蒸发量，水面蒸发代表站 1980～2000 年平均蒸发量年内分配过程等。

中国海河流域地表水资源量数据包括：中国海河流域径流选用站集水面积分级，主要控制站还原水量，实际降水量与林下降水量对比，山区主要控制站20世纪50~70年代年径流修正幅度，部分代表站天然年径流量特征值，平原水文模型参数，水资源分区、省级行政区地表水资源量特征值，地表水资源量成果对比，2001~2005年地表水资源量，水资源分区、省级行政区各年代平均地表水资源量，部分径流代表站典型年及多年平均天然径流量月分配，跨省河流情况，省际出入境水量，入海水量等。

中国海河流域地下水资源量数据包括：中国海河流域山丘区，平原及山间盆地地下水资源量评价类型区，平原及山间盆地浅层地下水水位变幅带给水度 μ 值，海河山前冲洪积平原、中东部冲积湖积平原降水入渗补给系数 α 值，山西省山间盆地降水入渗补给系数 α 值，海河平原及山间盆地渠系渗漏补给系数 m 值，海河平原及山间盆地田间灌溉入渗补给系数 β 值，潜水蒸发系数 C 值、渗透系数 K 值，海河平原及山间盆地浅层地下水水资源分区、行政分区1980~2000年平均年补给量及资源量（$M \leq 2g/L$、$M > 2g/L$），海河平原及山间盆地水资源分区、行政分区1980~2000年平均年补排平衡分析（$M \leq 2g/L$），山丘区浅层地下水1980~2000年平均排泄量（$M \leq 2g/L$），1980~2000年浅层地下水资源量（$M \leq 2g/L$），地下水资源量成果对比（$M \leq 2g/L$）等。

中国海河流域水资源总量和可利用量数据包括：中国海河流域水资源总量特征值（矿化度 $M \leq 2g/L$，1956~2000年），水资源总量成果对比，水资源总量各分项量对比，水量平衡要素分析（矿化度 $M \leq 2g/L$，1956~2000年），多年平均地表水资源可利用量，海河平原及山间盆地1980~2000年平均地下水可开采量（矿化度 $M \leq 2g/L$），1980~2000年平均地下水可开采量（矿化度 $M \leq 2g/L$），多年平均水资源可利用总量等。

(3) 数据集内容

以海河流域入海水量数据为例，显示其属性，如表1-16所示。

表1-16　海河流域入海水量属性

年段	项目	水资源二级区				省级行政区			全流域
		滦河及冀东沿海	海河北系	海河南系	徒骇马颊河	天津	河北	山东	
1956~1960年	入海水量/亿m³	67.1	47.5	90.8	1.7	125.4	76.1	5.5	207.1
	占径流量/%	90.4	59.5	62.6	68.8	1280.1	43.6	283.2	68.6
1961~1970年	入海水量/亿m³	42.7	24.1	77.4	16.6	78.8	59.1	22.9	160.8
	占径流量/%	77.4	47.6	62.8	77.7	722.2	44.9	111.9	64.2
1971~1980年	入海水量/亿m³	42	25.6	30.5	11.9	37.6	57.6	14.8	110
	占径流量/%	71.2	49.1	31.3	65.5	302.5	47.8	82.6	48.5
1981~1990年	入海水量/亿m³	10.7	8.1	3.4	4.4	9.9	12.1	4.7	26.7
	占径流量/%	28.9	19.9	4.6	44	91.1	14.9	48.7	16.5
1991~2000年	入海水量/亿m³	21.8	13.3	10.2	9.5	19	25.1	10.5	54.7
	占径流量/%	43.1	31.2	13.1	76.5	215.8	24.9	88.6	29.8
1956~2000年	入海水量/亿m³	33.5	21.1	37.1	9.6	46.2	42.7	12.4	101.3
	占径流量/%	63.1	42	37.5	68.4	434	36.8	91.5	46.9

1.2.5.3　中国西北诸河水资源数据

（1）数据集元数据

数据集标题：中国西北诸河水资源数据

数据集摘要：中国西北地区干旱指数分布面积，水资源总量，现代冰川分布，以及面积大于 $100km^2$ 主要湖泊情况，新疆多年平均入境和出境水量统计等。

数据集关键词：西北地区、西北黄河区、西北诸河。

数据集时间：2008 年。

数据集格式：属性。

所在单位：同济大学。

通信地址：上海市四平路 1239 号同济大学行政楼。

（2）数据集说明

包括中国西北地区干旱指数分布面积，水资源总量，现代冰川分布，西北黄河区二级水资源区及各省级行政区地表水资源量及其基本特征值、降水量基本特征统计结果、水资源总量、用水还原水量各年代统计、水资源分区与土地面积、主要引黄灌区用水还原水量计算成果，西北诸河区不同年代降水量变化过程、二级区及各省级行政区 1956～2000 年多年平均地表天然径流量分布情况及特征值、降水量特征值、地下水资源量、水资源总量、集水面积大于 $10\,000km^2$ 河流水文特征、面积大于 $100km^2$ 主要湖泊情况、新疆多年平均入境和出境水量统计等。

本数据库数据源为纸制数据，通过人工输入 Excel 表格中。依据国家有关标准和技术规范，组织人员将数据进行摘录以及对摘录结果的校验、标准化，完成数据大规模录入和检查工作，对数据进行质量检验。参考书目：《西北诸河水资源调查评价》（董雪娜等，2006）；《黄河流域水资源调查评价》（张学成等，2006）。

（3）数据集内容

以西北诸河区各省级行政区 1956～2000 年系列降水量特征值数据为例，显示其属性如表 1-17 所示。

表 1-17　西北诸河区各省级行政区 1956～2000 年系列降水量特征值

省级行政区	二级区	面积/km^2	年降水量		C_v	C_s/C_v	不同频率年降水量/mm			
			mm	亿 m^3			20%	50%	75%	95%
	西北诸河	2 756 933	161.2	5 420.8	0.11	2.0	175.9	160.6	148.9	133.2
内蒙古	内蒙古内陆河	299 722	244.3	732.3	0.16	2.0	276.4	242.2	216.9	183.8
	河西内陆河	235 019	91.1	214.2	0.27	2.0	110.9	88.9	73.5	54.8
	小计	534 741	177.0	946.5	0.17	2.0	201.7	175.3	155.9	130.6
宁夏	河西内陆河	407	171.4	0.7	0.29	2.0	211.2	166.6	135.8	98.6
甘肃	河西内陆河	215 803	138.6	299.2	0.16	2.0	156.8	137.4	123.1	104.2

省级行政区	二级区	面积/km²	年降水量 mm	年降水量 亿 m³	C_v	C_s/C_v	不同频率年降水量/mm 20%	50%	75%	95%
青海	河西内陆河	18 614	363.1	67.6	0.12	2.0	399.2	361.4	332.8	294.5
	青海湖水系	46 031	318.3	146.5	0.17	2.0	362.7	315.2	280.3	234.8
	柴达木盆地	257 765	112.5	290.0	0.25	2.0	135.2	110.2	92.5	70.6
	羌塘高原内陆区	44 359	255.2	113.3	0.17	2.0	290.8	252.7	224.7	188.3
	小计	366 769	168.4	617.5	0.16	2.0	190.5	166.9	149.5	126.6
新疆	柴达木盆地	17 365	122.7	21.7	0.31	2.0	153.0	118.8	95.4	67.5
	吐哈盆地小河	133 598	82.8	100.7	0.23	2.0	98.3	81.3	69.3	54.2
	阿勒泰山南麓诸河	81 793	313.6	256.5	0.23	2.0	372.1	308.1	262.4	205.1
	中亚细亚内陆河	77 759	502.1	390.5	0.19	2.0	580.1	496.1	434.9	356.1
	古尔班通古特荒漠区	85 134	62.1	52.9	0.25	2.0	74.6	60.8	51.0	39.0
	天山北麓诸河	148 952	269.9	402.0	0.22	2.0	318.2	265.6	227.8	180.2
	塔里木河源流区	429 363	200.4	860.6	0.27	2.0	243.9	195.6	161.4	120.4
	昆仑山北麓小河	196 568	109.9	216.0	0.39	2.0	143.4	104.4	78.8	50.1
	塔里木河干流	31 606	41.3	13.1	0.42	2.0	54.8	38.9	28.7	17.5
	塔里木盆地荒漠区	345 028	18.8	64.7	0.35	2.0	24.0	18.0	14.0	9.4
	羌塘高原内陆区	92 047	150.3	138.3	0.45	2.0	202.3	140.3	100.9	58.8
	小计	1 639 213	154.2	2526.9	0.20	2.0	179.3	152.1	132.4	107.2

1.2.5.4 俄罗斯部分河流水资源数据

（1）数据集元数据

数据集标题：俄罗斯部分河流水资源数据。

数据集摘要：俄罗斯大型河流概况，俄罗斯大型湖泊供水概况，贝加尔湖多年水平衡、水位变化、贝加尔湖地区等水资源概况及 2008 年河口野外实测数据等。

数据集关键词：俄罗斯、叶尼赛河、勒拿河、阿穆尔河、贝加尔湖、色楞格河三角洲。

数据集时间：2008 年。

数据集格式：属性。

所在单位：同济大学。

通信地址：上海市四平路 1239 号同济大学行政楼。

（2）数据集说明

包括俄罗斯贝加尔湖地区水系分布及水资源概况，安加拉河、叶尼赛河、勒拿河及阿穆尔河流域水资源概况，色楞格河水资源概况及 2008 年河口野外实测数据等。叶尼塞河流域位于亚洲大陆的中部，南北长约 3200km，东西宽 100～1200km。勒拿河是地球上最长

的十条河流之 ，是俄罗斯的第二长河，仅次于叶尼塞河和鄂毕河，发源于贝加尔山脉西北坡，集水区面积达 249 万 km²。阿穆尔河流域总面积185.5 万 km²，其中100.3 万 km²位于俄罗斯联邦境内，82.0 万 km²位于中国境内，3.2 万 km²位于蒙古境内。贝加尔湖的集水区面积54.0034 万 km²，俄罗斯境内有 25.8134 万 km²（48%）。色楞格河口盆地位于贝加尔湖东岸，是南贝加尔湖盆地的干谷地部分。

本数据库数据源为纸制数据，通过人工输入 Word 及 Excel 中。依据国家有关标准和技术规范，组织人员将数据进行摘录以及对摘录结果的校验、标准化，完成数据大规模录入和检查工作，对数据进行质量检验。

（3）数据集内容

本数据集中色楞格河口泥沙取样位置如图 1-24 所示，数据集属性信息见表 1-18。

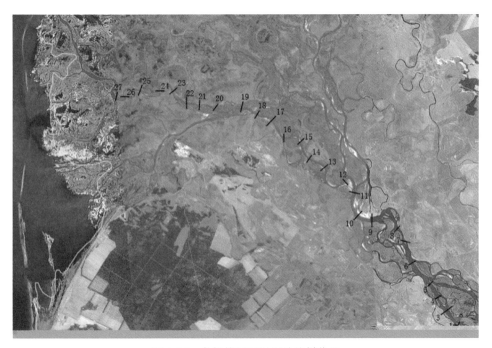

图 1-24 色楞格河河口泥沙取样位置

表 1-18 俄罗斯大型河流概况

序号	河流 （Река）	集水面积/km²	长度/km
1	鄂毕河 （Обь）	2 990 000	5 570
2	叶尼塞河 （Енисей）	2 619 000	5 940
3	勒拿河 （Лена）	2 478 000	4 270
4	黑龙江（阿穆尔河）（Амур）	2 050 000	4 060
5	伏尔加河 （Волга）	1 380 000	3 690
6	科雷马河 （Колыма）	665 000	2 600

序号	河流（Река）	集水面积/km²	长度/km
7	顿河（Дон）	422 000	1 970
8	（Hatanga Хатанга）	422 000	1 510
9	印迪吉尔卡河（Индигирка）	362 000	1 790
10	北德维纳河（Северная Двина）	360 000	1 310
11	伯绍拉河（Печора）	327 000	1 790
12	涅瓦河（Нева）	281 000	74
13	雅拿河（Яна）	238 000	1 170
14	奥列尼奥克河（Оленёк）	231 000	2 415
15	阿纳德尔河（Анадырь）	200 000	1 170
16	乌拉尔河（Урал）	173 070	
17	Pyasina Пясина	178 000	680
18	塔兹河（Таз）	142 000	780
19	普尔河（Пур）	120 000	500
20	泰梅尔河（Таймыра）	102 000	636
21	梅津河（Мезень）	76 500	910
22	品仁纳河（Пенжина）	75 200	640
23	阿拉泽亚河（Алазея）	64 400	1 400
24	乌达河（Уда）	64 100	
25	奥涅加河（Онега）	57 900	416
26	堪察加河（Камчатка）	55 700	700

1.2.6　城镇分布格局数据

1.2.6.1　中国北方及其毗邻地区城镇类型分布数据（2005 年、2010 年）

（1）数据集元数据

数据集标题：中国北方及其毗邻地区城镇类型分布数据（2005 年、2010 年）。

数据集摘要：提供了中国北方及其毗邻地区 2005 年和 2010 年县级、地级、省会及首都分布情况。坐标系为 WGS_84 地理坐标系统。

数据集关键词：城镇分类、城镇类型、东北亚。

数据集时间：2005 年、2010 年。

数据集格式：Arc/Info . e00。

所在单位：西安交通大学。

通信地址：陕西省西安市咸宁西路 28 号。

（2）数据集说明

数据集内容说明：提供了中国北方及其毗邻地区 2005 年和 2010 年县级、地级、省会及首都分布情况。

数据源说明：统计数据来源于统计局及统计资料，电子数据由西安交通大学课题组完成整理录入。

数据质量描述：经仔细校对，精度良好。

（3）数据集内容

本数据集示意图如图 1-25、图 1-26 所示。

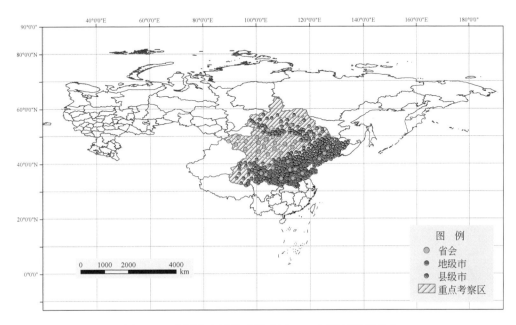

图 1-25　中国北方及其毗邻地区 2005 年城镇类型分布

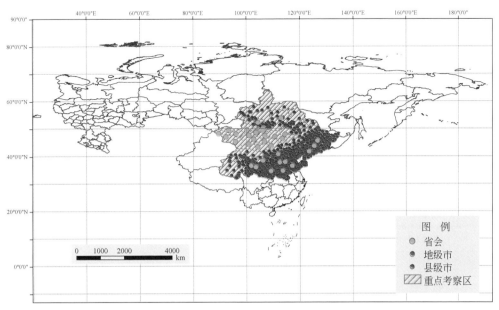

图 1-26　中国北方及其毗邻地区 2010 年城镇类型分布

中国北方及其毗邻地区城镇类型分布数据属性包括城镇经纬度位置、城镇名称、城镇类型（省级、市级或县级）、城镇面积、城镇人口、所属省级行政区或国家等，格式标准如表1-19所示。

表1-19　中国北方及其毗邻地区城镇类型分布数据属性表格式

编号	经度	纬度	名称	人口_05 /千人	面积_05 /km²	国家/省级 行政区_05	人口_10 /千人
0	126.566°E	45.714°N	哈尔滨市	3 989.6	7 089	黑龙江	4 740
1	111.837°E	40.841°N	呼和浩特市	1 096.2	9 190	内蒙古	1 200
2	112.496°E	37.837°N	太原市	2 630.4	1 460	山西	2 840
3	109.23°E	34.67°N	西安市	5 332.1	3 547	陕西	5 620
4	103.495°E	36.133°N	兰州市	2 023.7	1 663	甘肃	2 100
5	106.132°E	38.518°N	银川市	790.03	2 310	宁夏	910
6	114.473°E	38.067°N	石家庄市	2 250	455	河北	2 430
7	117.141°E	36.596°N	济南市	2 920	3 257	山东	3 480
8	101.753°E	36.633°N	西宁市	810	343	青海	890
9	125.325°E	43.81°N	长春市	3 370	4 682	吉林	3 620
10	123.437°E	41.803°N	沈阳市	4 950	3 464	辽宁	5110
11	113.656°E	34.782°N	郑州市	2 560	1 024	河南	2 850
12	106.95°E	47.7°N	中央省	87.4	74 000	蒙古	87.5
13	104.034°E	49.017°N	鄂尔浑省	79	845	蒙古	82
14	100.167°E	49.633°N	库苏古尔省	121.7	100 600	蒙古	125
15	106.183°E	50.217°N	色楞格省	100	42 000	蒙古	101
16	103.533°E	48.8°N	布尔干省	59.9	82 000	蒙古	58
17	110.65°E	47.317°N	肯特省	70.8	82 000	蒙古	71
18	100.817°E	44.517°N	巴彦洪格尔省	83.6	116 000	蒙古	83.8
19	96.133°E	48.2°N	扎布汗省	80.1	82 200	蒙古	84
20	100.9°E	47.783°N	后杭爱省	93.8	55 300	蒙古	95
21	102.767°E	46.283°N	前杭爱省	113.8	63 400	蒙古	113.9
22	114.5°E	48.067°N	东方省	73.4	123 600	蒙古	73.6
23	109.167°E	43.967°N	东戈壁省	49.6	109 500	蒙古	49.8
24	106.217°E	49.45°N	达尔汗乌拉省	87.7	3 280	蒙古	87.7
25	92.3°E	47.117°N	科布多省	87.9	76 100	蒙古	87.9
26	93.267°E	49.633°N	乌布苏省	80.6	69 600	蒙古	80.1

编号	经度	纬度	名称	人口_05 /千人	面积_05 /km²	国家/省级 行政区_05	人口_10 /千人
27	113.517°E	46.55°N	苏赫巴托尔省	56	82 300	蒙古	56
28	104.267°E	43.5°N	南戈壁省	46.1	165 400	蒙古	46.5
29	106.75°E	45.583°N	中戈壁省	53.3	74 700	蒙古	53.1
30	95.85°E	45.45°N	戈壁阿尔泰省	60	141 400	蒙古	60
31	89.5°E	48.3°N	巴彦乌列盖省	100	45 700	蒙古	100

1.2.6.2　中国北方及其毗邻地区不同人口规模的城镇分布（2005 年、2010 年）

（1）数据集元数据

数据集标题：中国北方及其毗邻地区不同人口规模的城镇分布（2005 年、2010 年）。

数据集摘要：提供了中国北方及其毗邻地区 2005 年、2010 年各等级人口的城镇分布情况，人口等级划分：0~50 万、50 万~100 万、100 万~500 万、500 万~1000 万、1000 万~3000 万、3000 万~10 000 万。

坐标系统：WGS_ 84 地理坐标系统。

数据集关键词：城镇类型。

数据集时间：2005 年、2010 年。

数据集格式：Arc/Info .e00。

所在单位：西安交通大学。

通信地址：陕西省西安市咸宁西路 28 号。

（2）数据集说明

数据集内容说明：提供了中国北方及其毗邻地区 2005 年考察区各等级人口的城镇分布情况，人口等级划分：0~50 万，50 万~100 万，100 万~500 万，500 万~1000 万，1000 万~3000 万，3000 万~10 000 万。

数据源说明：统计数据来源于统计局及统计资料，电子数据由西安交通大学课题组完成整理录入。

数据质量描述：经仔细校对，精度良好。

（3）数据集内容

本数据集示意图如图 1-27、图 1-28 所示。

中国北方及其毗邻地区不同人口规模城镇分布数据属性主要包括城镇经纬度位置，城镇名称，城镇类型（人口数量）、城镇面积，城镇人口，所属省份或国家等属性，格式标准如表 1-20。

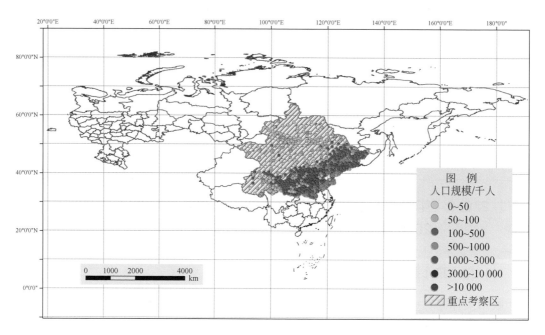

图 1-27　中国北方及其毗邻地区 2005 年不同人口规模城镇分布

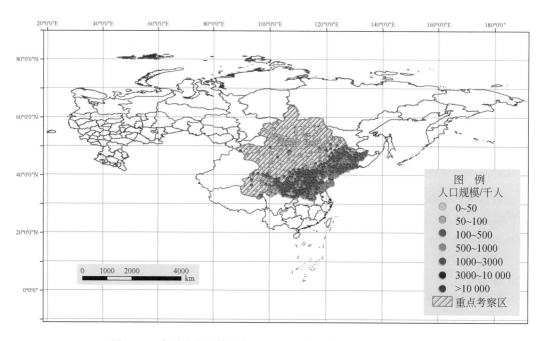

图 1-28　中国北方及其毗邻地区 2010 年不同人口规模城镇分布

表 1-20　中国北方及其毗邻地区 2005 年不同人口规模城镇分布数据属性格式

编号	经度	纬度	名称	人口_05/千人	面积_05/km²	省级行政区_05
0	126.566°E	45.714°N	哈尔滨市	3989.6	7089	黑龙江
1	109.23°E	34.67°N	西安市	5332.1	3547	陕西
2	125.325°E	43.81°N	长春市	3370	4682	吉林
3	123.437°E	41.803°N	沈阳市	4950	3464	辽宁
4	117.2°E	39.12°N	天津	7730	7128	天津

1.2.7　甲烷遥感反演数据

2003 ~ 2005 年 10km 分辨率东北亚甲烷柱状密度分布数据集。

（1）数据集元数据

数据集标题：2003 ~ 2005 年 10km 分辨率东北亚甲烷柱状密度分布数据集。

数据集摘要：该数据集来源于欧洲空间局 ENVISAT 上搭载的 SCIAMACHY 观测仪，原始数据是基于快速 DOAS 算法反演的 0.5°×0.5° 栅格数据。数据首先经过 MATLAB 转化成点数据，然后使用 GS+模型最优半方差模型得到最优化参数，采用普通 Kringing 方法插值得到，插值后数据空间分辨率 10km。

数据集关键词：东北亚、甲烷、空间分布、东北亚南北样带。

数据集时间：2003 ~ 2005 年。

数据集格式：GRID。

所在单位：南京大学国际地球系统科学研究所。

通信地址：江苏省南京市汉口路 22 号。

（2）数据集说明

数据集内容说明：记录东北亚甲烷柱状密度空间分布，数据采用 ppb[①] 单位。数据文件格式是 ArcGIS 9.2/Grid 格式，时间分辨率为 1 月。

数据源说明：数据来源于欧洲空间局 ENVISAT 上搭载的 SCIAMACHY 观测仪，基于一种快速的 DOAS 算法（WFM-DOAS）反演的 0.5°×0.5° 的栅格数据。

数据加工方法：数据首先经过 MATLAT 转化，将原始数据加上经纬度坐标，转成点数据；然后利用 GS+模拟最优半方差模型，采用普通 KRIGING 方法进行插值，插值后的数据分辨率 10km×10km。

（3）数据集内容

本数据集示意图如图 1-29 ~ 图 1-31 所示。

---

① 1ppb＝1×10⁻⁹。

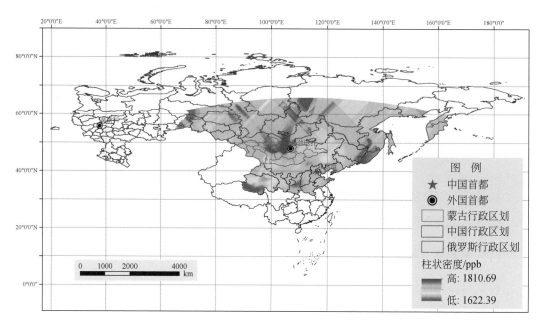

图 1-29　2003 年 2 月 10km 分辨率东北亚甲烷柱状密度分布

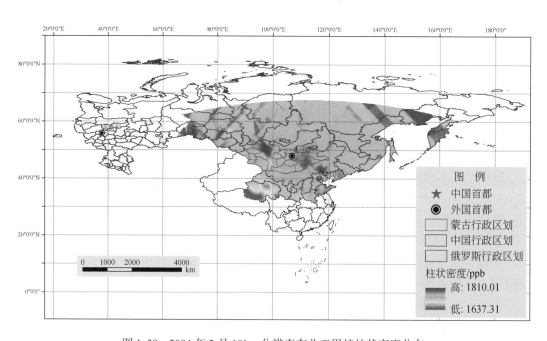

图 1-30　2004 年 2 月 10km 分辨率东北亚甲烷柱状密度分布

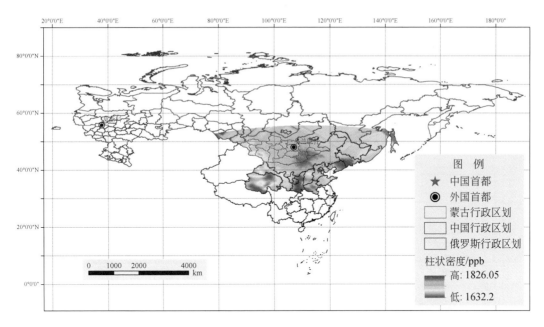

图 1-31　2005 年 2 月 10km 分辨率东北亚甲烷柱状密度分布

　　10km 分辨率东北亚甲烷柱状密度分布数据集包括中国首都、外国首都、蒙古行政区划、中国行政区划、俄罗斯行政区划、东北亚甲烷柱状密度分布等图层。

　　本数据库中存放 2003～2005 年每月的甲烷反演结果，其中文件夹名称"ea0302"表示 2003 年 2 月甲烷浓度分布。

1.2.8　一氧化碳遥感反演数据

　　2003～2005 年 20km 分辨率东北亚一氧化碳柱状密度分布数据集。

（1）数据集元数据

　　数据集标题：2003～2005 年 20km 分辨率东北亚一氧化碳柱状密度分布数据集。
　　数据集摘要：该数据集来源于欧洲空间局 ENVISAT 上搭载的 SCIAMACHY 观测仪，原始数据是基于快速 DOAS 算法反演的 0.5°×0.5°栅格数据。数据首先经过 MATLAB 转化成点数据，然后采用普通 Kriging 方法插值得到，插值后数据空间分辨率 20km。
　　数据集关键词：东北亚、一氧化碳、空间分布。
　　数据集时间：2003～2005 年。
　　数据集格式：GRID。
　　所在单位：南京大学国际地球系统科学研究所。
　　通信地址：江苏省南京市汉口路 22 号。

（2）数据集说明

　　数据集内容说明：记录东北亚一氧化碳柱状密度空间分布，数据采用 mol/cm^2 单位。数据文件格式是 ArcGIS 9.2/Grid 格式，时间分辨率为 1 月。

数据源说明：数据来源于欧洲空间局 ENVISAT 上搭载的 SCIAMACHY 观测仪，基于一种快速的 DOAS 算法（WFM-DOAS）反演的 0.5°×0.5°栅格数据。

数据加工方法：数据首先经过 MATLAT 转化，将原始数据加上经纬度坐标，转成点数据；然后采用普通 KRIGING 方法进行插值，插值后的数据分辨率 20km×20km。

（3）数据集内容

本数据集示意图如图 1-32~图 1-34 所示。

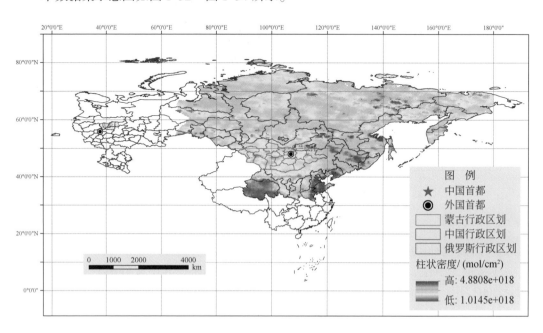

图 1-32　2003 年 4 月 20km 分辨率东北亚一氧化碳柱状密度分布

20km 分辨率东北亚一氧化碳柱状密度分布数据集包括中国首都、外国首都、蒙古行政区划、中国行政区划、俄罗斯行政区划、东北亚一氧化碳柱状密度分布等图层。

本数据库中存放 2003~2005 年每月的一氧化碳反演结果，其中文件夹名称"co0301"表示 2003 年 1 月一氧化碳浓度分布。

1.2.9　二氧化碳遥感反演数据

2003~2005 年 20km 分辨率东北亚二氧化碳柱状密度分布数据集。

（1）数据集元数据

数据集标题：2003~2005 年 20km 分辨率东北亚二氧化碳柱状密度分布数据集。

数据集摘要：该数据集来源于欧洲空间局 ENVISAT 上搭载的 SCIAMACHY 观测仪，原始数据是基于快速 DOAS 算法反演的 0.5°×0.5°栅格数据。数据首先经过 MATLAB 转化成点数据，然后采用普通 Kriging 方法插值得到，插值后数据空间分辨率 20km。

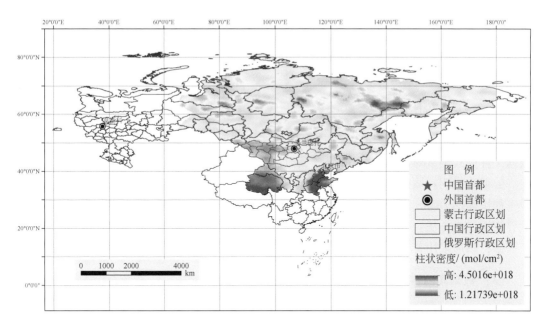

图 1-33　2004 年 4 月 20km 分辨率东北亚一氧化碳柱状密度分布

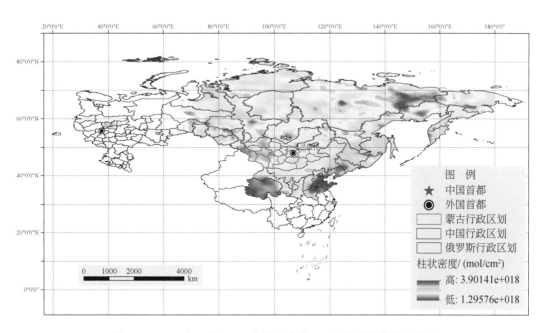

图 1-34　2005 年 4 月 20km 分辨率东北亚一氧化碳柱状密度分布

数据集关键词：东北亚、二氧化碳、空间分布。

数据集时间：2003～2005 年。

数据集格式：GRID。

所在单位：南京大学国际地球系统科学研究所。

通信地址：江苏省南京市汉口路 22 号。

（2）数据集说明

数据集内容说明：记录东北亚二氧化碳柱状密度空间分布，数据采用 ppm① 单位。数据文件格式是 ArcGIS 9.2/Grid 格式，时间分辨率为 1 月。

数据源说明：数据来源于欧洲空间局 ENVISAT 上搭载的 SCIAMACHY 观测仪，基于一种快速的 DOAS 算法（WFM-DOAS）反演的 0.5°×0.5° 栅格数据。

数据加工方法：数据首先经过 MATLAT 转化，将原始数据加上经纬度坐标，转成点数据；然后采用普通 KRIGING 方法进行插值，插值后的数据分辨率为 20km×20km。

（3）数据集内容

本数据集示意图如图 1-35～图 1-37 所示。

20km 分辨率东北亚二氧化碳柱状密度分布数据集包括中国首都、外国首都、蒙古行政区划、中国行政区划、俄罗斯行政区划、东北亚二氧化碳柱状密度分布等图层。

数据库中存放 2003～2005 年每月的二氧化碳反演结果，其中文件夹名称"co20302"表示 2003 年 2 月二氧化碳浓度分布。

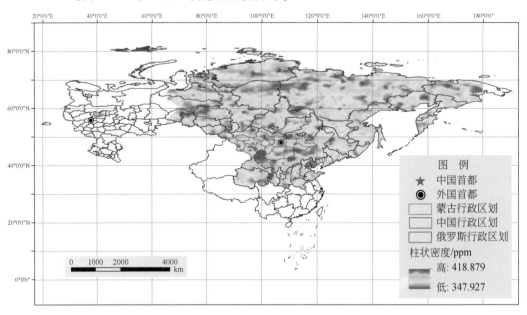

图 1-35　2003 年 6 月 20km 分辨率东北亚二氧化碳柱状密度分布

---

① 　1ppm＝1×10⁻⁶。

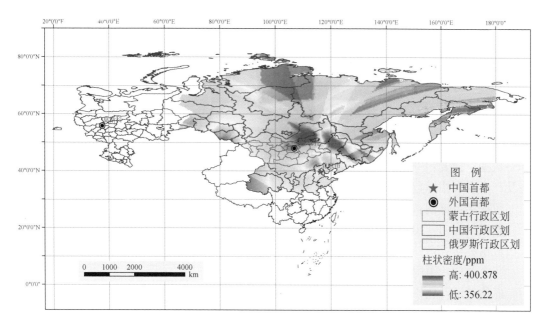

图 1-36　2004 年 6 月 20km 分辨率东北亚二氧化碳柱状密度分布

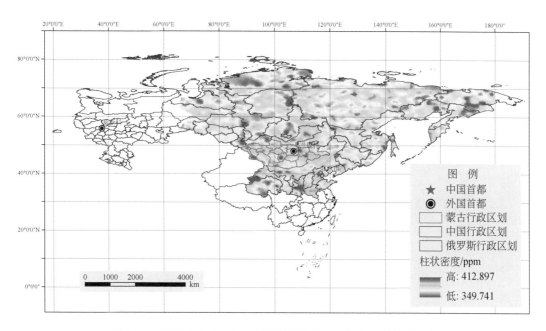

图 1-37　2005 年 6 月 20km 分辨率东北亚二氧化碳柱状密度分布

1.3 人口与社会经济数据集

1.3.1 中国北方地区人口与社会经济数据

中国北方 15 省人口与社会经济数据集。

（1）数据集元数据

数据集标题：中国北方 15 省人口与社会经济数据集。

数据集摘要：中国黄河以北 15 省 2000 年、2005 年、2010 年社会发展、人口、经济及产业发展指标数据。

数据集关键词：中国北方、社会、经济、人口、产业。

数据集时间：2000 年、2005、2010 年。

数据集格式：Excel（xls）。

所在单位：中国科学院地理科学与资源研究所。

通信地址：北京市朝阳区大屯路甲 11 号。

（2）数据集说明

数据集内容包括中国北方 15 省 2000 年、2005 年、2010 年社会发展、人口、经济及产业发展指标数据。数据源来自《中国统计年鉴》。

（3）数据集内容

以 2005 年人口分布为例，本数据集示意图如图 1-38 所示。

2005 年中国北方 15 省的部分社会经济数据如表 1-21 所示。

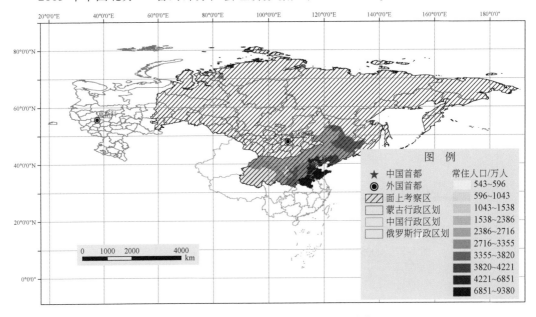

图 1-38　中国北方 15 省 2005 年人口分布

表 1-21　2005 年中国北方 15 省的部分社会经济数据

地区代码	地区	GDP/亿元	第一产业/亿元	第二产业/亿元	第三产业/亿元	人均GDP/元	工业化水平/%	地区生产总值指数
1100	北京市	6 969.54	88.7	2 027	4 854.33	58 324	29.08	112.1
110 101	东城区	513.9		26.8	487.1	64 104	5.22	
110102	西城区	864.8		93.5	771.3	84 532	10.81	
110105	朝阳区	1 253.4	1.4	237.8	1 014.2	73 255	18.97	
110106	丰台区	369.7	0.9	106.9	261.9	37 960	28.92	
110108	海淀区	1 331.2	1.1	167.9	1 062.3	69 408	12.61	
110112	通州区	143	12.1	69.3	61.6	22 731	48.46	
110113	顺义区	256.1	19.9	148.3	87.9	49 387	57.91	
110114	昌平区	192	3.6	84.3	104.2	39 835	43.91	
110228	密云县	78.9	11.5	33.5	33.9	18 558	42.46	
110229	延庆县	41.8	6.8	10.9	24.2	15 150	26.08	
	……							
6100	陕西省	3 675.66	436	1 951.36	1 407.2	9 899	53.09	115.9
6 101	西安市	1 313.93	66.01	540.5	707.42	16 406	41.14	114
6 102	铜川市	71.84	5.87	38.67	27.7	8 582	53.83	112.7
6 103	宝鸡市	415.8	44.3	240.4	130.09	11 258	57.82	113.2
6 104	咸阳市	432.52	89.1	192.6	154.32	8 791	44.53	112.6
6 105	渭南市	330.17	58.66	148.71	122.8	6 052	45.04	112.43
	……							
6300	青海省	543.32	65.34	265	215.8	10 045	48.77	112.2
6 301	西宁市	237.6	11.5	108.6	117.5	11 398	45.71	114.2
6 321	海东地区	74.2	15.3	28.7	30.24	4 768	38.68	112.9
6 322	海北藏族自治州	20.4	5.6	7.6	7.2	7 538	37.25	112
6 325	海南藏族自治州	29.1	8.7	11.8	8.62	7 001	40.55	111.3
6 327	玉树藏族自治州	13.94	8.9	2.1	3	4 872	15.06	109.6
	……							
1200	天津市	3 697.62	112.38	2 051.2	1 534.1	35 783	55.47	114.9

地区代码	地区	GDP/亿元	第一产业/亿元	第二产业/亿元	第三产业/亿元	人均GDP/元	工业化水平/%	地区生产总值指数
1201	和平区	283.09		50.1	233.04	92 109	17.70	114.1
1202	河东区	129.42		59.52	69.9	17 358	45.99	113.5
1203	河西区	285.99		102.4	183.58	36 276	35.81	108.5
1204	南开区	195.29		66.89	128.4	21 974	34.25	113.5
1205	河北区	139.1		40.68	98.42	21 457	29.25	88
1211	武清区	148.49	21.7	65.29	61.55	17 479	43.97	114.5
1213	滨海新区	1 623.26	7.28	1 098.86	517.12		67.69	
1216	蓟县	109.57	19.11	55.09	35.37	13 376	50.28	111
	……							
1300	河北省	10 117	1 503.07	5 324.2	3 361	14 814	52.63	113.4
1301	石家庄市	1 786.78	247.8	865.7	673.4	18 671	48.45	113.7
1308	承德市	360.3	65.74	183.54	111.01	10 723	50.94	116.6
1307	张家口市	416	67.4	186	174.76	10 185	44.71	113.6
1303	秦皇岛市	491	51.3	190.4	250	17 716	38.78	112.1
1302	唐山市	2 027.64	236.19	1 161.73	629.72	28 466	57.29	115.1
	……							
1400	山西省	4 230.53	262.42	2 357.04	1 611.07	12 647	55.72	113.5
1401	太原市	893.2	20.2	418.54	454.44	26 107	46.86	114.7
1402	大同市	370.3	22	199.43	149	11 913	53.86	112.2
1403	阳泉市	205.4	3.5	120.62	81.31	15 812	58.72	111.6
1407	晋中市	331.02	36.93	173.45	120.64	10 772	52.40	112.7
1408	运城市	471.26	55.29	265.4	152.58	9 485	56.32	113.6
	……							
3700	山东省	18 517	1 964	10 629	5 960.4	20 096	57.40	115.2
3701	济南市	1 876.61	134.34	864	878.3	31 606	46.04	115.6
3702	青岛市	2 695.82	178.33	1 399.75	1 121.24	33 188	51.92	116.9
3703	淄博市	1431	60.01	955.8	415.2	32 533	66.79	117.1
3706	烟台市	2 012.5	197.41	1 198.01	617.04	30 923	59.53	117.6
3710	威海市	1 169.8	109.14	725.42	336.23	47 028	62.01	117.4
	……							

续表

地区代码	地区	GDP/亿元	第一产业/亿元	第二产业/亿元	第三产业/亿元	人均 GDP/元	工业化水平/%	地区生产总值指数
4100	河南省	10 587.42	1 892.01	5 539.33	3 181.3	11 347	52.32	114.2
4101	郑州市	1 660.60	72.4	872.84	715.4	25 474	52.56	116
4102	开封市	408.01	121.3	163.9	122.83	8 570	40.17	113.1
4103	洛阳市	1 112.4	110.50	648.42	353.5	17 383	58.29	115.1
4104	平顶山市	561	67	337.33	156.7	11 407	60.13	115.4
	......							
6500	新疆维吾尔自治区	2 639.6	510	1 165	945	13 184	44.14	110.9
6501	乌鲁木齐市	562.50	8.23	208.8	345.52	25 507	37.12	113.6
6521	吐鲁番地区	119.8	12.5	79.01	28.3	20 580	65.95	112.4
6522	哈密地区	68.6	11	21.9	35.7	12 865	31.92	111.4
6540	伊犁哈萨克自治州	373.04	123.17	107.56	142.31	8 759	28.83	112
6532	和田地区	48.8	22.1	7.91	18.82	2 712	16.21	112.5
	......							
2100	辽宁省	8 047.3	882.41	4 027.85	3 295.5	19 074	50.05	112.7
2101	沈阳市	2 084.13	126.33	906.3	1 051.52	29 935	43.49	116
2102	大连市	2 152.23	183.33	1 001.8	972.84	38 196	46.55	114.2
2103	鞍山市	1 018.01	56	560.1	401.93	29 338	55.02	116.2
2104	抚顺市	390.24	28.8	211.92	149.54	17 372	54.30	113.8
2111	盘锦市	444.36	46.9	318.8	75.7	34 641	71.74	106.4
	......							
2200	吉林省	3 620.3	626	1 608.94	1 414	13 350	44.44	112.1
2201	长春市	1 503.2	161.5	709.7	639.8	20 728	47.21	108.1
2202	吉林市	630	101	283	246.2	14 498	44.92	109
2203	四平市	331	122	98.14	111	10 027	29.65	120.5
2205	通化市	233.63	41.3	106.21	86.13	10 258	45.46	116.8
2206	白山市	160.5	26	82.5	52.1	12 139	51.4	117.8
	......							
2300	黑龙江省	5 513.7	685	2 972	1 866.7	14 467.37	53.9	111.63
2301	哈尔滨市	1 830.5	299.91	646	900.8	18 852	35.29	114.1

地区代码	地区	GDP/亿元	第一产业/亿元	第二产业/亿元	第三产业/亿元	人均GDP/元	工业化水平/%	地区生产总值指数
2302	齐齐哈尔市	422.44	109.4	114.1	199	8 003	27.01	112.8
2303	鸡西市	204.64	64.7	57.9	82.1	10 616	28.29	112.6
2306	大庆市	1 401	43	1 204	155	53 199	85.94	110
2327	大兴安岭地区	46.1	18	6.6	21.54	8 600	14.32	106.5
	……							
6400	宁夏回族自治区	612.61	72.1	281.23	253	10 349	45.91	110.9
6401	银川市	289	19	130	139	20 727	44.98	113
6402	石嘴山市	83.03	2.67	56.45	23.9	18 816	67.99	112.9
6403	吴忠市	101	18	50	33	8 079	49.50	113.9
6404	固原市	44.9	12.9	8.6	23.4	2 992	19.15	109.9
6405	中卫市	66.5	14	24.1	28.4	6 490	36.24	111.5
	……							
1500	内蒙古自治区	3 905.03	600.1	1 773.21	1 542.3	16 371	45.41	123.81
1501	呼和浩特市	743.7	47.2	277.8	418.73	29 049.29	37.35	128.64
1502	包头市	849	31.04	450	368	35 086.16	53.00	128.6
1507	乌海市	125.6	1.9	79.14	44.42	27 272	63.01	127.74
1522	赤峰市	329.32	89.1	112	128.3	10 616	34.01	123.2
1505	通辽市	64.63	4.2	38.019 8	22.42	30 587.46	58.83	122.4
1529	阿拉善盟	3 905.03	600.1	1 773.21	1 542.3	16 371	45.41	123.81
	……							
6200	甘肃省	1 934	308.1	839	791.6	7 477	43.38	111.85
6201	兰州市	567.04	22.13	250	294.92	18 296	44.09	112
6204	白银市	146.54	21.03	74.02	51.5	8 400	50.52	112.9
6205	天水市	146.2	25.8	56.04	64.33	4 189	38.33	112.5
6208	平凉市	110.2	26.92	42.72	40.53	4 915	38.77	112.7
6230	甘南藏族自治州	26.1	8.3	5.4	12.430 1	3 868	20.69	111.5
	……							

资料来源：《中国统计年鉴》、《中国区域经济统计年鉴》、《北京统计年鉴》、《北京区域经济统计年鉴》、《陕西统计年鉴》、《青海统计年鉴》、《天津统计年鉴》》、《河北经济年鉴》、《山西统计年鉴》、《山东统计年鉴》、《河南统计年鉴》、《新疆统计年鉴》、《辽宁统计年鉴》、《吉林统计年鉴》、《黑龙江统计年鉴》、《宁夏统计年鉴》、《内蒙古统计年鉴》、《甘肃统计年鉴》。

1.3.2　中国北方地区人居环境调查数据集

中国北方人居环境调查数据集（2005 年、2010 年）

（1）数据集元数据

数据集标题：中国北方人居环境调查数据集（2005 年、2010 年）

数据集摘要：中国北方黄河流域和东北、内蒙古地区的 137 个样本县（市）2004～2007 年、12 个样本县（市）2008～2010 年人居环境的居住、社会、自然、人类、支撑等基础数据，主要应用于区域发展和人居环境研究。

数据集关键词：中国北方、人居环境、调查数据。

数据集时间：2004～2010 年。

数据集格式：Excel。

所在单位：西安交通大学。

通信地址：陕西省西安市咸宁西路 28 号。

（2）数据集说明

数据集包括中国北方黄河流域和东北、内蒙古地区的 137 个样本县（市）2004～2007 年、12 个样本县（市）2008～2010 年人居环境的居住、社会、自然、人类、支撑等基础数据。各县生产总值情况（总值、三次产业结构等）、规模以上企业主要经济指标、规模以上工业企业能源消费、主要工业产品生产销售情况、建筑业主要情况、全社会公路客货运输量及公路建设情况、邮电通信业务量、全社会固定资产投资、批发和零售业商品销售额、社会消费品零售总额、各县财政收支情况、金融机构存款及贷款情况、保险企业基本情况、各类学校基本情况、卫生事业基本情况、社会保障和救济情况、城市基本建设情况、城市维护建设情况、三废排放及处理利用情况、城镇居民家庭现金收支情况、城镇家庭生活基本情况、人口构成及变动情况、单位从业人员及劳动报酬情况、离退休人员及保险福利情况等。

统计数据来源于各县（市）统计局，规划数据来源于各县（市）规划局，环境监测数据来源于各县（市）环境保护局，电子数据由西安交通大学课题组完成，整理录入。

（3）数据集内容

以黄河三角洲人居环境调查数据为例，如表 1-22 所示。

表 1-22　黄河三角洲若干县人居环境调查数据（2005 年）

内容/级别			东营市	滨州市				
一级	二级	三级	广饶县	邹平县	沾化县	博兴县	阳信县	无棣县
资源承载力	人口	人口密度/（人/hm²）	431	576	183	536	563	222
		人口自然增长率/‰	3.355	1.734	1.54	3.323	5.05	4.29
	土地资源	人均湿地面积/hm²	0.052	0.012	0.368	0.03	0.018	0.321
		人均耕地面积/hm²	0.101 2	0.103 7	0.203	0.095 2	0.095	0.126 5
	水资源	人均水资源量/m³	318.9	310	352	328	205	225
	能源	产值能耗/（t 标准煤/万元）	0.866 7	0.853	1.03	0.789	1.68	1.112
		单位 GDP 能耗/（t 标准煤/万元）	2.86	3	2.239	1.639	2.454	2.53
自然环境	气候	年日照时间/h	2 175.3	2 262.9	2 627.3	2 115.2	2 441.6	2 727.5
		年降水量/mm	571.7	764.2	551.9	614.7	457.5	598.6
		相对湿度/%	65	63	55	66	65	66
		年平均气温/℃	14	15.3	12.3	14.5	13.6	12.1
	生态	林木覆盖率/%	22.4	24	17.6	30	25	23
社会环境	公共服务	县（市）建成区绿化覆盖率	35	32	31	35	38.2	33
		文化艺术场馆个数	4	5	4	6	5	3
		人均邮政业务量/元	43.16	55.58	29.73	49.48	20.65	42.58
		医生数/万人	10	13	6	10	6	7
		公路密度/（km/km²）	1.482	1.62	0.938	1.591	0.848	1.15
		人均公共图书馆藏书/（册/万人）	450	2 100	1 421	2 460	1 200	2 000
		城镇医疗保险覆盖率	7.96	20	24.2	30	50.59	13.04
		旅客周转量/（万人/km）	8 712.57	22 146	8 349.3	3 100	11 580	21 969
	经济	房价收入比	2.1	3.76	2.731	3.5	3.06	1.423
		就业率/%	11.36	26.99	4.02	6.37	4.73	5.25
		GDP 增长率	22.6	21.1	18.7	17.3	17.8	22.4
		人均 GDP/（万元/人）	5.315	2.299	2.079	2.694	1.304	2.75
		居民消费水平/（元/人）	5 580	7 096	6 326	6 337	3 800	6 200
		人均可支配收入/（元/人）	14 529.19	13 918	12 700	13 000	14 091	10 900
		人均消费品零售额/（万元/人）	0.546 9	0.743 3	0.575 6	0.637 5	0.367 7	0.553 6
	生活居住	人均住房面积/（m²/人）	28.87	32.3	29.9	29.5	30.23	23
		互联网入户率/%	13.6	13.77	4.79	10.5	6.46	8.9
		县（市）建成区人口密度/（人/hm²）	2 000	2 728	1 300	1 900	1 038	1 500
		家庭文化娱乐教育服务支出	1 368.72	440.89	270	330.6	206.48	300
		集中供热率/%	98	98	97.8	99	96.2	98.99
	环境	饮水水质达标率	98	99	100	99	99	99
		污水无害化	84	82	87	87	83	83
		城镇生活垃圾无害化处理率	96	100	100	100	100	100

1.3.3　俄罗斯人口与社会经济数据

俄罗斯人口与社会经济数据集（2000 年、2005 年、2010 年）。

（1）数据集元数据

数据集标题：俄罗斯人口与社会经济数据集。

数据集摘要：俄罗斯联邦各主体 2000 年、2005 年、2010 年社会发展、人口、经济及产业发展指标数据。

数据集关键词：俄罗斯、社会、经济、人口、产业。

数据集时间：2000 年、2005 年、2010 年。

数据集格式：Excel（xls）。

所在单位：中国科学院地理科学与资源研究所。

通信地址：北京市朝阳区大屯路甲 11 号。

（2）数据集说明

数据集内容说明：

1）人口发展指标：总人口、年均人口、城市人口比例、农业人口比例、性别比、未成年人口比例、劳动年龄人口比例、老龄人口比例、人口承载力、未成年人口承载力、老年人口承载力、人口变化、出生率、死亡率、婴儿死亡率、自然增长率、平均年龄、预期寿命、结婚率、离婚率、结离婚率、移民增长率、本地区迁入、其他州迁入、境外迁入、迁至本地区、迁至其他州、迁至境外、难民人数。

2）社会发展指标：年均就业人口、农业年均就业、矿业年均就业、工业年均就业、水电气年均就业、建筑年均就业、商业年均就业、住宿餐饮业年均就业、交通通信年均就业、通信年均就业、房产年均就业、教育年均就业、社会服务年均就业、市政年均就业、其他行业年均就业、登记失业人口、失业人口、失业救济人口、失业人口吸纳能力、失业率、人均月收入、人均月消费性支出、新增住房建筑面积。

3）经济发展指标：GDP、固定资产总值、矿业产值、加工和制造业产值、水电气行业产值、农业产值、种植业产值、养殖业产值、零售商品周转额、固定资产总值、固定资产投资。

4）产业发展指标：工业产值、矿业产值、加工和制造业产值、水电气行业产值、农业产值、种植业产值、养殖业产值、零售商品周转额、农业总播种面积、粮食作物播种面积、甜菜播种面积、向日葵播种面积、亚麻播种面积、土豆播种面积、蔬菜播种面积、谷物产量、谷物单位面积产量、甜菜产量、甜菜单位面积产量、向日葵籽产量、向日葵单位面积产量、亚麻产量、亚麻单位面积产量、土豆产量、土豆单位面积产量、蔬菜产量、蔬菜单位产量、果实及浆果产量、果实及浆果单位面积产量、每公顷施肥、大牲畜总头数、猪总数、羊总数、禽畜屠宰量、牛奶产量、鸡蛋产量、毛制品产量、蜂蜜产量、恢复林地面积、林火发生次数、过火林地面积、工业木材生产量。

数据源说明：《俄罗斯联邦统计年鉴 2001》、《俄罗斯联邦统计年鉴 2006》、《俄罗斯联邦统计年鉴 2011》。

（3）数据集内容

以 2005 年人口分布为例，本数据集示意图如图 1-39 所示。

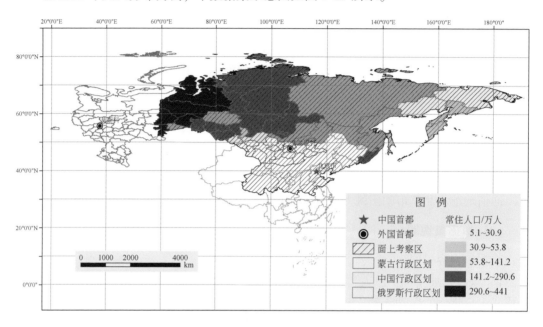

图 1-39　俄罗斯西伯利亚和远东 2005 年人口分布

俄罗斯西伯利亚和远东 2000 年分省经济发展指标，如表 1-23 所示。

表 1-23　俄罗斯西伯利亚和远东 2000 年分省经济发展指标　（单位：百万卢布）

	工业产值	农业产值	种植业产值	养殖业产值
俄罗斯联邦	4 762 522	781 576	426 581	354 995
中央联邦区	819 843	183 058	102 920	80 138
别尔哥罗德州	41 426	16 759	7 885	8 874
布良斯克州	14 509	10 256	6 165	4 091
弗拉季米尔州	36 010	7 892	4 213	3 679
沃罗涅日州	33 131	19 134	10 650	8 484
伊万诺沃州	14 374	4 421	2 174	2 247
卡卢加州	22 148	6 478	3 419	3 059
科斯特罗马州	13 305	5 437	2 609	2 828
库尔斯克	26 109	13 753	8 612	5 141
利佩茨克州	61 245	10 625	6 563	4 062
莫斯科州	137 537	25 326	14 486	10 840

续表

	工业产值	农业产值	种植业产值	养殖业产值
奥廖尔州	13 805	9 567	6 323	3 244
梁赞州	22 781	10 432	6 319	4 113
斯摩棱斯克州	27 037	6 273	2 768	3 505
坦波夫州	12 557	9 658	5 581	4 077
特维尔州	28 539	9 238	4 816	4 422
图拉州	45 032	10 449	6 504	3 945
雅罗斯拉夫	45 534	7 361	3 833	3 528
莫斯科市	224 765			
西北联邦区	482 486	48 760	24 198	24 562
卡累利阿共和国	25 305	1 704	726	978
科米共和国	53 362	2 715	1 293	1 422
阿尔汉格尔斯克州	42 821	5 129	3 123	2 006
伏尔加格勒州	87 603	9 878	4 497	5 381
加里宁格勒州	14 410	3 628	1 769	1 859
列宁格勒州	56 951	14 857	6 784	8 073
摩尔曼斯克州	48 585	1 107	326	781
诺夫哥罗德州	18 909	4 314	2 640	1 674
普斯科夫州	8 306	5 428	3 040	2 388
圣彼得堡市	126 234			
南部联邦区	242 781	142 999	80 652	62 347
阿迪格共和国	2 795	2 240	1 310	930
达吉斯坦共和国	5 715	8 199	3 051	5 148
印古什共和国	895	826	195	631
卡巴尔达-巴尔卡尔共和国	6 033	8 110	4 566	3 544
卡尔梅克共和国	1 546	1281	565	716
卡拉恰伏切尔克西亚共和国	2 834	3 106	1 718	1 388
北奥塞梯共和国	4 466	2 803	1 133	1 670
车臣共和国				

	工业产值	农业产值	种植业产值	养殖业产值
克拉斯诺达尔边疆区	57 293	48 056	31 140	16 916
斯塔夫罗波尔边疆区	28 416	20 678	10 553	10 125
阿斯特拉罕州	18 423	3 094	1 501	1 593
伏尔加格勒州	56 995	16 724	8 856	7 868
罗斯托夫州	57 372	27 882	16 065	11 817
伏尔加沿岸联邦区	994 648	205 395	111 874	93521
巴什基尔共和国	141 792	27 918	12 977	14 941
马里埃尔共和国	8 585	5 847	2 980	2 867
摩尔多瓦共和国	14 977	8 688	4 626	4 062
鞑靼斯坦共和国	191 300	31 049	16 162	14 887
乌德穆尔特共和国	54 804	10 100	4 527	5 573
楚瓦什共和国	19 531	8 563	4 389	4 174
彼尔姆边疆区	110 377	14 976	7 975	7 001
基洛夫州	32 858	11 751	6 275	5 476
下诺夫哥罗德州	106 984	15 212	8 047	7 165
奥伦堡州	63 704	20 063	12 588	7475
奔萨州	17 895	7 883	4 546	3 337
萨马拉州	161 001	16 520	10 016	6 504
萨拉托夫州	41 878	19 733	12 159	7 574
乌里扬诺夫斯克州	28 961	7 092	4 609	2 483
乌拉尔联邦区	798 483	49 135	24 330	24 805
库尔干州	14 774	7 896	4 425	3 471
斯维尔德洛夫斯克州	168 220	16 857	8 232	8 625
秋明州	469 374	12 310	6 357	5 953
车里雅宾斯克州	146 116	12 071	5 315	6 756
西伯利亚联邦区	546 898	125 735	68 377	57 358
阿尔泰共和国	361	1 479	375	1 104
布里亚特共和国	11 570	4 828	1 588	3 240

续表

	工业产值	农业产值	种植业产值	养殖业产值
图瓦共和国	692	1285	345	940
哈卡斯共和国	14 114	3 377	1 580	1 797
阿尔泰边疆区	30 357	24 428	15 156	9272
外贝加尔边疆区	9 316	6 062	2 185	3 877
克拉斯诺亚尔斯克边疆区	199 618	20 347	12 578	7 769
伊尔库茨克州	87 984	11 090	5 157	5 933
克麦罗沃州	103 511	9 614	5 345	4 269
新西伯利亚州	36 487	21 678	13 795	7 883
鄂木斯克州	28 494	15 827	7 453	8 374
托木斯克州	24 393	5 719	2 820	2 899
远东联邦区	234 255	26 493	14 229	12 264
萨哈（雅库特）共和国	64 898	5 792	1 503	4 289
堪察加州	15 565	1 677	1 124	553
滨海边疆区	40 618	5 317	3 213	2 104
哈巴罗夫斯克边疆区	59 898	3 841	1 993	1 848
阿穆尔州	8 878	6 637	4 503	2 134
马加丹州	10 728	373	218	155
萨哈林州	30 166	1 865	1 141	724
犹太自治州	1 172	906	524	382
楚科奇自治区	2 332	86	12	74

1.3.4　蒙古人口与社会经济数据

蒙古人口与社会经济数据集（2000 年、2005 年、2010 年）。

（1）数据集元数据

数据集标题：蒙古人口与社会经济数据集。

数据集摘要：蒙古各省 2000 年、2005 年、2010 年社会发展、人口、经济及产业发展指标数据。

数据集关键词：蒙古、社会、经济、人口、产业。

数据集时间：2000 年、2005 年、2010 年。

数据集格式：Excel（xls）。

所在单位：中国科学院地理科学与资源研究所。

通信地址：北京市朝阳区大屯路甲 11 号。

（2）数据集说明

数据集内容说明：

1）人口发展指标：总人口、出生率、死亡率、自然增长率、城市人口、农村人口、男性比例。

2）社会发展指标：交通工具数量、交通运输邮电通信业职工人数、就业人口、地级市数量、行政区划面积、高校学生数、医生数量、文化中心数量、幼儿园数量、幼儿园儿童数、幼师数量、中等教育学校学生数、中等教育学校教职工数、电话线路数量、公共图书馆数量、二氧化硫空气污染程度、二氧化氮空气污染程度。

3）经济发展指标：财政收入、财政支出、工业销售产值、GDP。

4）产业发展指标：农业总播种面积、工业产品销售额、活牲畜数量。

数据源说明：《蒙古国统计年鉴 2001》、《蒙古国统计年鉴 2006》。

数据加工方法：手工录入。

数据质量描述：可靠。

数据应用成果：无。

（3）数据集内容

以 2005 年人口分布为例，本数据集示意图如图 1-40 所示，具体属性信息如表 1-24 所示。

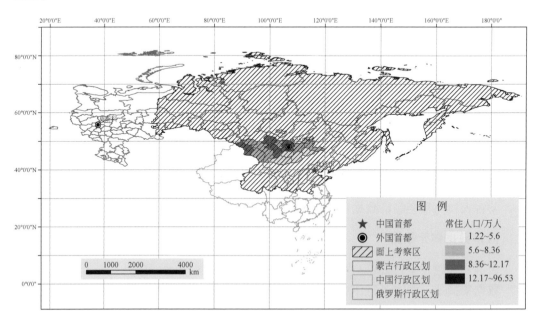

图 1-40　蒙古 2005 年人口分布

表 1-24　蒙古 2005 年人口数据

地区名称	国土面积 /km²	人口 /千人	城市人口占 总人口的比例/%	农村人口占 总人口的比例/%	出生率 /‰
巴彦乌列盖省	45.7	85.4	36.0	64.0	24.9
戈壁阿尔泰省	141.4	53.2	33.7	66.3	22.3
扎布汗省	82.5	64.8	26.9	73.1	23.6
乌布苏省	69.6	72.8	37.3	62.7	26.2
科布多省	76.1	76.2	38.1	61.9	26.0
后杭爱省	55.3	84.1	24.5	75.5	23.8
巴彦洪格尔省	116.0	75.8	39.4	60.6	23.0
布尔干省	48.7	53.1	26.6	73.4	23.4
鄂尔浑省	0.8	87.4	96.6	3.4	23.5
前杭爱省	62.9	100.5	37.9	62.1	25.5
库苏古尔省	100.6	114.3	33.6	66.4	25.0
戈壁苏木贝尔省	5.5	13.2	74.5	25.5	26.5
达尔汗乌拉省	3.3	90.9	82.7	17.3	21.9
东戈壁省	109.5	58.2	58.6	41.4	23.1
中戈壁省	74.7	38.4	35.5	64.5	24.5
南戈壁省	165.4	61.1	30.9	69.1	19.2
色楞格省	41.2	96.1	49.1	50.9	24.3
中央省	74.0	84.1	15.9	84.1	23.6
东方省	123.6	68.9	56.1	43.9	25.9
苏赫巴托尔省	82.3	51.2	31.6	68.4	23.6
肯特省	80.3	65.4	46.4	53.6	23.9
乌兰巴托市	4.7	1 158.7	100	0	22.0

2.1 典型地区样方调查数据

2.1.1 土壤样方调查数据

俄罗斯-蒙古土壤剖面数据集（2008～2010 年）

(1) 数据集元数据

数据集标题：俄罗斯-蒙古土壤剖面数据集（2008～2010 年）。

数据集摘要：数据采集地点是俄罗斯和蒙古，时间为 2008～2010 年。

数据集关键词：俄罗斯，蒙古，土壤剖面。

数据集时间：2008～2010 年。

数据集格式：Excel。

所在单位：南京农业大学资源环境信息工程中心。

通信地址：南京市卫岗 1 号，南京农业大学土壤学系。

(2) 数据集说明

数据集内容说明：

1) 数据采集的时间和地点：①2008 年俄罗斯贝加尔湖地区土壤剖面点数据。②2008 年蒙古土壤剖面点数据。③2009 年勒拿河流域及北冰洋沿岸土壤剖面点数据。④2010 年俄罗斯哈巴罗夫斯克-布拉戈维申斯克-赤塔中线土壤剖面点数据。

2) 数据的主要内容：①数据文件：2008～2010 年俄罗斯-蒙古土壤剖面数据集。②表名称：2008～2010 年俄罗斯-蒙古土壤剖面数据。③包含的观测指标内容：野外样品编号、实验室编号、土壤采样层次、经度、纬度、海拔、土壤剖面观察记载、土壤剖面照片、颗粒组成（2～0.05mm、0.05～0.002mm、<0.002m）。

3) 数据的格式：①俄罗斯-蒙古土壤剖面点分布图：矢量文件，投影与坐标系统为 WGS-1984。②俄罗斯-蒙古土壤剖面点样品分析数据集：Excel 表格。

4) 数据量：60KB。

5) 数据的更新频率：1。

6) 应用目的和服务对象：俄罗斯-蒙古资源环境调查与分析。

数据源说明：观测方法：野外挖典型土壤剖面，分层采样。实验室风干、预处理、磨土，过筛，分析土壤样品的理化性状。

采集时间：2008 年 7 ~ 8 月，2009 年 8 月，2010 年 8 月。

数据质量描述：

1）数据生产过程：利用 GPS 点位进行典型土壤剖面调查、结合土壤样品分析结果和 GIS 分析，对土壤数据集进行统一管理。

2）方法和标准规范：土壤剖面调查与记载，按照"野外土壤调查记载事项及相关技术标准"。

3）应用范围：首先可以用于编辑出版《东亚土壤性状与图集》。

数据应用成果：本数据集主要应用于俄罗斯–蒙古地理环境研究。

（3）数据集内容

该数据集主要包含 2008 年俄罗斯蒙古土壤剖面采集记录及样品分析结果。采集记录主要记录了剖面采集编号、地点、采集日期、地理坐标及生态环境。样品分析结果主要记录了样品的编号、层次、有机质、全氮、全磷、2 ~ 0.05mm 含量、0.05 ~ 0.002mm 含量、0.002mm 含量，如表 2-1、表 2-2 所示。

表 2-1　2008 年俄罗斯蒙古科学土壤剖面标本采集记录

剖面编号	地点	采集日期	纬度	经度	海拔/m	生态环境
BP001	奥利洪岛北部	2008-07-24	53°11′7.9″N	107°21′19.6″E	534	欧洲刺松林树林 150 ~ 180a，为平坦缓坡地，坡度约为 0 ~ 2°，坡向为东南西北向，坡面东部为 40a 树林欧洲刺松林，林下枯枝落叶层厚度 20cm
BP002	奥利洪岛中部西坡	2008-07-24	53°09′52.2″N	107°17′39.8″E	558	典型草原，坡地坡度 10° ~ 15°，典型栗钙土，草根层厚度 30cm，50cm 均为钙化层，80cm 以下为新土层
BP003	奥利洪岛北部	2008-07-25	53°13′12.0″N	107°25′46.9″E	499	冲积滩地平坦，0 ~ 25cm 上层沙土，25 ~ 38cm 为黄沙层，38cm 以下为原有土壤表层（经过反复冲积），108cm 黄沙层
BP004	奥利洪岛北部西坡	2008-07-25	53°15′4.8″N	107°32′0.1″E	528	高阶地（湖泊）地势平坦，20 世纪 50 ~ 90 年代末均以种植燕麦（大麦）作物为主，已经放弃耕作 10a，耕作层、犁底层、淋溶层、淀积层等层次清晰，母质层为典型的湖泊沉积物。原耕作层 0 ~ 10cm（A0），犁底层 10 ~ 22cm，淋溶层 22 ~ 40cm，淀积层 40 ~ 55cm，母质层 55cm 以下

剖面编号	地点	采集日期	纬度	经度	海拔/m	生态环境
BP005	乌尔卢克河谷	2008-07-26	53°00′38.4″N	106°44′49.0″E	460	0~25cm A 草根层，25~45cm B 淤泥层，>45cm C 底层
BP006	叶兰池(村)	2008-07-26	50°48′08″N	106°23′47.5″E	498	为耕作地种植土层耕作年限为22a，耕作前为草地
BP007	叶兰池村北河滩地	2008-07-26	52°48′13.2″N	106°25′52.5″E	476	平坦河滩地典型草甸草原土壤土层厚度35cm下面为砾石层砾石层为沙土层
BP008	伊尔库茨克北公路旁	2008-07-26	52°24′58.2″N	104°22′3.5″E	536	为耕作层种植作物为大麦土层较厚，耕作层、犁底层等发育明显

表 2-2　土壤剖面样品分析结果

编号	层次	有机质 / (g/kg)	全氮 / (g/kg)	全磷 / (g/kg)	粒径比例/%		
					2~0.05mm	0.05~0.002mm	0.002mm
1	1	44.18	1.851	0.228	65.64	23.52	10.84
2	2	5.79	0.296	0.139	69.31	23.69	7
3	3	2.37	0.286	0.546	85.91	10.17	3.92
4	1	81.01	2.573	0.963	37.19	52.69	10.12
5	2	181.99	4.715	0.493	42.2	44.24	13.56
6	3	63.02	1.491	0.901	41.71	51.38	6.92
7	4	52.71	0.144	0.586	66.66	26.35	7
8	5	8.96	0.329	0.584	88.02	9.06	2.92
9	1	21.73	1.587	0.483	57.9	31.26	10.84
10	2	36.41	1.525	0.564	57.01	30.71	12.28
11	3	10.11	0.587	0.377	67.26	17.62	15.12
12	4	2.29	0.26	0.256	91.86	4.7	3.44
13	1	53.16	3.309	0.673	38.16	38.56	23.28
14	2	28.09	1.332	0.337	49.11	40.37	10.52
15	3	18.97	1.116	0.32	52.41	33.55	14.04
16	4	10.24	0.519	0.237	40.48	39.32	20.2
17	5	5.66	0.432	0.282	33.41	44.31	22.28
18	1	82.08	3.933	1.411	28.87	50.41	20.72
19	2	73.56	3.261	1.571	28.11	52.65	19.24
20	3	15.46	0.86	0.692	19.42	56.62	23.96
21	4	7.91	0.607	0.668	25.9	58.22	15.88
22	1	203.51	8.74	1.274	40	33.36	26.64
23	2	30.09	1.403	0.434	77.66	12.71	9.64
24	3	335.41	6.737	0.956	46.38	35.15	18.48
25	4	30.31	0.806	1.016	89.3	8.62	2.08
26	1	27.09	1.653	0.979	55.82	28.62	15.56

2.1.2　重点地区森林野外样方调查数据

重点地区森林野外样方调查数据集

（1）数据集元数据

数据集标题：重点地区森林野外样方调查数据集。

数据集摘要：数据集主要包括 2008 年中俄蒙贝加尔湖地区综合科学考察欧洲赤松林样地调查数据、2008 年中俄蒙贝加尔湖地区综合科学考察西伯利亚落叶松林样地调查数据、2010 年俄罗斯布里亚特共和国西伯利亚冷杉林生物量样地数据、2010 年俄罗斯远东阿穆尔州欧洲赤松林生物量样地数据、2010 年俄罗斯远东哈巴罗夫斯克边疆区次生阔叶林生物量样地数据。

数据集关键词：森林、野外样方。

数据集时间：2008 年、2010 年。

数据集格式：Excel。

所在单位：中国科学院地理科学与资源研究所。

通信地址：北京市朝阳区大屯路甲 11 号。

（2）数据集说明

数据集内容说明：

1）数据采集的时间：俄罗斯布里亚特共和国西伯利亚冷杉林生物量样地数据采集时间是 2010 年 8 月 2 日 ~ 20 日，俄罗斯远东哈巴罗夫斯克边疆区次生阔叶林生物量样地数据采集时间是 2010 年 8 月 2 日 ~ 20 日，俄罗斯远东阿穆尔州欧洲赤松林生物量样地数据采集时间是 2010 年 8 月 2 日 ~ 20 日，2008 年中俄蒙贝加尔湖地区综合科学考察西伯利亚落叶松林样地调查数据采集时间是 2010 年 7 月 23 日 ~ 8 月 21 日。

2）数据采集的地点：俄罗斯哈巴罗夫斯克边疆区联邦自然保护区（State Natural Reserve），俄罗斯阿穆尔州俄罗斯科学院远东分院植物园阿穆尔分园试验站附近（结雅河边），俄罗斯布里亚特共和国巴尔古津地区马克西米哈度假村旁（贝加尔湖边），俄罗斯布里亚特共和国奥卡地区、蒙古北部。

3）数据的主要内容：样地（方）编号、样地（方）面积、调查人、调查日期、植物群落类型、地理位置、经度、纬度、海拔、坡度、坡位、小地形、群落外貌、群落层次、干扰、植物种名（中文/拉丁学名）、郁闭度/盖度、树高/林分平均高/高度/枝下高、胸高直径（DBH）/胸围、平均木/优势木、冠幅、林龄、多度/密度、冠层、生物量鲜重/生物量干重。

4）数据的类型：文本。

5）数据量：0.1MB。

6）数据的更新频率：部分更新。

7）应用目的和服务对象：

应用目的：生态、森林生物量、NPP 等研究用。

服务对象：植被生态学、森林学、森林生态学等研究人员。

8）缩略图见图2-1，图2-2，图2-3。

图2-1　俄罗斯布里亚特共和国奥卡地区奥利克西伯利亚落叶松林（成熟林）样地调查

图2-2　蒙古北部库苏古尔盟库苏古尔湖 Huvsugul-Hangard 度假村西山坡西伯利亚
落叶松林（中龄林）样地调查

数据源说明：野外现场调查与采样，方法按"中国生态系统研究网络观测与分析标准方法《陆地生物群落调查观测与分析》"并参考中国《国家森林资源连续清查技术规定》进行；样品在当地实验室或带回北京烘干并称重。样地（方）面积：测绳。经度、纬度、海拔：GPS。树高：测高仪结合皮尺。胸径：钢卷尺或围尺。林龄：生长锥。生

图 2-3　俄罗斯阿穆尔州欧洲赤松林样地调查

物量：符合国家度量衡标准的杆秤、弹簧秤及电子天平。样品烘干：烘箱。

　　数据加工方法：样品烘干由俄方专家按中方规定在其实验室内完成，为原始数据，未经任何计算。森林样地调查数据还需通过进一步加工处理，方能转化为森林生物量。

　　数据质量描述：原始资料数据精度由调查方法和使用工具控制。样点位置由手持GPS确定，精度为秒。数据分析质控由"中国生态系统研究网络观测与分析标准方法《陆地生物群落调查观测与分析》"并参考中国《国家森林资源连续清查技术规定》进行。

　　数据应用成果：植被生态学、森林学及森林生态学等研究用。

（3）数据集内容

数据集主要包含2008年中俄蒙贝加尔湖地区综合科学考察欧洲赤松林样地调查数据库、2008年中俄蒙贝加尔湖地区综合科学考察西伯利亚落叶松林样地调查数据库以及2010年俄罗斯布里亚特共和国巴尔古津地区马克西米哈西伯利亚冷杉林样地、俄罗斯远东阿穆尔州欧洲赤松林样地、俄罗斯哈巴罗夫斯克边疆区次生阔叶林样地调查数据库，主要包含样地总表及每个样地的每木尺检结果。

样地总表主要记录了样地编号、样地面积、调查时间、纬度、经度、海拔、坡向、坡度、坡位、小地形、草本地上鲜重、草本地上干重（俄罗斯及蒙古测定）、草本地上干重（国内重新测定，含袋）、草本地上生物量干重、灌木样方面积、灌木地上鲜重、灌木地上生物量含水率样品鲜重、灌木地上生物量含水率样品干重（俄罗斯、蒙古测定）、灌木地上生物量含水率样品干重（国内重新测定）、灌木地上生物量样品含水率、灌木地上生物量干重、灌木地上生物量干重、样地内总株数、胸围大于12.5cm株数、算数平均胸径、实际平均胸径（林分平均胸径）、实际平均胸围（林分平均胸围）、林分平均树高、林龄、郁闭度、最大胸围、优势木胸围、优势木树高，如表2-3、表2-4所示。

表2-3 森林样地总表（以2008年中俄蒙贝加尔湖地区综合科学考察
欧洲赤松林样地调查数据为例）

样地编号	PS-001	PS-002	PS-003	PS-004	PS-005	PS-006	PS-007	PS-008
样地面积/（m×m）	10×10	20×20	10×10	5×5	20×20	10×10	10×20	15×20
调查时间	2008-07-24	2008-07-29	2008-07-29	2008-08-03	2008-08-04	2008-08-05	2008-08-05	2008-08-11
纬度	53°11′8.4″N	51°54′45.12″N	51°43′24.12″N	52°8′6.48″N	53°15′47.82″N	53°37′54″N	54°0′44″N	51°13′12″N
经度	107°27′19.62″E	102°24′43.98″E	102°35′1.62″E	106°57′8.58″E	108°44′53.28″E	109°39′10″E	110°3′27″E	106°31′34″E
海拔/m	543	877	740	519	491	489	523	765
坡向	SE		WS		N	S	E20S	W
坡度/（°）	5	0	8~10	0	<5	3-5	<5	11
坡位	中	平地	中	沟底	中下位	下	下	下
小地形	平	平地	山岗	沟底	平缓坡面	缓坡	缓坡	坡面
草本地上鲜重/g	27.46	121.94	32.01		84.7		36.13	178.7
灌木地上鲜重/g	无灌木层	不让割取样品	样方内无灌木	没有测定	870			

样地编号	PS-001	PS-002	PS-003	PS-004	PS-005	PS-006	PS-007	PS-008
样地内总株数	77	50	30	82	49	24	32	23
胸围大于12.5cm株数	14	37	27		45	24	29	23
算数平均胸径/cm	5.32	19.87	14.44		21.4	11.31	16.94	13.8
实际平均胸径（林分平均胸径）/cm	5.44	24.97	15.95	1.43	23.08	12.33	18.42	15.65
实际平均胸围（林分平均胸围）/cm	17.09	78.46	50.12	4.5	72.5	38.74	57.87	49.18
林分平均树高/m	12.1	17.6	18.2	1.7	17.3	11.9	15.65	10.9
林龄/a	45	116	72	10	94	37	62	76
郁闭度（%）	61	75	73	0	78	73	81	48
优势木胸围/cm	22.5	184（欧洲赤松）	82	6.5	141.5	78	100	114
优势木树高/m	12.7	26.28	19	2.14	25.2	15.5	18.5	13.2

表2-4 2008年中俄蒙贝加尔湖地区综合科学考察欧洲赤松林样地调查每木检尺记录（以PS-001样地为例）

序号	植物种名	树高/m	枝下高/m	胸围/cm	冠幅/（m×m）	物候期	备注
1	欧洲赤松			21			
2	欧洲赤松			12			
3	欧洲赤松	12.7		22.5			优势木
4	欧洲赤松	13		24.6			优势木
5	欧洲赤松			6			
6	欧洲赤松			6			
7	欧洲赤松			4.5			
8	欧洲赤松			4.4			
9	欧洲赤松			14.4			
10	欧洲赤松			4.3			
11	欧洲赤松			4.6			
12	欧洲赤松			5.2			
13	欧洲赤松			2.8			

序号	植物种名	树高 /m	枝下高 /m	胸围 /cm	冠幅 /（m×m）	物候期	备注
14	欧洲赤松			9.5			
15	欧洲赤松			11.4			
16	欧洲赤松			13.6			
17	欧洲赤松			13.1			
18	欧洲赤松			7.6			

2.1.3 重点地区草地野外样方调查数据

东北亚草地样方调查数据（2008~2009 年）

（1）数据集元数据

数据集标题：东北亚草地样方调查数据。

数据集摘要：数据采集的时间为 2008~2009 年，主要有 2008 年中俄蒙贝加尔湖地区综合科学考察草地样方调查数据、2009 年呼伦贝尔考察草地数据、2008 年中蒙草地调查样地植被状况表及考察照片。地理位置：117°E~120.8°E，42.69°N~54°N。

数据集关键词：草地，东北亚，样方调查，科学考察。

数据集位置：中俄蒙贝加尔湖地区、中蒙呼伦贝尔地区。

数据集时间：2008~2009 年。

数据集格式：文本、图片。

所在单位：中国科学院地理科学与资源研究所。

通信地址：北京市朝阳区大屯路甲 11 号。

（2）数据集说明

数据集内容说明：①天然和人工草地资源区域内草地植被的科属种、数量、分布及群落信息、生长情况、生产力等；②草地植被品种的分布、数量、生长情况。

数据源说明：野外调查。

数据加工方法：①样方编号：指样方在样地中的顺序号，同一样地中，样方编号不能重复。②样方面积：选取样方的实际面积，比如 1m²。③样方定位：GPS 记载样方的经纬度和海拔，也可以通过地形图定位，即在地形图上查找样地所在位置的经纬度。经纬度统一用度分格式。④样方照片：俯视照是指样方的垂直照；周围景观照是指最能反映样方周围特征的景物的照片。编号要反映所属样地号及样方号。⑤植被盖度测定：指样方内所有植物的垂直投影面积占样方面积的百分比。植被盖度测量采用目测法或样线针刺法。草群平均高度用米尺测量样方内大多数植物枝条或草层叶片集中分布的平均自然高度。目测法：目测并估计 1m² 内所有植物垂直投影的面积，为了消除目测带来的误差，通常指定一人对植被盖度进行目测。样线针刺法：选择 50m 或 30m 刻度样线，每隔一定间距用探针垂直向下刺。若有植物，记作 1；若无植物，记作 0。然后计算其出现频率，即盖度。⑥草群平均高度：用米尺测量样方内大多数植物枝条或草层叶片集中分布的平均自然高度。⑦植物种数：样方内所有植物种的数量。⑧主要植物种名：样方内，主要的优势种或群落的建群种、优良牧草种类（饲用评价为优等、良等的植物）。⑨毒害草种数：样方内对家畜有毒、有害的植物种数量。⑩主要毒害草名称：样方内对家畜有毒、有害的主要植物的名称。⑪产草量测定：总产草量是指样方内草的地上生物量。通常以植被生长盛期（花期或抽穗期）的产量为准数据质量描述。

数据应用成果：形成考察区草地资源的基本信息报告，为后续该地区的草地考察提供依据；制订考察区草地生态系统的生物多样性报告，为当地的社会经济发展提供重要依据；获取考察区草地资源考察的基础数据，为后续该地区的草地考察提供基础数据支撑。

（3）数据集内容

考察照片主要记录考察样地的自然环境及考察样地草地生长状况，样地考察照片示意如图 2-4 所示。

图 2-4　草地样地考察照片

2008 年中俄蒙贝加尔湖地区综合科学考察草地样方调查数据主要记录了样地编号、样地面积、调查者、调查时间、调查地天气、地理位置、纬度、经度、海拔、坡向、坡度、坡位、小地形、样地示意图、其他描述、植物群落类型、群落外貌、群落层次、干扰、调查指标及数据、草本地上鲜重、草本地上干重、实际草地地上生物量干重、草地地上部分含水率。

2009 年呼伦贝尔考察草地数据主要记录了样地号、经度纬度、海拔、地上总生物量、纸盘重、纸盘+草鲜样重、纸盘+草干样重、SPAD、光谱号照片号、LAI、土壤样品编号、土壤类型、纸盘重、纸盘+土壤鲜样重、纸盘+土壤干样重、附注（描述）。

中蒙草地调查样地植被状况表主要记录了锡林郭勒、蒙古的草地样方数据，主要字段有地区/国家、序号、纬度、经度、群落名称、主要物种、生物量盖度、物种数、植被类型，如表 2-5 ～ 表 2-7 所示。

表 2-5　2008 年中俄蒙贝加尔湖地区综合科学考察草地样方调查数据

样地编号	样地面积 / (m×m)	调查地天气	纬度	经度	海拔 /m	坡向	坡度 / (°)	坡位	小地形	植物群落类型	群落层次	草本地上鲜重/g	草本地上干重/g	实际草地地上生物量干重/g
St-001	1×1	晴，微风	53°9′52.26″N	107°17′39.42″E	557.0	N20W	10	中下位	平地	贝加尔针茅干草原	2	220.7	116.25	92.28
St-002	1×1	晴，微风	53°9′47.22″N	107°17′39″E	576.0	N5E	10~13	中位	平地	贝加尔针茅干草原	1	204.94	98.23	74.29
St-003	1×1	晴，微风	53°9′41.16″N	107°17′40.56″E	603.0	N50W	10~15	上位		贝加尔针茅干草原	1	88.7	57.45	34.42
St-004	1×1	晴	53°13′11.04″N	107°25′46.14″E	502.0		0		平地	披肩碱草群落	1	162.3	95.35	66.76
St-005	1×1	晴	53°13′50.04″N	107°29′22.98″E	602.0		0		高阶地上平地	以禾本科为主的干草原	2	227.7	122.7	92.51
St-006	1×1	晴	53°15′4.68″N	107°31′59.7″E	534.0	N	<5	中位	微凹	以菊科植物为主的杂类草草原	2	253.6	112.78	87.52

表 2-6　2009 年呼伦贝尔考察草地数据

样地号	纬度	经度	海拔/m	地上总生物量/g	纸盘重/g	纸盘+草鲜样重/g	纸盘+草干样重/g	SPAD	光谱号	LAI	土壤样品编号	土壤类型	纸盘重/g	纸盘+土壤鲜样重/g	纸盘+土壤干样重/g
g-01	49°19′49″N	120°0′0″E	627	401	7.04	18.03	11.52		0~12	0.9	g-01	黑钙土	7	30.03	27.05
				395											
				392											
g-02	49.3295°N	120.0499°E	625	447	7.07	24.09	12.31		13~22	1.9	g-02		6.69	28.42	26.26
				730					23~32	1.3					
				532											
g-03	49.34883°N	120.11983°E	667	767	5.98	13.68	9.68		33~42	2.5	g-03		6.34	24.88	22.07
				636					43~52	2.3					
				513					53~62	1.5					
g-04	49.34713°N	120.05357°E	652	392	5.84	19.95	11.12		69~78	1.3	g-04		6.62	18.87	16.9
				404					79~88	1.1					
				365					89~98	1					
g-05	50.07510°N	120.18794°E	632	140	5.52	16.3	9.14		103~112		g-05		6.93	24.54	21.63
				135					113~122						
				167											
g-06	49°20′32.4″N	119°33′57.2″E	602	174	6.96	17.61	11.96			0.4	g-06		6.16	13.16	12.44
				143						0.7					
				153						0.4					

表 2-7　2008 年中蒙草地调查样地植被状况

地区/国家	序号	北纬/N	东经/E	群落名称	主要物种	生物量 /（g/m²）	盖度 /%	物种数	植被类型
蒙古	1	43.81°	111.71°	沙生针茅荒漠草原	沙生针茅、无芒隐子草	47.22	15	17	荒漠化草原
蒙古	2	43.98°	111.37°	多根葱–小针矛荒漠草原群落	沙生针矛、小针矛、多根葱	31.37	10	13	荒漠化草原
蒙古	3	43.74°	111.10°	短叶假木贼荒漠群落	短叶假木贼、小针矛、沙生针茅	50.78	15	12	荒漠化草原
蒙古	4	43.60°	109.64°	驼绒藜–短叶假木贼荒漠群落（退化的沙生针茅草原）	驼绒藜、短叶假木贼、沙生针茅、无芒隐子草	77.07	15	26	荒漠化草原
蒙古	5	43.27°	109.24°	无芒隐子草–沙生针茅群落	无芒隐子草、沙生针茅	42.59	20	17	荒漠化草原
蒙古	6	43.17°	109.03°	薯状亚菊–沙生针茅群落	多根葱、薯状亚菊、沙生针茅	67.70	30	19	荒漠化草原
蒙古	7	43.22°	108.23°	无芒隐子草–沙生针茅群落	无芒隐子草、沙生针茅、短舌菊、霸王	21.96	15	17	山前砾石质草原
蒙古	8	43.47°	107.07°	戈壁阿尔泰山北部砾石质平原沙生针茅–薯状亚菊–无芒隐子草群落	沙生针茅、薯状亚菊、多根葱、无芒隐子草	41.00	20	15	荒漠化草原
蒙古	9	43.45°	106.81°	沙生针茅–无芒隐子草荒漠草原	沙生针茅、无芒隐子草、短叶假木贼、多根葱	35.78	15	26	砾石质戈壁草原
蒙古	10	43.30°	105.82°	薯状亚菊–沙生针茅–无芒隐子草群落	薯状亚菊、沙生针茅、无芒隐子草、短叶假木贼	102.26	25	19	砾石质戈壁草原

2.2　典型地区水环境和湖泊沉积物调查数据

2.2.1　典型湖泊水环境监测数据

2.2.1.1　2008~2011 年东北亚典型湖泊水环境面上调查数据集

(1)　数据集元数据

数据集标题：2008~2011 年东北亚典型湖泊水环境面上调查数据集。

数据集摘要：湖泊水体的理化测定参数及污染物含量，包括 pH、DO、SS、电导率、总氮、总磷、总有机质、氨氮、硝态氮、磷酸盐、化学耗氧量、重金属等。

数据集关键词：理化测定参数、污染物含量、湖泊水体。

数据集时间：2008 年 7 月 26 日至 2011 年 10 月 13 日。

数据集格式：ASCII。

所在单位：中国科学院南京地理与湖泊研究所。

通信地址：江苏省南京市北京东路 73 号。

(2)　数据集说明

数据集内容说明：

1) 数据采集的时间和地点：

湖泊水样采集于 2008 年 7 月 26 日至 2011 年 10 月 13 日。

采集地点：包括俄罗斯境内贝加尔湖流域、勒拿河流域、色楞格河流域的典型湖泊以及蒙古境内色楞格河流域湖泊。

2) 数据的主要内容：

理化参数：pH、DO、SS、电导率等。

营养水平：总氮、总磷、总有机质、氨氮、硝态氮、磷酸盐、化学耗氧量等。

污染水平：重金属等。

3) 数据的类型：文本数据。

4) 数据量：1MB。

5) 数据的更新频率：数据维护频率未知。

6) 应用目的和服务对象：

应用目的：水环境评价、生态系统研究。

服务对象：环境及水文生态研究者。

数据源说明：野外现场采样，当地实验室分析。分析方法按《湖泊富营养化调查规范（第二版）》进行。

DTN/TN：碱性过硫酸钾消解，紫外比色法。

DTP/TP：ICP-AES，等离子体耦合发射光谱。

重金属元素：ICP-AES。

氨氮、硝氮、磷酸盐：比色法。

COD_{Mn}：酸性高锰酸钾消解法。

SS：重量法。

硫酸根/氯离子：离子色谱法。

数据分析部分的营养指标及水样前处理为俄方及中方科学家共同在俄方实验室，利用中方提供的分光光度计、消解锅及玻璃器皿等进行。重金属、离子色谱分析在湖泊与环境国家重点实验室（依托单位为中国科学院南京地理与湖泊研究所）进行。

数据加工方法：数据为实验室测定的原始数据，未经任何计算。

数据质量描述：数据精度由分析方法控制。采样点位置由手持 GPS 确定，精度为秒。数据分析质控由分析方法《湖泊富营养化调查规范》确定，其中包括标准曲线质控、空白样质控、平行样质控。

数据应用成果：该数据库适用环境污染研究、水文研究、生态系统研究。

（3）数据集内容

本数据集示意图如图 2-5 所示。

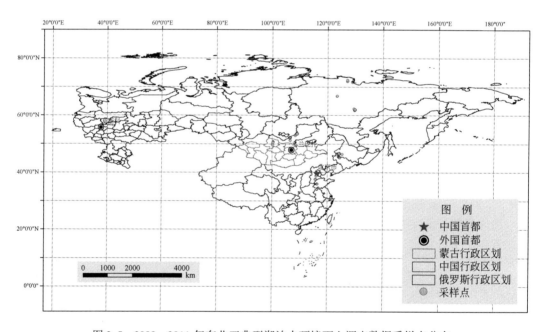

图 2-5 2008~2011 年东北亚典型湖泊水环境面上调查数据采样点分布

东北亚典型湖泊水环境面上调查数据集的属性包括湖泊位置、湖泊名称、国别、地理位置、样点简称、采样时间、样点水深、经度、纬度、水温、透明度、pH、溶解氧、电导率、矿化度等，如表 2-8 所示。

表 2-8　东北亚典型湖泊水环境面上调查数据集

湖泊位置	湖泊名称	国别	地理位置	样点简称	采样日期	样点水深/m	经度	纬度	水温/℃	透明度/m	…	Si/(mg/L)
俄罗斯北极圈	吉克西北湖泊1	俄罗斯	北极圈	TKS1	20090804	2.20	128.812 E	71.651 N	6.0	1.2	…	1.400
…											…	
俄罗斯北极圈	吉克西水源湖泊5	俄罗斯	北极圈	TKS2	20090807	2.10	128.811 E	71.621 N	8.0	1.4	…	1.441
俄罗斯日甘思克	林中小河	俄罗斯	日甘思克	RG1	20090812	1.10	123.333 E	66.753 N	12.0	0.5	…	3.248
俄罗斯雅库茨克	机场北9	俄罗斯	雅库茨克	YK1	20090814	1.30	129.736 E	62.087 N	21.0	0.4	…	3.288
…											…	
俄罗斯-蒙古	Gusinoye 湖	俄罗斯	Gusinoye 湖	GS3	20111013		106.496 E	51.261 N		6.3	…	
	Erkhel 湖1	蒙古	Erkhel 湖	MN-1	20111008		99.9459 E	49.927 N		1.3	…	
…											…	
东北	八里泡	东北	八里泡	BALP2	20080726		125.240 E	46.397 N	26.95	1.45	…	6.248
河北	白洋淀	华北	白洋淀	BYD1	20081013	1.4	115.979 E	38.905 N	14.42	0.5	…	1.15
…											…	
山东	东平湖	华北	东平湖	DPH6	20081016	3.2	116.188 E	36.021 N	18.63	0.4	…	2.00
俄罗斯雅库茨克	勒拿河1	俄罗斯	勒拿河	LNR1	20080726		129.623 E	61.741 N			…	0.909
…											…	
俄罗斯雅库茨克	勒拿河6	俄罗斯	勒拿河	LNR6	20080726		129.809 E	62.058 N			…	1.225
俄罗斯日甘斯克	勒拿河7	俄罗斯	勒拿河	LNR7	20080726		123.383 E	66.772 N			…	2.647
俄罗斯落叶松岛北气象站	勒拿河8	俄罗斯	勒拿河	LNR8	20080726		127.024 E	72.398 N			…	2.266

2.2.1.2 2008～2009 年勒拿河流域湖泊河流水体藻类水化学监测数据

（1）数据集元数据

数据集标题：2008～2009 年勒拿河流域湖泊河流水体藻类水化学监测数据集。

数据集摘要：包括 TW、SD、pH、EH、NO_3^-、DO、NH_4^+、DTN、TN、DTP、TP、COD、PO_4、NO_2、Cl^-、SO_4^{2-}、Ca、Cd、Cu、Fe、K、Mg、Mn、Na、Pb、Si、Zn 藻类各门（鉴定到属）等监测要素。水化学 18 个湖泊河流样品，藻类共 10 个湖泊河流样品。

数据集关键词：水化学、勒拿河流域、湖泊河流、藻类、东北亚。

数据集时间：2008 年 7 月至 2009 年 8 月。

数据集格式：ASCII。

所在单位：中国科学院南京地理与湖泊研究所。

通信地址：江苏省南京市北京东路 73 号。

（2）数据集说明

数据集内容说明：

1）数据采集的时间和地点：

数据采集于 2008 年 7 月 20～28 日及 2009 年 8 月 1～17 日。每个水体一次采样。

采集地点：勒拿河中游雅库茨克周边勒拿河及湖泊、勒拿河下游（日甘思克、勒拿河三角洲落叶松岛、吉克西）周边勒拿河及湖泊水体。

2）数据的主要内容：

水化学主要内容为水样的理化测定参数，包括经纬度、pH、DO（溶解氧）、EC（电导率）、NH_4-N（氨氮）、TN（总氮）、TP（总磷）、COD_{Mn}（化学耗氧量）、PO_4-P（溶解性磷酸盐）、NO_2-N（亚硝酸盐）、NO_3-N（硝酸盐）、Cl^-（氯离子）、SO_4^{2-}（硫酸盐）、Ca（钙离子）、Cd（镉）、Cu（铜）、Fe（铁）、K（钾）、Mg（镁）、Mn（锰）、Na（钠）、Pb（铅）、Si（硅）、Zn（锌）。藻类主要为蓝藻、硅藻、隐藻、金藻、黄藻、甲藻、裸藻、绿藻。

3）数据的类型：文本数据。

4）数据量：1MB。

5）数据的更新频率：数据维护频率未知。

6）应用目的和服务对象：

应用目的：水环境评价、生态系统研究。

服务对象：环境及水文生态研究者。

数据源说明：野外现场采样，当地实验室分析。分析方法按《湖泊富营养化调查规范（第二版）》进行。

pH、EC、DO：现场测定，便携式 pH、电导率仪、溶解氧仪测定。

NH_4、NO_3、NO_2、PO_4-P：分光光度法。

TN、TP：为碱性过硫酸钾同步消化法，消化后比色法测定。

COD_{Mn}：酸性高锰酸钾滴定，容量法。

Cl、SO_4：离子色谱。

Ca、Cd、Cu、Fe、K、Mg、Mn、Na、Pb、Si、Zn：等离子体耦合发射光谱（ICP-AES）测定。

数据分析为俄方及中方科学家在俄方实验室完成部分分光光度法测定项目，利用中方提供的分光光度计、消解锅及玻璃器皿等进行。离子色谱级 ICP-AES 测定数据由中国科学院南京地理与湖泊研究所湖泊与环境国家重点实验室分析完成。

数据加工方法：数据为实验室测定的原始数据，未经任何计算。

数据质量描述：数据精度由分析方法控制。采样点位置由手持 GPS 确定，精度为秒。数据分析质控由分析方法《湖泊富营养化调查规范》确定，其中包括标准曲线质控、空白样质控、平行样质控。

数据应用成果：该数据库适用环境污染研究、水文研究、生态系统研究。

（3）数据集内容

本数据集示意图如图 2-6 所示。

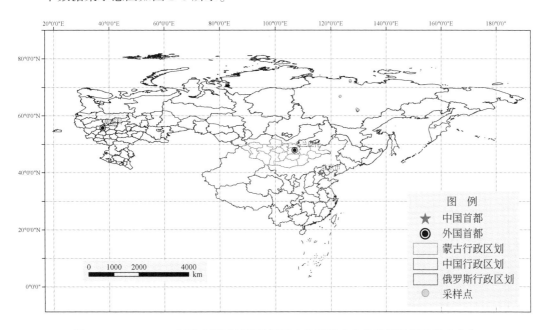

图 2-6　2008～2009 年勒拿河流域湖泊河流水体藻类水化学监测数据采样点分布

2008～2009 年勒拿河流域湖泊河流水体藻类水化学监测数据集包括水化学和藻类两个数据表，水化学监测数据表的属性包括湖泊位置、湖泊名称、编号、经度、纬度、pH、DO、EO、TN 等；藻类监测数据表的属性包括样点编号、数量、生物量等，如表2-9 及表 2-10 所示。

表 2-9 2008～2009 年勒拿河流域湖泊河流水体水化学监测数据集

地理位置	编号	湖泊名称	经度	纬度	pH	DO /(mg/L)	EC /(μS/cm)	TN /(mg/L)	TP /(mg/L)	...	Zn /(mg/L)
勒拿河流域湖泊水体	200901	吉克西北湖泊 1	128.811 5°E	71.651 09°N	7.68	7.74	207	0.408 39	0.022 72	...	0.267 208
勒拿河流域湖泊水体	200903	勒拿河洛叶松岛 3	127.009 31°E	71.993 2°N	8.15	11.1	98.5	0.340 94	0.019 66	...	0.400 223 5
勒拿河流域湖泊水体	200904	勒拿河落叶松岛北溪流 4	127.078 63°E	72.009 061°N	7.81	9.82	222.2	0.247 49	0.006 17	...	0.197 230 5
勒拿河流域湖泊水体	200905	吉克西饮用水源湖泊 5	128.810 86°E	71.620 762°N	7.9	9.24	185.4	0.343 99	0.014 98	...	0.417 731 1
勒拿河流域湖泊水体	200906	日甘斯克林中小河	123.332 5°E	66.752 83°N	7.99	9.04	41.6	0.513 08	0.025 77	...	0.228 294 2
勒拿河流域湖泊水体	200908	日甘斯克勒拿河边小湖	123.374 02°E	66.773 145°N	8.12	9.95	111.4	1.429 83	0.058 81	...	0.067 885 1
勒拿河流域湖泊水体	200909	雅库茨克机场北 9	129.736 1°E	62.087 331°N	9.47	8.79	768	7.153 3	0.547 46	...	0.025 990 4
勒拿河流域湖泊水体	200910	雅库茨克市郊 10	129.557 15°E	62.116 223°N	8.98	9.2	1423	5.580 38	0.712 75	...	0.193 442 7
勒拿河流域湖泊水体	200911	雅库茨克市郊 11	129.557 27°E	62.115 769°N	8.37	9.04	3280	10.194 15	0.095 56	...	0.082 473 6
勒拿河流域湖泊水体	200807	雅库茨克市郊森林小湖 12	129.406 89°E	62.299 396°N				13.545	0.088 152 8	...	<0.005
勒拿河河流水体	200801	LR1	129.622 94°E	61.740 806°N				0.4354	0.01	...	0.020 419 2
勒拿河河流水体	200802	LR2	129.712 31°E	61.865 25°N				0.216 7	0.013	...	0.012 390 7
勒拿河河流水体	200803	LR3	129.791 82°E	61.928 933°N				0.120 26	0.011	...	0.014 285 6
勒拿河河流水体	200804	LR4	129.889 38°E	61.972 1°N				0.139 6	0.015	...	0.022 994 7
勒拿河河流水体	200805	LR5	129.840 02°E	62.064 25°N				0.212 24	0.024	...	0.007 024
勒拿河河流水体	200806	LR6	129.809°E	62.057 717°N				0.345 4	0.014	...	0.011 309 1
勒拿河河流水体	200907	日甘斯克勒拿河	123.383 43°E	66.771 587°N	7.96	9.42	175.3	0.550 32	0.040 76	...	0.592 777 2
勒拿河河流水体	200902	勒拿河哈巴罗夫斯克气象站 2	127.023 84°E	72.398 371°N	7.93	10.01	140.7	0.436 57	0.016 84	...	0.876 100 6

表 2-10　2008～2009 年勒拿河流域湖泊河流水体藻类监测数据

样点编号	200901		200902		200903		…	200909		200910		200911	
	数量/ (万个/L)	生物量/ (mg/L)	数量/ (万个/L)	生物量/ (mg/L)	数量/ (万个/L)	生物量/ (mg/L)	…	数量/ (万个/L)	生物量/ (mg/L)	数量/ (万个/L)	生物量/ (mg/L)	数量/ (万个/L)	生物量/ (mg/L)
蓝藻门 Cyanophyta													
蓝纤维藻 Dactylococcopsis	0	0	10	0.003	0	0	…	0	0	0	0	0	0
束丝藻 Aphanizomenon	190	0.095	60	0.03	0	0	…	0	0	40 100	20.05	608	0.304
颤藻 Oscillatoria	0	0	0	0	0	0	…	0	0	0	0	0	0
席藻 Phormidium	0	0	0	0	0	0	…	900	0.09	22 200	2.22	0	0
螺旋藻 Spirulina	0	0	0	0	0	0	…	0	0	0	0	0	0
裂面藻 Merismopedia	0	0	0	0	0	0	…	0	0	+	+	0	0
射星藻 Marssoniella	0	0	0	0	0	0	…	0	0	0	0	0	0
微囊藻 Microsystis	0	0	0	0	0	0	…	120 300	60.15	0	0	0	0
腔球藻 Coelosphaerium	0	0	0	0	0	0	…	0	0	0	0	0	0
项圈藻 Anabaena	0	0	0	0	0	0	…	0	0	0	0	0	0
尖头藻 Raphidiopsis	0	0	0	0	0	0	…	0	0	+	+	+	+
隐球藻 Aphanocapsa	0	0	0	0	0	0	…	0	0	0	0	0	0
鞘丝藻 Lyngbya	0	0	0	0	0	0	…	0	0	0	0	0	0
索球藻 Gomphosphaeria	0	0	0	0	0	0	…	0	0	0	0	0	0
total	190	0.095	70	0.033	0	0	…	121 200	60.24	62 300	22.27	608	0.304
硅藻门 Bacillariophyta													
直链藻 Melosira	0	…	160	0.528	0	…	…	0	0	0	0	0	0
…	…	…	…	…	…	…	…	…	…	…	…	…	…

注："+"表示在若干个视野中有部分视野检出，但无法定量。

2.2.1.3 Gusinoye 湖及贝加尔湖断面 2008 年监测数据

（1）数据集元数据

数据集标题：Gusinoye 湖及贝加尔湖断面 2008 年监测数据。

数据集摘要：包括取样深度、样点水深、TW、SD、pH、EH、NO_3、DO、NH_4、DTN、TN、DTP、TP、COD、PO_4、NO_2、Chl-a、Cl 等监测要素。14 条监测记录。

数据集时间：2008 年 7~8 月。

数据集关键词：水质、贝加尔湖、Gusinoye 湖、湖泊断面、东北亚。

数据集格式：ASCII。

所在单位：中国科学院南京地理与湖泊研究所。

通信地址：江苏省南京市北京东路 73 号。

（2）数据集说明

数据集内容说明：

1）数据采集的时间和地点：贝加尔湖断面数据采集于 2008 年 8 月 7~8 日、Gusinoye 湖断面数据采集于 2008 年 8 月 10 日。采集地点：贝加尔湖最大入湖口（色楞格河河口）到最大出湖口（安加拉河河口）一个断面，共计 5 个样点；勒拿河断面数据采集于雅库茨克市到勒拿河上游 60km 处，共计 6 个样点，样点间距 12km。Gusinoye 湖位于贝加尔湖东南侧，乌兰乌德西侧，共计 2 个样点。每个样点均分上下层。

2）数据的主要内容：

主要内容为水样的理化测定参数，包括 T_w（水温）、SD（透明度）、pH、Eh（氧化还原电位）、溶解氧、氨氮、溶解性总氮、总氮、溶解性总磷、总磷、COD_{Mn}（化学耗氧量）、溶解性磷酸盐、亚硝酸盐、叶绿素 a、硝酸盐、氯离子、硫酸盐、钾、钙、钠、镁、镉、铜、铁、锰、铅、锌、硅。

3）数据的类型：文本数据。

4）数据量：1MB。

5）数据的更新频率：暂无更新计划。

6）应用目的和服务对象：

应用目的：水环境评价、生态系统研究。

服务对象：环境及水文生态研究者。

数据源说明：野外现场采样，当地实验室分析。分析方法按《湖泊富营养化调查规范（第二版）》进行。

T_w：现场测定，温度计。

SD：现场测定，赛氏盘。

pH、Eh：现场测定，便携式 pH、Eh 计测定。

DO：便携式溶解氧仪。

NH_4、NO_3、NO_2、PO_4：分光光度法。

DTN、DTP、TN、TP：DTN、DTP 为 GF-F 滤膜过滤法，滤后溶液同 TN、TP 同样方法测定，均为碱性过硫酸钾同步消化法，消化后比色法测定。

COD_{Mn}：酸性高锰酸钾滴定，容量法。

Chl-a：$0.45\mu m$ GF-F 玻璃纤维滤膜过滤，滤膜经$-18℃$冷冻后，加 98% 热乙醇萃取、碾磨后分光光度法测定吸收。

Cl、SO_4：离子色谱法。

钾、钙、钠、镁、镉、铜、铁、锰、铅、锌、硅：等离子体耦合发射光谱（ICP-AES）。

数据分析中俄方及中方科学家共同在俄方实验室，利用中方提供的分光光度计、消解锅及玻璃器皿等进行。离子色谱及 ICP-AES 分析在中国科学院南京地理与湖泊研究所湖泊与环境国家重点实验室分析完成。

数据加工方法：数据为实验室测定的原始数据，未经任何计算。

数据质量描述：数据精度由分析方法控制。采样点位置由手持 GPS 确定，精度为秒。数据分析质控由分析方法《湖泊富营养化调查规范》确定，其中包括标准曲线质控、空白样质控、平行样质控。

数据应用成果：该数据库适用环境污染研究、水文研究、生态系统研究。

（3）数据集内容

本数据集采样点位置示意如图 2-7 所示。

图 2-7　Gusinoye 湖及贝加尔湖断面 2008 年监测点位置

Gusinoye 湖及贝加尔湖断面 2008 年监测数据集的属性表包括湖名、水层、样名、取样深度、样点水深、T_w、SD、pH、Eh、NO_3等，如表 2-11 所示。

表 2-11　Gusinoye 湖及贝加尔湖断面 2008 年监测数据

编号	湖名	水层	样名	取样深度/m	样点水深/m	T_w/°C	SD/m	pH	Eh(参考)	NO₃⁻/(mg/L) A	NO₃⁻/(mg/L) C	NH₄⁺/(mg/L)	TN/(mg/L)	…	NO₂⁻/(mg/L)	Pb/(mg/L)	Si/(mg/L)	Zn/(mg/L)
1	BK1	U	BK1U	1	约100	16	2.2	7.5		0.005	0.08	0.05	0.26	…	0.001	<0.01	1.28	<0.005
2	BK1	D	BK1D	8		15		7.7		−0.01	0.04	0.05	0.23	…	0.000	<0.01	1.176	<0.005
3	BK2	U	BK2U	1	约100	16.5	1.7	7.2		0.03	0.17	0.06	0.34	…	0.001	<0.01	1.620	0.007
4	BK2	D	BK2D	8		16		7.4		0.022	0.14	0.06	0.50	…	0.001	<0.01	1.671	0.008
5	BK3	U	BK3U	1	约4.5	20	0.7	7.6		0.185	0.68	0.15	0.66	…	0.004	<0.01	3.641	<0.005
6	BK3	D	BK3D	4		19		7.7		0.177	0.65	0.13	0.79	…	0.003	<0.01	3.563	<0.005
7	BK4	U	BK4U	1	约4.0	20.5	0.5	7.4		0.183	0.67	0.14	0.87	…	0.004	<0.01	3.687	0.007
8	BK4	D	BK4D	3.5		19.5		7.8		0.182	0.67	0.18	1.56	…	0.004	<0.01	4.368	<0.005
9	BK5	U	BK5U	1	约3.0	20.5	0.8	6.9		0.186	0.68	0.17	0.60	…	0.003	<0.01	4.236	<0.005
10	BK5	D	BK5D	3		20		7.4		0.184	0.67	0.16	0.81	…	0.003	<0.01	4.168	<0.005
11	GS1	U	GS1U	1	约15	18	7.3	8.5	44	0.073	0.31	0.05	0.63	…	0.001	<0.01	0.968	<0.005
12	GS1	D	GS1D	8		20		8.5	111	0.055	0.25	0.05	0.50	…	0.001	<0.01	1.236	<0.005
13	GS2	U	GS2U	1	约10	22	7.3	8.3	73	0.062	0.27	0.05	0.47	…	0.001	<0.01	1.417	<0.005
14	GS2	D	GS2D	8		22		8.4	98	0.058	0.26	0.07	0.54	…	0.001	<0.01	1.304	<0.005

注：BK，贝加尔湖；GS，Gusinoye 湖；U，上层；D，下层。

2.2.1.4　贝加尔湖及 Gusinoye 湖固定样点 2008 年监测数据

（1）数据集元数据

数据集标题：贝加尔湖及 Gusinoye 湖固定样点 2008 年监测数据。

数据集摘要：

三个固定样点，包括样点编号、水层、样点名称、取样深度、水深、T_w、SD、DO、NH_4^+、NO_3^-、NO_2^-、PO_4^{3-}、DTN、TN、DTP、TP、COD、Chl-a、Mineral、pH、Eh 等要素。

数据集关键词：水质、水环境、贝加尔湖，Gusinoye 湖样点监测东北亚。

数据集时间：2008 年 8～10 月。

数据集格式：ASCII。

所在单位：中国科学院南京地理与湖泊研究所。

通信地址：江苏省南京市北京东路 73 号。

（2）数据集说明

数据集内容说明：

1）数据采集的时间和地点：

固定样点数据采集于 2008 年 8 月 8 日到 10 月 18 日，每个月三次。

采集地点：贝加尔湖最大入湖口（色楞格河河口）BK1、最大出湖口（安加拉河河口）BK2、贝加尔湖南部 Gusinoye 湖 GS1，共计 3 个固定样点，每个样点分上下水层采集测定。

2）数据的主要内容：

主要内容为水样的理化测定参数，包括样点水深、T_w（水温）、SD（透明度）、pH、Eh（氧化还原电位）、溶解氧、氨氮、溶解性总氮、总氮、溶解性总磷、总磷、COD_{Mn}（化学耗氧量）、溶解性磷酸盐、亚硝酸盐、Chl-a、硝酸盐、矿化度。

3）数据的类型：文本数据。

4）数据量：1MB。

5）数据的更新频率：数据维护频率未知。

6）应用目的和服务对象：

应用目的：水环境评价、生态系统研究。

服务对象：环境及水文生态研究者。

数据源说明：野外现场采样，当地实验室分析。分析方法按《湖泊富营养化调查规范（第二版）》进行。

T_w：现场测定，温度计。

SD：现场测定，赛氏盘。

pH、Eh：现场测定，便携式 pH、Eh 计测定。

DO：化学滴定（Whikler）。

NH_4、NO_3、NO_2：分光光度法。

DTN、DTP、TN、TP：DTN、DTP 为 GF-F 滤膜过滤法，滤后溶液同 TN、TP 同样

方法测定，均为碱性过硫酸钾同步消化法，消化后比色法测定。

COD_{Mn}：酸性高锰酸钾滴定，容量法。

Chl-a：0.45μm 的 GF-F 玻璃纤维滤膜过滤，滤膜经-18℃冷冻后，加 98% 热乙醇萃取、碾磨后分光光度法测定吸收。

Mineral：重量法。

数据分析为俄方及中方科学家共同在俄方实验室，利用中方提供的分光光度计、消解锅及玻璃器皿等进行。

数据加工方法：数据为实验室测定的原始数据，未经任何计算。

数据质量描述：数据精度由分析方法控制。采样点位置由手持 GPS 确定，精度为秒。数据分析质控由分析方法《湖泊富营养化调查规范》确定，其中包括标准曲线质控、空白样质控、平行样质控。

数据应用成果：该数据库适用环境污染研究、水文研究、生态系统研究。

(3) 数据集内容

本数据集采样点位置示意如图 2-8 所示。

图 2-8　贝加尔湖及 Gusinoye 湖固定样点 2008 年监测点

贝加尔湖及 Gusinoye 湖固定样点 2008 年监测数据集的属性表包括样点位置、水层、样点名称、样点深度、水体总厚度、T_w、pH、Eh 等，如表 2-12 所示。

表 2-12 贝加尔湖及 Gusinoye 湖固定样点 2008 年监测数据

编号	样点位置	水层	样点名称	样点深度/m	水体总厚度	T_w/℃	…	Chl-a/(mg/L)	矿化度/(mg/L)	pH	Eh(参考)
	2008-08-08										
1	BK1	Upper	BK1U	1	约100	16.0	…	0.0029		7.48	
2		Down	BK1D	8		15.0	…	0.0021		7.71	
11	GS1	Upper	GS1U	1	约15	18.0	…	0.0021		8.54	44
12		Down	GS1D	8		20.0	…	0.0025		8.52	111
	2008-08-18										
1	Baikal 1 Ист	Upper	BK1U	1	约100	15.0	…	0.0020			
2		Down	BK1D	8		15.0	…	0.0019			
3	Baikal 2 Лист	Upper	BK2U	1		19.0	…	0.0016			
4		Down	BK2D	8		18.0	…	0.0017			
5	GS-1	Upper	GS1U	1	约15	22.0	…	0.0038			
6		Down	GS1D	8		22.5	…	0.0016			
	2008-08-28										
1	Baikal 1 Ист	Upper	BK1U	1	约100	17.8	…	0.000			
2		Down	BK1D	8		17	…	0.001			
3	Baikal 2 Лист	Upper	BK2U	1		15	…	0.001			
4		Down	BK2D	8		12	…	0.001			
5	GS-1	Upper	GS1U	1	约15	20	…	0.002			
6		Down	GS1D	8		19.5	…	0.001			

2.2.1.5　勒拿湖及贝加尔湖坡面2008年监测数据

（1）数据集元数据

数据集标题：勒拿湖及贝加尔湖坡面2008年监测数据。

数据集摘要：固定样点，包括样点编号、水层、样点名称、取样深度、水深、T_w、SD、DO、NH_4^+、NO_3^-、NO_2^-、PO_4^{3-}、DTN、TN、DTP、TP、COD、Chl-a、矿化度、pH、Eh等要素。

数据集关键词：水质、水环境、贝加尔湖，勒拿湖，样点监测，东北亚。

数据集时间：2008年8月7~8日。

数据集格式：ASC II。

所在单位：中国科学院南京地理与湖泊研究所。

通信地址：江苏省南京市北京东路73号。

（2）数据集说明

数据集内容说明：

1）数据采集的时间和地点：

固定样点数据采集于2008年8月7~8日。

2）数据的主要内容：

主要内容为水样的理化测定参数，包括：样点水深、T_w（水温）、SD（透明度）、pH、Eh（氧化还原电位）、溶解氧、氨氮、溶解性总氮、总氮、溶解性总磷、总磷、COD_{Mn}（化学耗氧量）、溶解性磷酸盐、亚硝酸盐、Chl-a、硝酸盐、矿化度。

3）数据的类型：文本数据。

4）数据量：1MB。

5）数据的更新频率：数据维护频率未知。

6）应用目的和服务对象。

应用目的：水环境评价、生态系统研究。

服务对象：环境及水文生态研究者。

数据源说明：野外现场采样，当地实验室分析，分析方法按《湖泊富营养化调查规范（第二版）》进行。

T_w：现场测定，温度计。

SD：现场测定，赛氏盘。

pH，Eh：现场测定，便携式pH、Eh计测定。

DO：化学滴定（Whikler）。

NH_4、NO_3、NO_2：分光光度法。

DTN、DTP、TN、TP：DTN、DTP为GF-F滤膜过滤法，滤后溶液同TN、TP同样方法测定，均为碱性过硫酸钾同步消化法，消化后比色法测定。

COD_{Mn}：酸性高锰酸钾滴定，容量法。

Chl-a：0.45μm GF-F玻璃纤维滤膜过滤，滤膜经-18℃冷冻后，加98%热乙醇萃取、碾磨后分光光度法测定吸收。

表 2-13　勒拿湖及贝加尔湖剖面 2008 年监测数据

编号	湖名	水层	样名	取样深度 /m	样点水深 /m	T_w/℃	SD/M	pH	Eh (参考)	NO_3 / (mg/L)	Chl-a / (mg/L)	矿化度 / (mg/L)
1	BK1	U	BK1U	1	~100	16	2.2	7.48		0.005	0.08	0.0029
2	BK1	D	BK1D	8	~100	15		7.71		-0.007	0.04	0.0021
3	BK2	U	BK2U	1	~100	16.5	1.7	7.2		0.03	0.17	0.0051
4	BK2	D	BK2D	8		16		7.35		0.022	0.14	0.0070
5	BK3	U	BK3U	1	~4.5	20	0.7	7.64		0.185	0.68	0.0071
6	BK3	D	BK3D	4		19		7.73		0.177	0.65	0.0052
7	BK4	U	BK4U	1	~4.0	20.5	0.5	7.44		0.183	0.67	0.0049
8	BK4	D	BK4D	3.5		19.5		7.8		0.182	0.67	0.0141
9	BK5	U	BK5U	1	~3.0	20.5	0.8	6.92		0.186	0.68	0.0065
10	BK5	D	BK5D	3		20		7.37		0.184	0.67	0.0075
11	GS1	U	GS1U	1	~15	18	7.3	8.54	44	0.073	0.31	0.0021
12	GS1	D	GS1D	8		20		8.52	111	0.055	0.25	0.0025
13	GS2	U	GS2U	1	~10	22	7.3	8.33	73	0.062	0.27	0.0026
14	GS2	D	GS2D	8		22		8.44	98	0.058	0.26	0.0043
15	LR1	U	LR1U	0.2						0.14	0.53	
16	LR2	U	LR2U	0.2						0.121	0.47	
17	LR3	U	LR3U	0.2						0.119	0.46	
18	LR4	U	LR4U	0.2						0.128	0.49	
19	LR5	U	LR5U	0.2						0.133	0.51	
20	LR6	U	LR6U	0.2						0.193	0.70	
21	YK1	U	YK1U	0.2						3	9.95	

矿化度：重量法。

数据分析为俄方及中方科学家共同在俄方实验室，利用中方提供的分光光度计、消解锅及玻璃器皿等进行。

数据加工方法：数据为实验室测定的原始数据，未经任何计算。

数据质量描述：数据精度由分析方法控制。采样点位置由手持 GPS 确定，精度为秒。数据分析质控由分析方法《湖泊富营养化调查规范》确定，其中包括标准曲线质控、空白样质控、平行样质控。

数据应用成果：该数据库适用环境污染研究、水文研究、生态系统研究。

（3）数据集内容

勒拿湖及贝加尔湖坡面 2008 年监测数据的属性表包括样点编号、取样深度、样点水深、T_w、SD、pH、EH、NO_3 等，如表 2-13 所示。

2.2.2 典型湖泊沉积物样品与分析数据

2008～2011 年东北亚典型湖泊河流沉积物污染分析数据如下。

（1）数据集元数据

数据集标题：2008～2011 年东北亚典型湖泊河流沉积物污染分析数据

数据集摘要：包括沉积物类型、沉积物性状、沉积深度、含水率、TN、LOI、TP、AL、Ba 等监测要素。共有 40 条监测记录。

数据集关键词：东北亚、湖泊沉积物、污染分析、监测数据。

数据集时间：2008 年 8 月至 2011 年 10 月。

数据集格式：ASCII。

所在单位：中国科学院南京地理与湖泊研究所。

通信地址：江苏省南京市北京东路 73 号。

（2）数据集说明

数据集内容说明：

1）数据采集的时间和地点：

沉积物样品采集于 2009 年 8 月 4 日至 2011 年 10 月 12 日。

采集地点：包括俄罗斯境内贝加尔湖流域、勒拿河流域、色楞格河流域的典型湖泊以及蒙古境内色楞格河流域湖泊。

2）数据的主要内容：

主要内容为沉积物的理化测定参数及污染物含量，包括沉积深度、含水率、总氮、总磷、总有机质、重金属、持久性有机污染物等。

3）数据的类型：文本数据。

4）数据量：1MB。

5）数据的更新频率：数据维护频率未知。

6）应用目的和服务对象：

应用目的：水环境评价、生态系统研究。

服务对象：环境及水文生态研究者。

数据源说明：野外现场采样，当地实验室分析，分析方法按《湖泊富营养化调查规范》（第二版）进行。

TN：碱性过硫酸钾消解，紫外比色法。

含水率：重量法。

TP：ICP-AES，等离子体耦合发射光谱。

重金属元素：ICP-AES。

$\sum$PAH，$\sum$OCP：加速溶剂萃取–柱净化–液相色谱和气相色谱分析–保留时间和标样定性–外标法定量。

数据分析为俄方及中方科学家共同在俄方实验室，利用中方提供的分光光度计、消解锅及玻璃器皿等进行。

数据加工方法：数据为实验室测定的原始数据，未经任何计算。

数据质量描述：数据精度由分析方法控制。采样点位置由手持 GPS 确定，精度为秒。数据分析质控由分析方法《湖泊富营养化调查规范》确定，其中包括标准曲线质控、空白样质控、平行样质控。

数据应用成果：该数据库适用环境污染研究、水文研究、生态系统研究。

（3）数据集内容

本数据集示意图如图 2-9 所示。

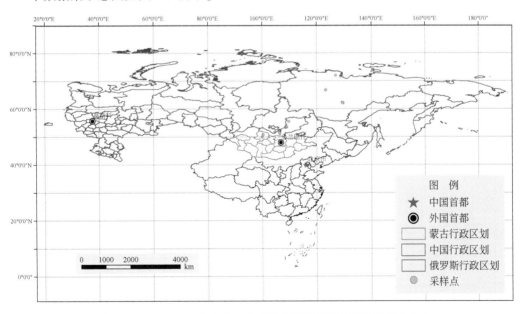

图 2-9　2008～2011 年东北亚典型湖泊河流沉积物污染采样点分布

2008～2011 年东北亚典型湖泊河流沉积物污染分析数据的属性表包括样品名、样品位置、样点代号、采样时间、东经、北纬、沉积物类型、沉积物形状等，如表 2-14 所示。

表 2-14　2008～2011 年东北亚典型湖泊河流沉积物污染分析数据

序号	样品名	样点位置	样点代号	采样时间	纬度	经度	沉积物类型	沉积物性状	沉积深度/cm	含水率/%	TP/(mg/kg)	Ca/(mg/g)
1	吉克西 1	北极圈	LR0901	2009-08-04	71.65109°N	128.81150°E	湖泊	表层沉积物	1	63.9	1363.0	27.528
2	落叶松岛	北极圈勒拿河三角洲	LR0903-1	2009-08-06	71.99320°N	127.00931°E	湖泊	沉积物短柱	0.5	72.1	568.6	19.5
3		北极圈勒拿河三角洲	LR0903-2	2009-08-06	71.99320°N	127.00931°E	湖泊	沉积物短柱	1.5	69.1	559.9	18.1
4		北极圈勒拿河三角洲	LR0903-3	2009-08-06	71.99320°N	127.00931°E	湖泊	沉积物短柱	3.5	68.9	435.4	15.6
5	吉克西 5	北极圈	LR0905-1	2009-08-07	71.62076°N	128.81086°E	湖泊	沉积物短柱	0.5	60.8	625.1	17.7
6		北极圈	LR0905-2	2009-08-07	71.62076°N	128.81086°E	湖泊	沉积物短柱	1.5	54.6	562.7	38.1
7		北极圈	LR0905-3	2009-08-07	71.62076°N	128.81086°E	湖泊	沉积物短柱	2.5	50.6	432.1	5.9
8		北极圈	LR0905-4	2009-08-07	71.62076°N	128.81086°E	湖泊	沉积物短柱	3.5	50.6	464.3	8.3
9		北极圈	LR0905-5	2009-08-07	71.62076°N	128.81086°E	湖泊	沉积物短柱	4.5	39.7	411.1	9.1
11	日甘思克 6	北极圈日甘思克	LR0906	2009-08-12	66.75283°N	123.33250°E	湖泊	表层沉积物	1	65.9	342.9	
12	日干斯克 8	北极圈日甘思克	LR0908	2009-08-12	66.77315°N	123.37402°E	湖泊	表层沉积物	1	67.6	568.6	
13	雅库茨克 07	雅库茨克	LR0807	2008-07-28	62.29940°N	129.40689°E	池塘	表层沉积物	1	51.7	2293.2	
14	雅库茨克 09	雅库茨克	LR0909	2009-08-15	62.08733°N	129.73610°E	湖泊	表层沉积物	1	57.5	1991.8	
15	雅库茨克 10	雅库茨克	LR0910	2009-08-15	62.11622°N	129.55715°E	湖泊	表层沉积物	1	57.9	2278.4	
16	雅库茨克 11	雅库茨克	LR0911	2009-08-15	62.11577°N	129.55727°E	湖泊	表层沉积物	1	44.7	2376.1	
⋮												
38	ERKHEL 湖 1	蒙古色楞格河流域	MN1	2011-10-8	49.92753°N	99.94597°E	湖泊	表层沉积物	1	53.4	598.8	
39	库苏古尔湖 1	蒙古色楞格河流域	MN2	2011-10-9	50.76886°N	100.34431°E	湖泊	表层沉积物	1	50.2	415.3	
40	库苏古尔湖 2	蒙古色楞格河流域	MN3	2011-10-9	50.73792°N	100.33119°E	湖泊	表层沉积物	1	48.7	615.9	

2.3　典型地区水生生物和水鸟调查数据

2.3.1　浮游生物及着生藻类调查数据

东北亚重点地区浮游生物及着生藻类调查数据（2008 年、2009 年）

（1）数据集元数据

数据集标题：东北亚重点地区浮游生物及着生藻类调查数据集。

数据集摘要：数据主要有勒拿河流域湖泊河流水体藻类水化学监测数据集、2008 年贝加尔湖及其周边地区淡水藻类生境图片数据库、2008 年贝加尔湖及其周边地区淡水藻类显微图片数据库、2008 年俄罗斯-蒙古-淡水藻类标本、2009 年俄罗斯勒拿河-淡水藻类标本采集记录。

数据集关键词：东北亚、浮游生物、藻类。

数据集时间：2008 年 8 月、2009 年 8 月。

数据集格式：Excel。

所在单位：中国科学院水生生物研究所。

通信地址：湖北省武汉市武昌区东湖南路 7 号。

（2）数据集说明

数据集内容说明：

1）数据采集的时间和地点：

标本采集时间：2008 年 8 月、2009 年 8 月。

采集地点：贝加尔湖及其周边地区，俄罗斯勒拿河流域。

2）数据的主要内容：

2008 年东北亚考察过程中，采集了贝加尔湖及其周边地区（包括蒙古）的藻类资源状况，数据记录包括标本编号、标本瓶编号、DNA 样品编号、采集日期、采集人、地点、东经、北纬、海拔、电导、水温、生态环境、生长状况、主要种类、生境照片编号等；主要内容为贝加尔湖及其周边地区的夏季淡水藻类生境图片及贝加尔湖及其周边地区的夏季淡水浮游和底栖藻类固定标本显微照片。其中，硅藻类结果：烧片处理。其他类群藻类为甲醛固定。

2009 年东北亚考察过程中，采集了俄罗斯勒拿河流域的藻类资源状况，数据记录包括标本编号、标本瓶编号、DNA 样品编号、采集日期、采集人、地点、东经、北纬、海拔、电导、水温、生态环境、生长状况、主要种类、生境照片编号等。

3）数据的类型：文本数据。

4）数据量：170.4 MB（928 条记录），0.258 MB（49 条记录），76.3 MB（60 条记录），0.56 MB（102 条记录）。

5）数据的更新频率：数据不定期更新。

6）应用目的和服务对象：

应用目的：环境和资源调查。

服务对象：水产、环境、生态、生物学研究者。

7）缩略图见图 2-10。

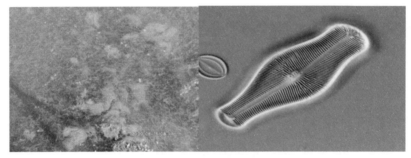

图 2-10　东北亚重点地区浮游生物及
着生藻类调查数据缩略图

8）其他需要说明的内容：

字段（要素）名称解释：No，标本编号；Num，标本瓶编号；DNA，DNA 样品编号；Date，采集日期；Collector，采集人；Site，地点；E，东经；N，北纬；Alt，海拔；Con，电导；Tem，水温；Ect，生态环境；Growth，生长状况；Species，主要种类；Photo，生境照片编号等；File，文件名称；Name，物种学名；Bar，比例尺、Speciman，标本编号、Phyta，藻类门；Ident，鉴定人。

量纲（度量单位）：No–无、Num–无、DNA–无、Date–无、Collector–无、Site–无、E–度、N–度、Alt–米、Con–us/m、Tem–度、Ect–无、Growth–无、Species–无、Photo–无。

数据源说明：野外采集。

数据加工方法：数据为原始数据，未经任何计算。

数据质量描述：①原始资料数据精度：垂直分辨率 72dpi，水平分辨率 72dpi，位深度：24 位。②项目数据产生和汇集过程中的相关质量控制措施，包括完整的数据产生过程、使用的方法和标准规范、数据应用范围等内容。

应用范围：气象环境、水文研究、生态系统研究。

（3）数据集内容

本数据集示意图如图 2-11 所示。

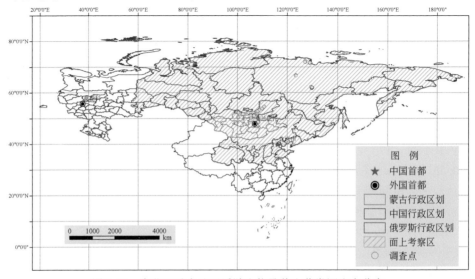

图 2-11　东北亚重点地区浮游生物及着生藻类调查点分布

表 2-15　勒拿河流域湖泊河流河水体藻类水化学监测数据集（水化学）

名称	编号	纬度	经度	pH	DO/(mg/L)	EC/(μS/cm)	TN/(mg/L)	TP/(mg/L)	COD$_{Mn}$/(mg/L)	Cu/(mg/L)	Fe/(mg/L)	K/(mg/L)	Mg/(mg/L)	Mn/(mg/L)	Na/(mg/L)	Pb/(mg/L)	Si/(mg/L)	Zn/(mg/L)
勒拿河流域湖泊水体	200901	71.65109°N	128.8115°E	7.68	7.74	207	0.408	0.023	1.8617	<0.005	0.0063	0.555	9.304	0.004	1.583	<0.01	1.4	0.267
	200903	71.9932°N	127.0093°E	8.15	11.1	98.5	0.341	0.02	5.7418	<0.005	0.02	0.788	2.733	0.012	5.405	<0.01	1.058	0.4
	200904	72.00906°N	127.0786°E	7.81	9.82	222.2	0.247	0.006	3.8018	<0.005	<0.005	0.781	6.473	0.006	2.77	<0.01	2.004	0.197
	200905	71.62076°N	128.8109°E	7.9	9.24	185.4	0.344	0.015	3.4784	<0.005	0.0324	0.778	9.02	0.003	2.387	<0.01	1.441	0.418
	200906	66.75283°N	123.3325°E	7.99	9.04	41.6	0.513	0.026	10.43	<0.005	0.3297	0.673	1.273	0.014	3.047	<0.01	3.248	0.228
	200908	66.77315°N	123.374°E	8.12	9.95	111.4	1.43	0.059	28.214	<0.005	1.3463	0.311	4.416	0.003	1.983	<0.01	1.262	0.058
	200909	62.08733°N	129.7361°E	9.47	8.79	768	7.153	0.547	54.972	<0.005	0.0312	11.12	25.68	0.07	89.76	<0.01	3.288	0.026
	200910	62.11622°N	129.5571°E	8.98	9.2	1423	5.58	0.713	47.697	<0.005	0.018	17.96	71.89	0.022	180.8	<0.01	1.175	0.193
	200911	62.11577°N	129.5573°E	8.37	9.04	3280	10.19	0.096	114.87	<0.005	0.0536	20.45	279.7	0.202	325.8	<0.01	1.348	0.082
勒拿河流域河水体	200807	129.4069°N	62.2994°E				13.55	0.088	26.186	<0.005	0.0116	8.108	66.48	0.297	97.88	<0.01	2.713	<0.005
	200801	61.74081°N	129.6229°E				0.435	0.01	7.124	<0.005	<0.005	0.78	4.448	0.006	18.88	<0.01	0.909	0.02
	200802	61.86525°N	129.7123°E				0.217	0.013	6.0547	<0.005	<0.005	0.506	3.121	0.002	11.98	<0.01	1.09	0.012
	200803	61.92893°N	129.7918°E				0.12	0.011	5.5964	<0.005	0.0079	0.649	4.297	0.002	17.17	<0.01	1.094	0.014
	200804	61.9721°N	129.8894°E				0.14	0.015	5.7491	<0.005	<0.005	0.674	4.703	0.003	19.42	<0.01	1.197	0.023
	200805	62.06425°N	129.84°E				0.212	0.024	5.5964	<0.005	<0.005	0.686	4.388	0.003	18.31	<0.01	1.105	0.007
	200806	62.05772°N	129.809°E				0.345	0.014	7.2768	<0.005	<0.005	0.666	3.959	0.01	12.82	<0.01	1.225	0.011
	200907	66.77159°N	123.3834°E	7.96	9.42	175.3	0.55	0.041	13.663	<0.005	0.0811	0.702	4.274	0.033	11.22	<0.01	2.647	0.593
	200902	72.39837°N	127.0238°E	7.93	10.01	140.7	0.437	0.017	7.5201	<0.005	0.0417	0.928	4.857	0.024	8.26	<0.01	2.266	0.876

表2-16 勒拿河流域湖泊河流水体藻类水化学监测数据集(水化学)

样点编号	2009-01		2009-02		2009-03		2009-05		2009-06		2009-07		2009-08		2009-09	
蓝藻门 Cyanophyta																
蓝纤维藻 Dactylococcopsis	0	0	10	0.003	0	0	0	0	0	0	10	0.003	0	0	0	0
束丝藻 Aphanizomenon	190	0.095	60	0.03	0	0	0	0	0	0	210	0.105	0	0	0	0
颤藻 Oscillatoria	0	0	0	0	0	0	0	0	0	0	0	0	0	0	0	0
席藻 Phormidium	0	0	0	0	0	0	0	0	110	0.011	+	+	0	0	900	0.09
螺旋藻 Spirulina	0	0	0	0	0	0	0	0	0	0	0	0	0	0	0	0
裂面藻 Merismopedia	0	0	0	0	0	0	0	0	0	0	0	0	0	0	0	0
射星藻 Marssoniella	0	0	0	0	0	0	0	0	0	0	0	0	0	0	0	0
微囊藻 Microcystis	0	0	0	0	0	0	0	0	0	0	0	0	0	0	120300	60.15
腔球藻 Coelosphaerium	0	0	0	0	0	0	0	0	0	0	0	0	0	0	0	0
项圈藻 Anabaena	0	0	0	0	0	0	0	0	100	0.05	230	0.115	80	0.04	0	0
尖头藻 Raphidiopsis	0	0	0	0	0	0	0	0	0	0	0	0	0	0	0	0
隐球藻 Aphanocapsa	0	0	0	0	0	0	0	0	0	0	0	0	0	0	0	0
鞘丝藻 Lyngbya	0	0	0	0	0	0	0	0	0	0	0	0	0	0	0	0
索球藻 Gomphosphaeria	0	0	0	0	0	0	0	0	0	0	0	0	0	0	0	0
Total	190	0.095	70	0.033	0	0	0	0	210	0.061	450	0.223	80	0.04	121200	60.24
隐藻门 Cryptophyta																

表2-17 2009年俄罗斯勒拿河淡水藻类标本采集记录

地点	纬度	经度	生境	描述	电导率	水温	pH	种类
季克西	71°38′4.64″N	128°51′34.57″E	宾馆前地表、草丛、潮湿	干片状	***	10	***	硅藻
季克西	71°38′4.64″N	128°51′34.57″E	宾馆前下坡渗水、流水沟	黄色丝状		10		
季克西	71°38′4.64″N	128°51′34.57″E	宾馆前下坡渗水、流水沟	绿色丝状		10		
季克西	71°38′4.64″N	128°51′34.57″E	宾馆前下坡渗水、流水沟	皮状、黄色		10		
季克西	71°38′4.64″N	128°51′34.57″E	宾馆前下坡渗水、流水沟	起泡、粘、绿色丝状		10		
季克西	71°38′4.64″N	128°51′34.57″E	宾馆前地表、草丛、潮湿	绿色片状、皱		10		硅藻
季克西	71°38′4.64″N	128°51′34.57″E	宾馆前、下坡潮湿水泥壁	丝状绿色		10		
季克西	71°38′3.82″N	128°51′32.92″E	滴水石头上刮	深绿				
季克西	71°38′3.82″N	128°51′32.92″E	潮湿砖头上刮					
季克西	71°38′3.82″N	128°51′32.92″E	潮湿地表草丛	毛毡状	413	7	8	无隔藻
季克西	71°38′11.75″N	128°50′46.03″E				7		
季克西	71°38′30.87″N	128°52′42.87″E	流水溪沟	黄色丝状		7		
季克西	71°38′21.61″N	128°51′17.74″E	溪沟入海口	绿色胶囊状	900	10	8	
TIT-ARY	72°00′42.61″N	126°56′2.37″E	岛上积水潭	网捞鲁哥固定		10		
TIT-ARY	72°00′42.61″N	126°56′2.37″E	岛上积水潭	甲醛固定		10		
TIT-ARY	72°00′57.46″N	126°56′53.93″E	勒拿河	定量		10		
TIT-ARY	72°00′57.46″N	126°56′53.93″E	勒拿河	定性		10		
TIT-ARY	72°00′47.90″N	126°56′0.92″E	岛上沼泽小沟	蓝藻		10		

表2-18　2008年俄罗斯－蒙古淡水藻类标本

标本编号	标本瓶编号	DNA样品编号	地点	纬度	经度	电导率/(μs/cm)	水温/℃	生长状况	主要种类
ELS-2008-002	A011		伊尔库茨克市区					蓝色丝状体	席藻
ELS-2008-001	A013		伊尔库茨克市区					绿色	
ELS-2008-007	A026	A074		51°41'13"N	103°46'33.42"E	200	15	绿色长丝状体	无隔藻
ELS-2008-006	A033	A037		51°41'13"N	103°46'33.42"E	200	15	绿色长丝状体	无隔藻
ELS-2008-005	A55	A079		51°41'13"N	103°46'33.42"E	200	15	绿色长丝状体	微孢藻
ELS-2008-004	A62	A002		51°41'13"N	103°46'33.42"E	200	15	绿色长丝状体	骈胞藻
ELS-2008-003	A75	A114		52°12'10.50"N	104°04'807"E		25	绿色丝状体	鞘藻、微孢藻
ELS-2008-011	A019	A075		51°42'53.70"N	102°35'22.44"E	200	20	网捞	多甲藻、角藻
ELS-2008-009	A027	A012		51°40'2.9"N	102°34'59.7"E	200	13	草叶上黄色丝状体	鞘丝藻
ELS-2008-014	A031			51°40'2"N	102°34'59.7"E	3000	38	黄色丝状体	丝藻
ELS-2008-015	A53	A112		51°40'2"N	102°34'59.7"E	3000	38	蓝绿色丝状体	
ELS-2008-013	A54	A052		51°40'2"N	102°34'59.7"E	3000	38	鲜绿色丝状体	毛枝藻
ELS-2008-010	A60			51°42'53.70"N	102°35'22.44"E	200	20	网捞	多甲藻、角藻
ELS-2008-008	A70		Zaktuy	51°40'2.9"N	102°34'59.7"E	200	13	褐色丝状体	
ELS-2008-012	B23	A097		51°42'53.70"N	102°35'22.44"E	200	20	水草洗液	各种硅藻、鞘藻、水棉
ELS-2008-020	A035			51°55'6.8"N	100°40'0.8"E	122		蓝绿色胶质团块	蓝藻、念珠藻、色球藻
ELS-2008-021	A51	A025		51°55'6.8"N	100°40'0.8"E	122	19	石头上胶质球状	蓝藻
ELS-2008-017	A65			51°38'40.14"N	101°25'41.9"E	198	13	绿色斑点状	毛枝藻
ELS-2008-018	A80	A050		51°38'40.14"N	101°25'41.9"E	198	13	褐色丝状体	异极藻具长胶柄
ELS-2008-023	A90	A044		51°55'6.8"N	100°40'0.8"E	122	19	胶质皮块	地木耳
ELS-2008-024	A98	A065		51°55'6.8"N	100°40'0.8"E	122	19	胶质丝状体	串珠藻
ELS-2008-016	A99	A099		51°38'40.14"N	101°25'41.9"E	198	13	灰绿色壳状	链腐藻
ELS-2008-019	B04	A095		51°38'40.14"N	101°25'41.9"E	198	13	绿色分枝丝状体	刚毛藻

勒拿河流域湖泊河流水体藻类水化学监测数据集主要包含水化学和藻类数据，水化学的记录字段有编号、东经、北纬、pH、DO、EC、TN、TP、COD_{Mn}、NO_2-N、NO_3-N、PO_4-P、NH_4^+、SO_4^{2-}、Ca、Cd、Cu、Fe、K、Mg、Mn、Na、Pb、Si、Zn，藻类包括2009 年 1~11 月各藻类的生物量和数量。

2009 年俄罗斯勒拿河–淡水藻类标本采集记录了地点、经度、纬度、生境描述、电导、水温、pH、种类。

2008 年俄罗斯–蒙古淡水藻类标本主要记录了样本编号、标本瓶编号、DNA、样品编号、采集日期、采集人、地点、经度、纬度、海拔、电导率、水温、生态环境、生长状况、主要种类、生境照片编号，如表 2-15~表 2-18 所示。

2.3.2　大型无脊椎动物调查数据

2008 年贝加尔湖流域水生无脊椎动物资源调查数据集。

（1）数据集元数据

数据集标题：2008 年贝加尔湖流域水生无脊椎动物资源调查数据集。

数据集摘要：数据采集的时间段：2008 年 7 月 28 日至 2008 年 8 月 19 日；数据采集地点：贝加尔湖流域。数据的主要内容为水生无脊椎动物资源现状，记录包括物种组成、形态特征、分类地位及分布。

数据集关键词：贝加尔湖流域、水生无脊椎动物资源、科学调查、东北亚。

数据集时间：2008 年 7 月 28 日至 8 月 19 日。

数据集格式：Excel。

所在单位：中国科学院水生生物研究所。

通信地址：湖北省武汉市武昌区东湖南路 7 号。

（2）数据集说明

数据集内容说明：

1）数据采集的时间段：2008 年 7 月 28 日~8 月 19 日。数据采集地点：贝加尔湖流域。

2）数据的主要内容：水生无脊椎动物资源现状，记录包括物种组成、形态特征、分类地位及分布。

3）数据的类型：Excel。

4）数据量：75KB。

5）数据的更新频率：数据不定期更新。

6）应用目的：水生无脊椎动物研究。服务对象：资源管理部门和科学研究工作者。

数据源说明：2008 年东北亚考察过程中野外采集调查和室内实验研究记录。

数据加工方法：定性采样除可用定量采样方法采集定性样品外，还可用抄网等在岸边及浅水区采集定性样品。采用抄网采样时，应尽可能在各种生境采样，这样样品更具代表性。在同一次调查中，抄网采样应尽量由一人操作以减少采样造成的差异和保证各点的可比性。

A. 样品的洗涤

用采泥器在采样点采得泥样后，应将泥样全部倒入大脚盆中，再经 40 目分样筛筛洗，等筛洗澄清后，将获得的底栖动物及其腐屑等剩余物装入塑料袋中，同时放进标签（注明：编号、采样点、时间等），并做好记录，封紧袋口，带回实验室作进一步分检工作。如果在野外时间紧张，也可将泥样放入塑料袋中带回实验室洗涤。

带回洗涤好的或未曾洗涤的样品，因时间关系不能立即进行分检工作的，应将样品放入冰箱（0℃）中，或把袋口打开，置于通风、凉爽处，以防止样品中底栖动物在环境改变后的突然死亡与昆虫的迅速羽化，造成数量上的损失。

B. 分样

大型底栖动物，经洗净污泥后，在工作船上即可进行分样，在室内即可按大类群分别进行称重与数量的记录。与泥沙、腐屑等混在一起的小型动物，如水蚯蚓、昆虫幼虫等，则需在室内进行仔细分样过程。应将洗净的样品置入解剖盘中，加入清水，利用尖嘴镊、吸管、毛笔、放大镜等工具进行工作，挑选出各类动物，分别放入已装好固定液的标本瓶中，直到采集到的标本全部检完为止。在标本瓶外贴上标签，瓶内也放入一标签，其内容与塑料袋内的标签一致，最后将瓶盖紧保存。

C. 样品的固定与保存

软体动物中的螺、蚌，固定前先在 50℃ 左右的热水中将其闷死，在蚌壳张口处（螺厣、壳口间）塞入一小木片，然后向内脏团中注射 7% 的甲醛，在 7% 甲醛中固定 24h，然后移入乙醇中保存。对小型螺、蚌则可不必将固定液注射入内脏，可用热水闷死待壳张开后则可固定。

水生昆虫可用 7% 的甲醛固定，24h 后移入 75% 乙醇保存。

水栖寡毛类应用 7% 的甲醛固定。为减少虫体形变，常用沸腾的甲醛，使其迅速死亡。酒精对水栖寡毛类的固定效果差，不宜使用。

D. 样品鉴定

软体动物和水栖寡毛类的优势种应鉴定到种，水生昆虫（除摇蚊科幼虫）至少鉴定到科，摇蚊科幼虫鉴定到属。对于有疑难种类应有固定标本，以便进一步分析鉴定。

摇蚊科幼虫和水栖寡毛类应先制片，然后在解剖镜或显微镜下观察鉴定。对水栖寡毛类性熟标本还应染色，或解剖，观察性器官，鉴定种类。如需保留制片，可用加拿大树胶封片。封片时先滴一、二滴加拿大树胶在载玻片上（胶的用量要适当），避免产生气泡。

E. 计数

每个采样点所采得的底栖动物应按不同种类准确的统计个体数。在标本已有损坏的情况下，一般只统计头部，不统计零散的腹部、附肢等。根据采样器的开口面积推算出 $1m^2$ 内的数量，包括每种的数量和总数量。

F. 称重

每个采样点所采得的底栖动物应按不同种类准确的称重。大型种类如螺、蚌等一般用托盘天平或电子天平称重，其数值为带壳湿重；记录时应加注说明。小型种类，如水蚯蚓、摇蚊幼虫等可用感量为 $10^{-2}g$ 或 $10^{-3}g$ 的电子天平称重，先称得各采集点的总重，然后分类称重，其数据代表固定后的湿重。

表 2-19　贝加尔湖流域水生无脊椎动物物种信息

纲	目	科	属	Genus	拉丁学名	定名人	定名年代	中文种名	物种鉴定人	采集地名
寡毛纲	颤蚓目	仙女虫科	仙女虫属	Nais Muller, 1773	*Nais simple*	Piguet	1906	简明仙女虫	崔永德、何雪宝	贝加尔湖、阿尔山（Arshan）
寡毛纲	颤蚓目	仙女虫科	仙女虫属	Nais Muller, 1773	*Nais pardalis*	Piguet	1906	豹行仙女虫	崔永德、何雪宝	贝加尔湖、阿尔山
寡毛纲	颤蚓目	仙女虫科	钩仙女虫属	Uncinais Levinsen, 1884	*Uncinais uncinata*	Orstel	1842	双齿钩仙女虫	崔永德、何雪宝	贝加尔湖
寡毛纲	颤蚓目	仙女虫科	杆吻虫属	Stylaria Lamarck, 1816	*Stylaria fossolaris*	Leidy	1852	尖头杆吻虫	崔永德、何雪宝	贝加尔湖
寡毛纲	颤蚓目	仙女虫科	杆吻虫属	Stylaria Lamarck, 1816	*Stylaria lacustris*	Linnaeus	1767	双凸杆吻虫	崔永德、何雪宝	贝加尔湖、阿尔山、乌兰乌德
寡毛纲	颤蚓目	颤蚓亚科	颤蚓属	Tubifex Lamarck, 1816	*Tubifex tubifex*	Muller	1774	正颤蚓	崔永德、何雪宝	贝加尔湖、阿尔山、色楞格河、乌兰乌德
寡毛纲	颤蚓目	颤蚓亚科	水丝蚓属	Limnodrilus Claparède, 1862	*Limnodrilus hoffmeisteri*	Claparède	1862	霍甫水丝蚓	崔永德、何雪宝	贝加尔湖、阿尔山、乌兰乌德
寡毛纲	颤蚓目	颤蚓亚科	水丝蚓属	Limnodrilus Claparède, 1862	*Limnodrilus udekemianus*	Nomura	1862	奥特开水丝蚓	崔永德、何雪宝	贝加尔湖、色楞格河
寡毛纲	颤蚓目	颤蚓亚科	水丝蚓属	Limnodrilus Claparède, 1863	*Limnodrilus profundicola*			水丝蚓一种	崔永德、何雪宝	贝加尔湖

G. 结果整理

把计数和称重获得的结果换算为每 $1m^2$ 面积上的个数（ind/m^2）或生物量（g/m^2）。应分析软体动物、水生昆虫和水栖寡毛类等的种类组成，并按分类系统列出名录表。

数据应用成果：数据主要应用水生无脊椎动物研究，暂无应用成果。

（3）数据集内容

贝加尔湖流域水生无脊椎动物物种信息记录了该流域无脊椎动物的纲（class）、目（order）、科（family）、属（genus）、种（species）、拉丁学名、定名人、定名年代、中文种名、物种鉴定人、采集地地名和经纬度、生物学描述（包括形态学特征和生态学习性），见表 2-19 所示。

2.3.3　重要鱼类调查数据

重点地区重要鱼类调查数据。

（1）数据集元数据

数据集标题：2008 年贝加尔湖鱼类资源调查数据集、2008 年呼伦湖鱼类资源调查数据集。

数据集摘要：2008 年贝加尔湖鱼类资源调查数据采集的时间段：2008 年 7 月 24 日至 8 月 11 日。数据采集地点：俄罗斯贝加尔湖。数据的主要内容为贝加尔湖的鱼类资源现状，记录包括物种组成、形态特征、分类地位、生态习性和分布。

2008 年呼伦湖鱼类资源调查数据集时间段：2008 年 8 月 20 至 9 月 3 日；数据采集地点：中国内蒙古呼伦湖。数据的主要内容为呼伦湖鱼类资源现状，记录包括物种组成、形态特征、分类地位、生态习性和分布。

数据集关键词：贝加尔湖、呼伦湖、鱼类资源。

数据集时间：2008 年。

数据集格式：Excel，图片，Word 文档。

所在单位：中国科学院水生生物研究所。

通信地址：湖北省武汉市武昌区东湖南路 7 号。

（2）数据集说明

数据集内容说明：2008 年贝加尔湖和呼伦湖鱼类资源调查数据库。

1）数据采集的时间段：2008 年 7 月 24 日至 8 月 11 日、2008 年 8 月 20 日至 9 月 3 日，数据采集地点：俄罗斯贝加尔湖、中国内蒙古呼伦湖。

2）数据的主要内容为贝加尔湖和呼伦湖的鱼类资源现状，记录包括物种组成、形态特征、分类地位、生态习性和分布。

3）数据的类型：Excel。

4）数据量：60MB。

5）数据的更新频率：数据不定期更新。

6）应用目的：鱼类资源管理保护和科学研究；服务对象：资源管理部门和科学研

究工作者。

数据源说明：2008 年东北亚考察过程中野外采集调查和室内实验研究记录。

数据加工方法：野外标本采集方法为垂钓和刺网、撒网、地笼、网簏捕捞；标本采集地生境拍照并作文字记录；利用可量性状（如体长和体高比，尾柄长和尾柄宽之比）和可数性状（如侧线鳞数目，臀鳍分枝鳍条数目，下咽齿齿式）参照权威检索表（《中国动物志》和《东北地区淡水鱼类》）进行标本鉴定；新鲜标本形态学描述记录、拍照；标本以布标签编号；体长采用游标卡尺测量（精确到 mm）；体重采用电子天平称量（精确到 0.1g）；内部结构特征通过形态解剖观察；以性腺判别雌雄和发育时期；取消化道并用甲醛（10%）固定带回实验室，通过显微镜观察分析消化道内食物组成判断食性；取年龄材料（如鳞片、背鳍条、耳石等）带回加工处理以鉴定年龄；标本用甲醛（10%）固定；根据野外采集、调查结果和室内实验记录整理录入 Excel 表格和 Word 文档，图像文件命名归类。

数据质量描述：数据质量可靠。

数据应用成果：数据主要应用于鱼类资源管理和科学研究，暂无应用成果。

（3）数据集内容

呼伦湖鱼类照片记录了呼伦湖各种鱼类的体型、大小等信息，见图 2-12 所示。

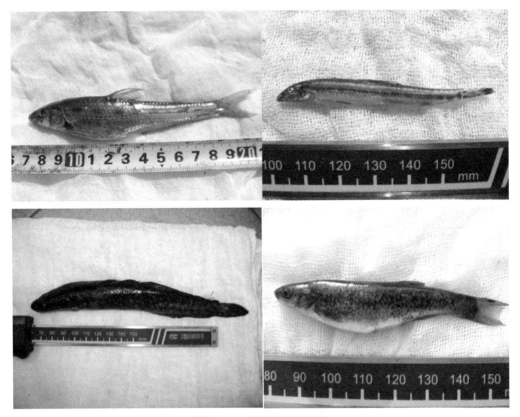

图 2-12　呼伦湖鱼类照片

呼伦湖鱼类生境特征以照片的形式记录了了鱼类的生境，见图 2-13 所示。

图 2-13 呼伦湖鱼类生境特征

呼伦湖鱼类物种信息记录了纲（class）、目（order）、科（family）、属（genus）、种（species）、拉丁学名、定名人、名年代、中文种名、中文俗名、物种鉴定人、采集地地名和经纬度、境外分布、生物学描述（包括形态学特征和生态学习性）、来源（如土著种或外来种）、标本量（尾）、重范围（g）、照片文件夹名称、证据标本编号、生境描述，如表 2-20 所示。

表 2-20　呼伦湖鱼类物种信息

纲	Class	目	Order	科	Family	属	Genus	拉丁学名	定名人	定名年代	中文种名
硬骨鱼纲	Osteichthyes	鲑形目	Salmoniformes	鲑科	Salmonidae	细鳞鲑属	*Brachymystax* Günther, 1868	*B. lenok lenok*	Pallas	1773	细鳞鲑
硬骨鱼纲	Osteichthyes	鲑形目	Salmoniformes	鲑科	Salmonidae	哲罗鲑属	*Hucho* Günther, 1866	*H. taimen*	Pallas	1773	哲罗鲑

纲	Class	目	Order	科	Family	属	Genus	拉丁学名	定名人	定名年代	中文种名
硬骨鱼纲	Osteich thyes	鲑形目	Salmonif ormes	狗鱼科	Esocidae	狗鱼属	*Esox* Linnaeus, 1758	*E. reicherti*	Dybowsky	1869	黑斑狗鱼
硬骨鱼纲	Osteich thyes	鲤形目	Salmonif ormes	鲤科	Cyprinidae	草鱼属	*Ctenoparyng- odon* Steindachner, 1866	*C. idellus*	Cuvier et Valenciennes	1844	草鱼
硬骨鱼纲	Osteich thyes	鲤形目	Salmonif ormes	鲤科	Cyprinidae	鱥属	*Phoxinus* Agassiz, 1835	*P. phoxinus phoxin*	Linnaeus	1758	真鱥

2.3.4　重要水鸟调查数据

2.3.4.1　中国北方地区五个重要湖泊湿地水鸟分布信息数据集（2008～2009 年）

（1）数据集元数据

数据集标题：中国北方地区五个重要湖泊湿地水鸟调查数据集。

数据集摘要：通过对中国北方地区五个重要的湿地，包括青海青海湖、陕西黄河湿地、内蒙古辉河自然保护区、内蒙古达赉诺尔自然保护区和辽宁丹东进行实地考察与观测，获得湿地鸟类于繁殖期时在北方地区的分部信息，并根据此绘制湿地鸟类在北方地区的分布图。

数据集关键词：东北亚、水鸟、湖泊湿地、中国北方。

数据集时间：2008 年 8 月、2009 年 8 月。

数据集格式：Excel、图片。

所在单位：中国科学院动物研究所。

通信地址：北京市朝阳区北辰西路 1 号院 5 号。

（2）数据集说明

1）数据采集地点和时间如下。

青海青海湖：

经度：99.70°E；纬度：36.97°N。

时间：2008 年 5 月 29 日至 6 月 4 日。

陕西黄河湿地：

经度：110.17°E；纬度：34.85°N。

时间：2009 年 7 月 13 ~ 17 日。

内蒙古辉河自然保护区：

经度：119.03°E；纬度：48.71°N。

时间：2009 年 9 月 25 ~ 27 日。

内蒙古达赉诺尔自然保护区：

经度：117.29°E；纬度：48.57°N。

时间：2009 年 9 月 28 ~ 29 日。

丹东东港：

经度：124.12°E；纬度：39.54°N。

时间：2009 年 5 月 15 日。

2）数据的主要内容：

数据文件名称：中国北方地区五个重要湖泊湿地水鸟分布信息数据集（2008 ~ 2009 年）。包含 5 个工作表：①青海湖水鸟调查；②陕西黄河湿地水鸟调查；③内蒙古辉河自然保护区水鸟调查；④内蒙古达来诺尔自然保护区水鸟调查；⑤丹东水鸟调查。

包含了繁殖季节五个重要北方湿地中湿地水鸟的种类、各种类观测到的数量以及观测地点的坐标信息。

3）数据的类型：属性数据。

4）数据量：合计约 50KB。

5）数据的更新频率：不定期更新。

6）应用目的和服务对象：用于研究繁殖季节北方湿地水鸟的分布并制作分布图。服务对象包括从事鸟类学研究的学生和科研人员等。

7）缩略图见图 2-14 所示。反应数据集内容或观测过程、场景等。

图 2-14　中国北方地区五个重要湖泊湿地水鸟调查缩略图

（3）数据集内容

本数据集示意图如图 2-15 所示。

青海湖水鸟调查、陕西黄河湿地水鸟调查、内蒙古辉河自然保护区水鸟调查、内蒙古达来诺尔自然保护区水鸟调查、丹东水鸟调查记录各地区鸟类在调查时间的数量信息，如表 2-21 所示。

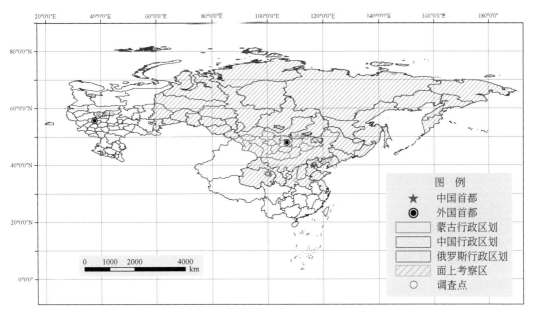

图 2-15　中国北方五个重要湖泊湿地水鸟分布信息调查点

表 2-21　中国北方五个重要湖泊湿地水鸟分布信息数据（以陕西黄河湿地水鸟调查为例）

编号	物种名		7 月 13 日	7 月 15 日	7 月 17 日	合计
41	[普通] 翠鸟	Alcedo atthis		4		4
21	[普通] 鸬鹚	Phalacrocorax carbo		12		12
10	[树] 麻雀	Passer montanus		50		50
22	白鹡鸰	Motacilla alba		5		5
28	白琵鹭	Platalea leucorodia		6	7	13
35	白秋沙鸭	Mergellus albellus		20		20
36	白眼潜鸭	Aythya nyroca		30		30
45	斑头鸺鹠	Glaucidium cuculoides		1		1
32	斑嘴鸭	Anas poecilorhyncha		100		100
7	苍鹭	Ardea cinerea	1	30		31
48	草鹭	Ardea purpurea		1		1
33	赤膀鸭	Anas strepera		40		40
31	赤麻鸭	Tadorna ferruginea		60	40	100
8	大白鹭	Casmerodius albus		11	10	21
18	大鸨	Otis tarda		13	14	27
27	大麻鳽	Botaurus stellaris		1		1
38	大山雀	Parus major		2		2

编号	物种名		7月13日	7月15日	7月17日	合计
16	大天鹅	*Cygnus cygnus*		11		11
44	豆雁	*Anser fabalis*		1000		1000
6	凤头麦鸡	*Vanellus vanellus*	1	2		3
14	骨顶鸡	*Fulica atra*		19		19
42	海鸥	*Larus canus*			5	5
24	红脚鹬	*Tringa totanus*		6		6
49	红隼	*Falco tinnunculus*			1	1
11	红嘴鸥	*Larus ridibundus*		20	30	50
2	红嘴山鸦	*Pyrrhocorax pyrrhocorax*	23	2		25
26	环颈鸻	*Charadrius alexandrinus*		20		20
19	灰鹤	*Grus grus*		10	6	16
37	灰鹡鸰	*Motacilla cinerea*		3		3
13	灰椋鸟	*Sturnus cineraceus*		120	500	620
25	灰头麦鸡	*Vanellus vanellus*		2		2
20	灰雁	*Anser anser*		500	42	542
4	家燕	*Hirundo rustica*	2			2
1	金翅［雀］	*Carduelis sinica*	7	20		27
5	绿翅鸭	*Anas crecca*	600	500		1100
30	绿头鸭	*Anas platyrhynchos*		50	20	70
43	毛脚鵟	*Buteo lagopus*			1	1
12	普通秋沙鸭	*Mergus merganser*		52	25	77
29	三道眉草鹀	*Emberiza cioides*		3		3
15	小田鸡	*Porzana pusilla*		2		2
40	小鹀	*Emberiza pusilla*		4		4
23	小䴙䴘	*Tachybapus ruficollis*		5	4	9
17	岩鸽	*Columba rupestris*		5		5
3	岩沙燕	*Riparia riparia*	6			6
47	雉鸡	*Phasianus colchicus*			6	6
46	中白鹭	*Mesophoyx intermedia*			5	5
9	珠颈斑鸠	*Streptopelia chinensis*		7		7
39	棕头鸦雀	*Paradoxornis webbianus*		30		30

2.3.4.2　50 种湿地鸟类在繁殖季节时于北方地区的分布（2008 ～ 2009 年）

（1）数据集元数据

数据集标题：五十种湿地鸟类在繁殖季节时于北方地区的分布。

数据集摘要：包含 8 个文件夹：①"鸭与潜鸟"、"雁"、"翠鸟"、"秧鸡与大鸨"、"鸻与鹬"、"鸥与鸬鹚"以及"鹤鹭鹳"七个文件夹包含 2008 年和 2009 年通过观鸟活动所获得的中国北方地区湿地水鸟的种类、各种类观测到的数量以及观测地点的坐标信息，以 Excel 文档形式储存；②"dstr_ maps"文件夹包含以上 50 种鸟类分布点的制图文件和中国行政地理区划制图文件，以 shape 文件和 ESRI ArcMap Document 文件为主。

数据集关键词：东北亚、水鸟。

数据集时间：2008 年 8 月，2009 年 8 月。

数据集格式：Excel、图片。

所在单位：中国科学院动物研究所。

通信地址：北京市朝阳区北辰西路 1 号院 5 号。

（2）数据集说明

数据集内容描述：

1）数据采集的时间和地点：

数据采集地点：新疆维吾尔自治区、青海、甘肃、宁夏、内蒙古自治区、陕西、山西、河北、河南、山东、北京、黑龙江、吉林、辽宁、天津。

经度范围：73.52°E ～ 134.77°E；纬度范围：31.38°N ～ 53.55°N。

时间：2008 年 1 月至 2009 年 12 月。

2）数据的主要内容：

数据文件夹名称：50 种湿地鸟类在繁殖季节时于北方地区的分布（2008 ～ 2009 年）包含 8 个文件夹：①"鸭与潜鸟"、"雁"、"翠鸟"、"秧鸡与大鸨"、"鸻与鹬"、"鸥与鸬鹚"以及"鹤鹭鹳"7 个文件夹包含 2008 年、2009 年通过观鸟活动所获得的中国北方地区湿地水鸟的种类、各种类观测到的数量以及观测地点的坐标信息，以 Excel 文档形式储存；②"dstr_ maps"文件夹包含以上 50 种鸟类分布点的制图文件和中国行政地理区划制图文件，以 shape 文件和 ESRI ArcMap Document 文件为主。

3）数据的类型："鸭与潜鸟"、"雁"、"翠鸟"、"秧鸡与大鸨"、"鸻与鹬"、"鸥与鸬鹚"以及"鹤鹭鹳"7 个文件夹中的数据类型为属性数据；"dstr_ maps"文件夹中的数据类型为矢量数据，采用了 UTM 投影和 WGS 1984 坐标系统。

4）数据量（单位为 MB）：数据量合计约 7MB。

5）数据的更新频率：每半年更新一次。

6）应用目的和服务对象：用于研究北方地区湿地水鸟的分布并制作分布图。服务对象包括从事鸟类学研究的学生和科研人员等。

数据加工方法："鸭与潜鸟"、"雁"、"翠鸟"、"秧鸡与大鸨"、"鸻与鹬"、"鸥与鸬鹚"以及"鹤鹭鹳"7 个文件夹中的数据通过 Java 提取。

中国观鸟记录中心年报网页数据源中的信息生成 csv 文件，然后人工提取其中有用信息储存在 Excel 文档中。利用 Google Earth 查询各观鸟地点的坐标信息。将前述 7 个文档中的有用信息汇集后导入 txt 文档，利用 ArcGis 软件中添加坐标事件生成矢量数据，保存在"dstr_ maps"文件夹中。

数据质量描述：

严格按照操作规范进行观测和数据采集。①数据生产过程：根据中国观鸟记录中心发布的数据进行录入，包括各观鸟地的地理位置、物种种类及各物种个体数量；然后利用 Google Earth 查询各观鸟地点坐标；最后利用 ArcGis 生成矢量数据。②方法和标准规范：人工汇编录入。在加工生成数据表时，剔除了一些在各个字段均重复的记录。

（3）数据集内容

数据主要包含 37 种鸟类的分布图片及一些鸟类的分布数量及位置，分布示意如图 2-16 所示，以翠鸟为例其部分数据如表 2-22 所示。

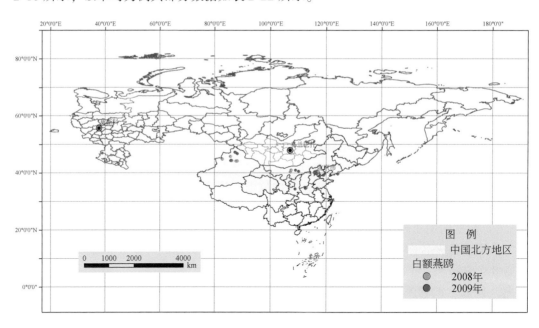

图 2-16　湿地鸟类在繁殖季节时于北方地区的分布图（以白额燕鸥为例）

表 2-22　50 种湿地鸟类在繁殖季节时于北方地区的分布（以翠鸟的部分数据为例）

编号	物种	年	数量	纬度	经度
1	普通翠鸟	2008	1	40. 134 66°N	116. 319 3°E
2	普通翠鸟	2008	1	40. 134 66°N	116. 319 3°E
3	普通翠鸟	2008	4	40. 134 66°N	116. 319 3°E
4	普通翠鸟	2008	3	40. 134 66°N	116. 319 3°E

续表

编号	物种	年	数量	纬度	经度
5	普通翠鸟	2008	1	40.134 66°N	116.319 3°E
6	普通翠鸟	2008	3	40.134 66°N	116.319 3°E
7	普通翠鸟	2008	1	40.134 66°N	116.319 3°E
8	普通翠鸟	2008	1	40.134 66°N	116.319 3°E
9	普通翠鸟	2008	1	40.134 66°N	116.319 3°E
10	普通翠鸟	2008	2	40.312 81°N	116.610 3°E
11	普通翠鸟	2008	3	40.363 57°N	116.550 8°E
12	普通翠鸟	2008	2	40.363 57°N	116.550 8°E
13	普通翠鸟	2008	1	40.411 56°N	116.313°E
14	普通翠鸟	2008	2	40.411 56°N	116.313°E
15	普通翠鸟	2008	1	40.376 33°N	116.842 5°E
16	普通翠鸟	2008	6	40.376 33°N	116.842 5°E
17	普通翠鸟	2008	1	39.992 74°N	116.304 8°E
18	普通翠鸟	2008	1	39.992 74°N	116.304 8°E
19	普通翠鸟	2008	1	39.992 74°N	116.304 8°E
20	普通翠鸟	2008	2	39.992 74°N	116.304 8°E
21	普通翠鸟	2008	1	39.992 74°N	116.304 8°E
22	普通翠鸟	2008	2	39.992 74°N	116.304 8°E
23	普通翠鸟	2008	1	39.992 74°N	116.304 8°E
24	普通翠鸟	2008	1	39.992 74°N	116.304 8°E
25	普通翠鸟	2008	1	39.991 26°N	116.210 8°E
26	普通翠鸟	2008	1	39.992 74°N	116.304 8°E
27	普通翠鸟	2008	1	39.992 74°N	116.304 8°E
28	普通翠鸟	2008	1	39.992 74°N	116.304 8°E
29	普通翠鸟	2008	1	39.992 74°N	116.304 8°E
30	普通翠鸟	2008	2	39.992 74°N	116.304 8°E
31	普通翠鸟	2008	5	39.999 6°N	116.303 6°E
32	普通翠鸟	2008	1	39.992 74°N	116.304 8°E
33	普通翠鸟	2008	3	39.999 6°N	116.303 6°E
34	普通翠鸟	2008	3	39.999 6°N	116.303 6°E
35	普通翠鸟	2008	6	39.999 6°N	116.303 6°E
36	普通翠鸟	2008	2	40.407 12°N	115.843 7°E
37	普通翠鸟	2008	2	40.407 12°N	115.843 7°E
38	普通翠鸟	2008	1	40.497 72°N	115.818 5°E
39	普通翠鸟	2008	1	40.497 72°N	115.818 5°E
40	普通翠鸟	2008	1	40.407 12°N	115.843 7°E

编号	物种	年	数量	纬度	经度
41	普通翠鸟	2008	1	40.407 12°N	115.843 7°E
42	普通翠鸟	2008	5	40.407 12°N	115.843 7°E
43	普通翠鸟	2008	1	39.848 88°N	119.516 9°E
44	普通翠鸟	2008	1	39.848 88°N	119.516 9°E
45	普通翠鸟	2008	1	39.848 88°N	119.516 9°E
46	普通翠鸟	2008	2	39.848 88°N	119.516 9°E
47	普通翠鸟	2008	4	39.848 88°N	119.516 9°E
48	普通翠鸟	2008	1	36.114 21°N	114.347 6°E
49	普通翠鸟	2008	1	36.079 64°N	114.135 4°E
50	普通翠鸟	2008	1	31.946 2°N	114.264 1°E
51	普通翠鸟	2008	1	31.946 2°N	114.264 1°E
52	普通翠鸟	2008	1	31.946 2°N	114.264 1°E
53	普通翠鸟	2008	1	31.946 2°N	114.264 1°E
54	普通翠鸟	2008	7	31.946 2°N	114.264 1°E
55	普通翠鸟	2008	2	31.946 2°N	114.264 1°E
56	普通翠鸟	2008	1	31.946 2°N	114.264 1°E
57	普通翠鸟	2008	1	31.946 2°N	114.264 1°E
58	普通翠鸟	2008	1	31.946 2°N	114.264 1°E
59	普通翠鸟	2008	1	31.946 2°N	114.264 1°E
60	普通翠鸟	2008	2	31.946 2°N	114.264 1°E
61	普通翠鸟	2008	1	31.946 2°N	114.264 1°E
62	普通翠鸟	2008	2	31.946 2°N	114.264 1°E
63	普通翠鸟	2008	2	34.635 96°N	112.441 6°E

2.4 典型地区气溶胶和温室气体监测数据

2.4.1 气溶胶监测数据

东北亚 AERONET 大气气溶胶地基遥感观测数据网络数据库数据集

(1) 数据集元数据

数据集标题：东北亚 AERONET 大气气溶胶地基遥感观测数据网络数据库。

数据集摘要：该数据集来源于 AERONET 东北亚 64 个站点数据，存储格式为 ASCII 格式，经过 ASTPwin 软件加工生成。

数据集关键词：AERONET、大气气溶胶厚度、遥感观测。

数据集时间：1993 年 1 月 5 日至 2008 年 12 月 31 日。

数据集格式：ASCII。

所在单位：南京大学国际地球系统科学研究所。

通信地址：江苏省南京市汉口路22号。

（2）数据集说明

数据集内容说明：记录东北亚气溶胶光学厚度空间分布，数据采用道布森单位（Dobson unit，简称D.U.）。

数据源说明：原始数据来源于 AERONET 东北亚64个站点数据，产品的存储格式为 ASCII 格式，文件名后缀为 *.LEV15。

数据加工方法：由 ASTPWin 软件生成。

数据质量描述：数据质量良好。

数据应用成果：该数据库适用分析我国大气中气溶胶含量的变化，了解大气变化和气候变化过程中气溶胶的重要性。

（3）数据集内容

本数据集示意图如图2-17所示。

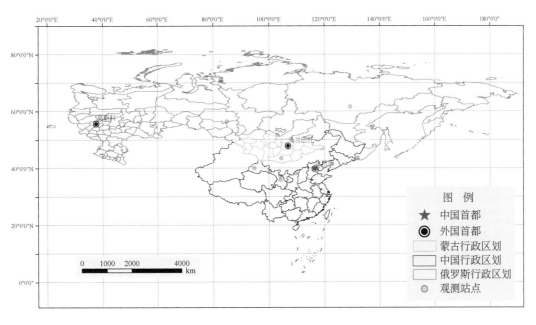

图2-17　东北亚 AERONET 大气气溶胶地基遥感观测站分布

东北亚 AERONET 大气气溶胶地基遥感观测数据网络数据库数据集为东北亚 AERONET 大气气溶胶地基遥感观测数据，每个文件夹为一个监测基地的数据，以其中的一个监测站为例，数据内容如表2-23所示，该监测站的属性表包括 Data、Time、Julian_Day、AOT_1640、AOT_1020、440-675Angstrom（Polar）等。

表 2-23 东北亚 AERONET 大气气溶胶地基遥感观测数据-榆林

日期	时间	儒略日	AOT_1640	AOT_1020	…	440-675 Angstrom（Polar）	最后处理时间	太阳天顶角 /(°)
2001-04-29	23：59：38	119.999 745	N/A	2.109 248	…	-0.056 324	2001-04-29	65.067 769
2001-04-30	0：11：56	120.008 287	N/A	1.897 333	…	-0.030 367	2001-04-30	62.656 678
2001-04-30	1：54：07	120.079 248	N/A	1.946 705	…	-0.003 88	2001-04-30	43.093 528
2001-04-30	3：39：07	120.152 164	N/A	1.964 037	…	-0.014 96	2001-04-30	26.896 049
2001-04-30	23：06：43	120.962 998	N/A	1.239 329	…	-0.025 301	2001-04-30	75.200 892
2001-04-30	23：14：33	120.968 437	N/A	1.222 626	…	-0.011 479	2001-04-30	73.679 957
2001-04-30	23：16：24	120.969 722	N/A	1.212 764	…	-0.010 453	2001-04-30	73.320 076
2001-04-30	23：20：11	120.972 35	N/A	1.223 346	…	-0.008 176	2001-04-30	72.583 375
2001-04-30	23：25：51	120.976 285	N/A	1.197 528	…	-0.006 996	2001-04-30	71.478 293
2001-04-30	23：32：19	120.980 775	N/A	1.189 878	…	0.004 377	2001-04-30	70.215 209
2001-04-30	23：39：34	120.98 581	N/A	1.188 151	…	0.004 133	2001-04-30	68.797 129
2001-04-30	23：47：12	120.991 111	N/A	1.203 359	…	0.007 989	2001-04-30	67.302 236
2001-04-30	23：49：04	120.992 407	N/A	1.194 247	…	0.009 369	2001-04-30	66.936 461
2001-04-30	23：58：35	120.999 016	N/A	1.178 249	…	0.012 281	2001-04-30	65.070 9

2.4.2 温室气体监测数据

2008 年贝加尔温室气体采样点数据如下。

（1）数据集元数据

数据集标题：2008 年贝加尔温室气体采样点数据。

数据集摘要：该数据集来源于贝加尔湖温室气体采样数据，存储格式为 ASCII 格式。

数据集关键词：贝加尔湖、CH_4、CO_2、温室气体。

数据集时间：2008 年 7 月 24 日至 8 月 1 日。

数据集格式：ASCII。

所在单位：南京大学国际地球系统科学研究所。

通信地址：江苏省南京市汉口路 22 号。

（2）数据集说明

数据集内容说明：记录采样点的甲烷和二氧化碳浓度。

数据源说明：原始数据来源于试验采集，产品的存储格式为 ASCII 格式。

数据质量描述：数据质量良好。

数据应用成果：该数据库适用甲烷与二氧化碳反演结果的验证。

（3）数据集内容

2008 年贝加尔温室气体采样点数据集包括甲烷数据和二氧化碳数据。其中，甲烷数据的属性表，包括经度、纬度、样地类型、序号、时间等，如表 2-24 所示。

表 2-24　2008 年贝加尔温室气体采样点数据——甲烷

纬度	经度	样地类型	序号	浓度 0 时刻 / (μg/m)	浓度 0.25h / (μg/m)	斜率 /[μg/ (m·h)]	h/cm	s/cm²	F/ [μg/ (m²·h)]
53°13′46.1″N	107°25′53.3″E	湖边落叶松疏林下草地	1	2.43	2.18	−0.502	67	0.16	−152.139472
53°13′46.1″N	107°25′53.3″E	湖边落叶松疏林下草地	2	2.37	2.37	−0.01179	67	0.09	−6.35667227
53°13′46.1″N	107°25′53.3″E	湖边落叶松疏林下草地	3	2.38	2.52	0.2905	67	0.09	156.5486348
53°13.1′48.1″N	107°25′48.1″E	河道里有水沼泽	4	2.41	5.47	6.10958	65	0.16	1796.138373
53°13.1′48.1″N	107°25′48.1″E	河道里无水潮湿	5	2.28	2.33	0.1138	65	0.09	59.49264831
53°13.1′48.1″N	107°25′48.1″E	湿润	6	2.02	2.19	0.35190	65	0.09	183.9193457
52°08′9.9″N	106°17′45.4″E	色楞格河三角洲湿地，水淹草地	7	82.52	138.38	111.706	60	0.16	30314.23199
52°08′9.9″N	106°17′45.4″E	色楞格河三角洲湿地，水淹草地	8	10.72	21.00	20.572	60	0.16	5582.939965
52°08′9.9″N	106°17′45.4″E	色楞格河三角洲湿地，水淹草地	9	17.08	43.45	52.7399	60	0.16	14312.18156
52°08′9.9″N	106°17′45.4″E	色楞格河三角洲湿地，水淹草地	12	7.02	34.19	54.3458	60	0.16	14747.97498
52°08′9.9″N	106°17′45.4″E	色楞格河三角洲湿地，水淹草地	15	3.88	16.90	26.044	60	0.16	7067.751733
52°08′9.9″N	106°17′45.4″E	色楞格河三角洲湿地，水淹草地	16	18.35	33.30	29.89291826	60	0.16	8112.123966

第3章　中国北方及其毗邻地区综合科学考察样带数据

3.1　东北亚样带基础地理数据集

3.1.1　行政区划数据

东北亚样带 1∶100 万行政区划数据集。

（1）数据集元数据

数据集标题：东北亚样带 1∶100 万行政区划数据（2008 年）。

数据集摘要：数据范围是东北亚样带内中俄蒙三国范围，所包含的空间范围是 32°N～90°N，105°E～118°E。数据集内容包括：省级行政区划，首都位置和样带范围。

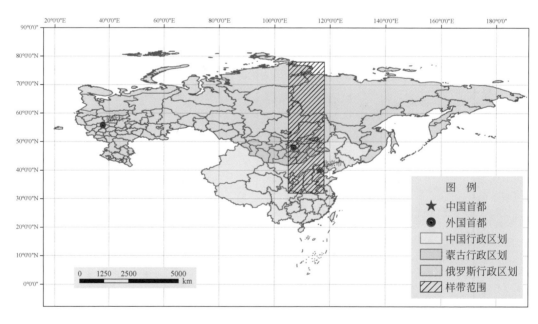

图 3-1　中国北方及其毗邻地区样带范围

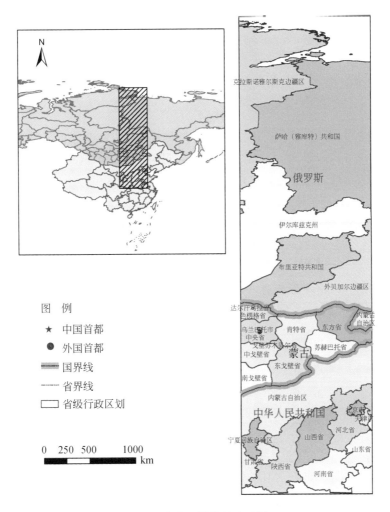

图 3-2　东北亚样带行政区划

数据集关键词：基础地理、中俄蒙、行政区划、样带、1：100 万。

数据集时间：2008 年。

数据集格式：shape 文件。

所在单位：中国科学院地理科学与资源研究所。

通信地址：北京朝阳区大屯路甲 11 号。

（2）数据集说明

数据集内容说明：中俄蒙样带范围内 1：100 万行政区划数据集，包括 3 个数据层：①行政区划；②首都位置点；③样带范围。

数据源说明：样带内，中国行政区划底图为地球系统科学数据共享平台（www. geodata. cn）提供的中国 1：400 万县界图；蒙古行政区划底图为中国科学院资源环境数据中心提供的 1：500 万蒙古行政区划数据；俄罗斯行政区划底图为项目组第二课题提供的俄罗斯联邦 1：100 万行政区划图。

数据加工方法：ArcGIS 10.0 软件平台数据拼接，样带范围裁剪。

数据质量描述：良好。

数据应用成果：主要应用于科学研究。

（3）数据集内容

本数据集示意图如图 3-1、图 3-2 所示。

东北亚样带行政区划数据集图层中包括有中国首都位置点分布图层、外国首都位置点分布图层，样带内国界线、省界线、行政区划图层共 7 个 layer 数据。

数据均为矢量格式，部分属性数据表如表 3-1 所示。

表 3-1　东北亚样带各省级行政单元属性

序号	地区	Region	所属国家
1	北京市	Beijing	中国
2	天津市	Tianjin	中国
3	河北省	Hebei	中国
4	山西省	Shanxi	中国
5	内蒙古自治区	Inner Mongolia	中国
6	山东省	Shandong	中国
7	河南省	Henan	中国
8	陕西省	Shanxi	中国
9	甘肃省	Gansu	中国
10	宁夏回族自治区	Ningxia	中国
11	东方省	Dornod	蒙古
12	东戈壁省	Dornogovi	蒙古
13	中戈壁省	Dundgovi	蒙古
14	戈壁苏木贝尔省	Govisumber	蒙古
15	中央省	Tov	蒙古
16	乌兰巴托市	Ulaanbaatar	蒙古
17	肯特省	Khentii	蒙古
18	南戈壁省	Omnogovi	蒙古
19	色楞格省	Selenge	蒙古
20	达尔汗乌拉省	Darhan	蒙古
21	苏赫巴托尔省	Sukhbaatar	蒙古

序号	地区	Region	所属国家
22	外贝加尔边疆区	Zabaykalskiy Kray	俄罗斯
23	伊尔库茨克州	Irkutskaya Oblast	俄罗斯
24	布里亚特共和国	Respublika Buryatiya	俄罗斯
25	克拉斯诺亚尔斯克边疆区	Krasnoyarskiy Kray	俄罗斯
26	萨哈（雅库特）共和国	The Sakha（Yakutia）Republic	俄罗斯

3.1.2　交通数据

东北亚样带 1∶100 万交通数据集。

（1）数据集元数据

数据集标题：东北亚样带 1∶100 万交通数据集。

数据集摘要：数据范围是东北亚样带内中俄蒙三国范围，所包含的空间范围是32°N ～ 90°N，105°E ～118°E。数据集包括：中俄蒙三国样带范围内主要铁路和公路交通。

数据集关键词：基础地理、中俄蒙、主要铁路、主要公路、1∶100 万。

数据集时间：2008 年。

数据集格式：shape 文件。

所在单位：中国科学院地理科学与资源研究所。

通信地址：北京朝阳区大屯路甲 11 号。

（2）数据集说明

数据集内容说明：中俄蒙三国样带考察区 1∶100 万主要铁路、公路交通数据集，包括 6 个图层：分别为中俄蒙三国样带范围的①主要铁路交通；②公路交通。

数据源说明：www.geocomm.com，CD/DVD 码：g080304a297－1（俄罗斯、蒙古全境与周边国家）。

数据加工方法：历史数据数字化。

数据质量描述：良好。

数据应用成果：主要用于科学研究。

（3）数据集内容

本数据集示意图如图 3-3 所示。

东北亚样带交通数据集中包括样带内中俄蒙三国的铁路和公路数据图层，共有 6 个不同的矢量数据，此外还包括中蒙两国行政区划中的首都位置点分布图层、样带内行政区划图层等 7 个 layer 数据图层。

铁路和公路交通数据均为矢量格式，以公路为例，部分属性数据列表如表 3-2 ～表 3-4 所示。

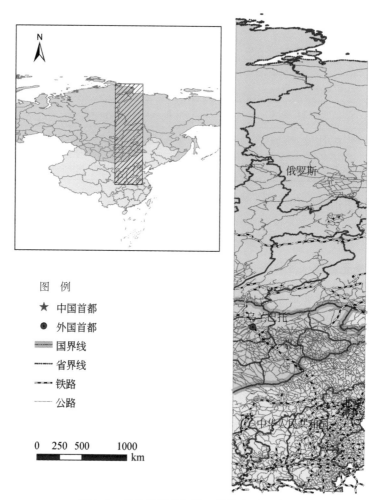

图 3-3　东北亚样带铁路、公路交通示意图

表 3-2　东北亚样带中国公路属性

编号	长度/m	线路_编号	类型代码	道路状态
164	6 197.32	390	2	1
172	582.828	390	2	1
172	1 561.15	417	2	1
174	30 013.5	418	2	1
173	3 012.5	390	8	9
175	3 122.84	390	8	9
186	7 466.7	435	2	1
188	42 191.6	376	2	1
196	7 489.61	422	2	1
178	18 372.1	390	2	1

续表

编号	长度/m	线路_编号	类型代码	道路状态
199	1 149. 08	422	8	9
197	1 911. 74	390	8	9
199	760. 706	390	8	9
200	2 005. 93	390	2	1
204	2 372. 52	419	8	9
203	410. 263	420	2	1
207	275. 333	419	8	9
205	950. 719	420	8	9
209	539. 493	420	8	9
221	6 282. 8	419	2	1
222	199. 328	419	8	9

表 3-3　东北亚样带蒙古公路属性

编号	长度/m	线路_编号	类型代码	道路状态
41	6 365. 34	3140	2	1
47	491. 111	96	8	9
48	2 887. 41	3141	2	1
49	2 852. 46	153	2	1
49	2 027. 97	96	2	1
42	11 714. 3	96	2	1
53	2 680. 25	153	2	1
55	1 518. 12	96	8	9
59	22 605. 8	96	2	1
57	1 904. 07	96	8	9
60	1 247. 5	95	8	9
69	32 362. 8	3139	2	1
73	12 781. 8	95	2	1
69	9 909. 55	3138	2	1
74	44 407. 7	3137	2	1
86	12 093. 7	91	2	1
86	8 548. 6	90	2	1
91	565. 298	156	2	1
118	27 127	2930	2	1
74	12 334. 7	3142	2	1
122	6 365. 34	90	2	1

表 3-4　东北亚样带俄罗斯公路属性

编号	长度/m	线路_编号	类型代码	道路状态
2	18 585	145	2	1
3	47 320.3	146	2	1
2	61 854.9	145	2	1
4	51 421.7	148	2	1
4	27 943	145	2	1
6	15 011.7	145	2	1
8	11 427.2	147	2	1
8	49 053	145	2	1
12	34 076.9	145	2	1
9	185 621	147	2	1
16	41 284.5	156	2	1
22	10 754.3	187	2	1
14	119 525	144	2	1
13	125 870	274	2	1
37	130 473	152	2	1
25	100 631	144	2	1
29	44 214.7	274	2	1
51	49 321.3	187	2	1
51	4 778.5	186	2	1
60	52 640.9	154	2	1
66	60 371.7	152	2	1

3.1.3　地形（DEM、等高线）数据

东北亚样带 1:100 万地形（DEM、等高线）数据集。

（1）数据集元数据

数据集标题：东北亚样带 1:100 万地形（DEM、等高线）数据集。

数据集摘要：数据范围是东北亚样带内中俄蒙三国范围，所包含的空间范围是 32°N～90°N，105°E～118°E。数据集包括中俄蒙三国样带范围的地形要素数据。

数据集关键词：基础地理、中俄蒙样带、DEM、等高线、1:100 万。

数据集时间：1997 年（等高线），2000 年（DEM）。

数据集格式：shape 文件（等高线），tif 文件（DEM）。

所在单位：中国科学院地理科学与资源研究所。

通信地址：北京朝阳区大屯路甲 11 号。

（2）数据集说明

数据集内容说明：本数据集共包括两个数据子集（DEM、等高线）。其中，DEM 数据集包括 1 个图层，即 TIF 格式的中俄蒙三国样带范围 30m DEM。等高线数据集包括 5 个图层，即中俄蒙三国等高线图层。其中，俄罗斯的数据又分为（东、中、西）3 部分。

数据源说明：

1）http：//strm. csi. cgiar. org 美国航天飞机雷达测绘项目。

2）www. geocomm. com，CD/DVD 码：g080304a297 - 1（俄罗斯、蒙古全境与周边国家）。

数据加工方法：历史数据数字化，国外数据下载拼接。

数据质量描述：良好。

数据应用成果：主要用于科学研究。

（3）数据集内容

本数据集示意图如图 3-4、图 3-5 所示。

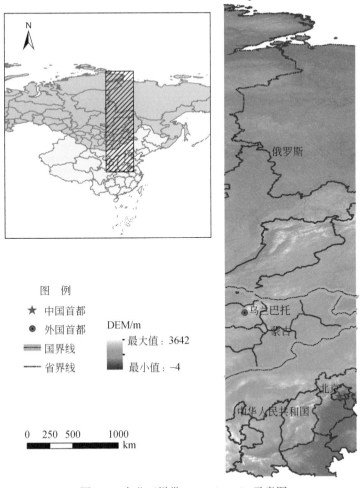

图 3-4 东北亚样带 DEM（30m）示意图

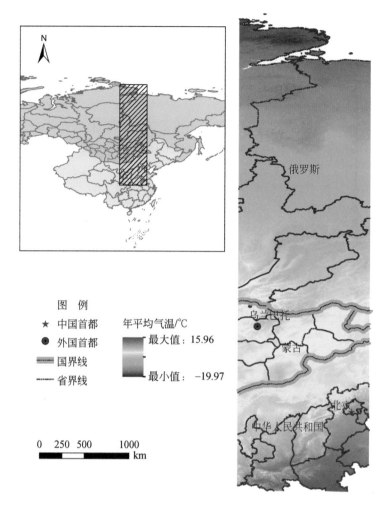

图 3-5　东北亚样带等高线示意图

东北亚样带地形（DEM、等高线）数据集包括样带内中俄蒙三国的 30m DEM 图层和样带内中俄蒙高线图层，共 5 个图层，其中俄罗斯的数据又分为（东、中、西）3 个图层，此外还包括中蒙两国行政区划中的首都位置点分布图层、样带内行政区划图层等 7 个 layer 数据图层。

以样带内中国的等高线图层数据为例，部分属性数据如表 3-5 所示。

表 3-5　东北亚样带中国等高线属性

编号	长度/m	代码	类型代码
1647	21 623.7	2000	2
1656	882.278	2000	2
1676	6 792.05	2000	3

编号	长度/m	代码	类型代码
1691	9 875.83	1000	2
1702	3 762.03	2000	3
1705	4 321.15	2000	3
1715	10 401.1	2000	3
1716	5 865.26	2000	3
1724	7 118.9	2000	3
1779	5 815.05	1000	3
1801	98 563	2000	2
1944	12 013.2	2000	2
1949	3 792.82	2000	2
1967	6 512.79	2000	2
1976	5 913.99	2000	2
1978	15 887.8	1000	2

3.1.4　主要水系分布数据

东北亚样带 1∶100 万主要水系数据集。

（1）数据集元数据

数据集标题：东北亚样带 1∶100 万主要水系数据集（1997 年）。

数据集摘要：数据范围是东北亚样带内中俄蒙三国范围，所包含的空间范围是 32°N~90°N，105°E~118°E。数据集主要包含样带内主要河流以及湖泊数据。

数据集关键词：水文、中俄蒙样带、主要水系、内陆水系。

数据集时间：1997 年。

数据集格式：shape 文件。

所在单位：中国科学院地理科学与资源研究所。

通信地址：北京朝阳区大屯路甲 11 号。

（2）数据集说明

数据集内容说明：中俄蒙三国样带范围河流水文数据，包括三个图层：①内陆湖泊分布；②一级河流分布；③二级河流分布。

数据源说明：数据来源于 IIASA 森林项目组（http：//www.iiasa.ac.at/Research/FOR/russia_ cd/download.htm）。

数据加工方法：其他方式。

数据质量描述：良好。

数据应用成果：主要用于科学研究，服务对象包括从事生态系统研究的学生和科研人员等。

（3）数据集内容

本数据集示意图如图3-6所示。

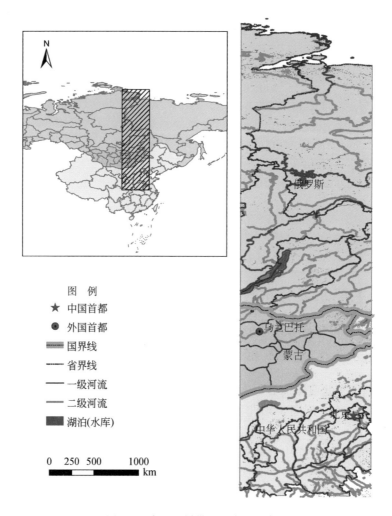

图 例

★ 中国首都

● 外国首都

━━ 国界线

┅┅ 省界线

── 一级河流

── 二级河流

■ 湖泊(水库)

0　250 500　　1000
━━━━━━━━━━ km

图 3-6　东北亚样带河流水系示意图

东北亚样带主要水系数据集包括样带内中俄蒙一级河流、二级河流、内陆湖泊（水系）图层，以及中蒙两国行政区划中的首都位置点分布图层、样带内行政区划图层等7个 layer 数据图层。

样带内水系部分属性数据如表3-6、表3-7所示。

表 3-6　东北亚样带主要河流属性

类型代码	河流名称	区域	流域	类型	河流长度 /km
R2	黄河	North Pacific	Huang He (Yellow) River Basin	河流	16.37
R2	黄河	North Pacific	Huang He (Yellow) River Basin	河流	10.58
R2	黄河	North Pacific	Huang He (Yellow) River Basin	河流	17.56
R2	黄河	North Pacific	Huang He (Yellow) River Basin	河流	3.63
R2	黄河	North Pacific	Huang He (Yellow) River Basin	河流	37.07
R2	黄河	North Pacific	Huang He (Yellow) River Basin	河流	4.02
R2	黄河	North Pacific	Huang He (Yellow) River Basin	河流	6.36
R2	黄河	North Pacific	Huang He (Yellow) River Basin	河流	1.92
R2	黄河	North Pacific	Huang He (Yellow) River Basin	河流	16.96
R2	黄河	North Pacific	Huang He (Yellow) River Basin	河流	304.85
R2	黄河	North Pacific	Huang He (Yellow) River Basin	河流	41.46
R2	黄河	North Pacific	Huang He (Yellow) River Basin	河流	18.08
R2	黄河	North Pacific	Huang He (Yellow) River Basin	河流	35.01
R2	黄河	North Pacific	Huang He (Yellow) River Basin	河流	12.08
R2	黄河	North Pacific	Huang He (Yellow) River Basin	河流	303.57
R2	黄河	North Pacific	Huang He (Yellow) River Basin	河流	29.38
R2	阿纳巴尔河	Arctic	Mouth of Anabar R. & coastal drainage (Laptev Sea)	河流	131.55
R2	维柳伊河	Arctic	Viljuj R. B., trib. Lena R.	河流	372.48
R2	维柳伊河	Arctic	Viljuj R. B., trib. Lena R.	河流	312.44
R2	勒拿河	Arctic	Lena River Basin (Laptev Sea)	河流	375.46
R2	勒拿河	Arctic	Lena River Basin (Laptev Sea)	河流	312.59
L1	贝加尔湖	Arctic	Lake Baikal (Bajkal) Basin	常年湖泊	217.34
L1	贝加尔湖	Arctic	Lake Baikal (Bajkal) Basin	常年湖泊	127.82
R2	阿穆尔河	North Pacific	Amur River Basin (Sea of Okhotsk)	河流	13.56
R2	阿穆尔河	North Pacific	Amur River Basin (Sea of Okhotsk)	河流	23.04

表 3-7　东北亚样带内陆水系属性

编码	F_CODE	F_CODE_DES	HYC	类型	TILE_ID	周长/km	面积/km²
33738	BH000	Inland Water	8	Perennial/Permanent	219	12.54	9.52
33739	BH000	Inland Water	8	Perennial/Permanent	219	4.57	1.30
33740	BH000	Inland Water	8	Perennial/Permanent	219	4.67	1.56
33741	BH000	Inland Water	8	Perennial/Permanent	219	4.51	1.30
33742	BH000	Inland Water	8	Perennial/Permanent	219	5.86	1.73
33744	BH000	Inland Water	8	Perennial/Permanent	219	5.20	1.73
27740	BH000	Inland Water	8	Perennial/Permanent	171	4.55	1.04
33747	BH000	Inland Water	8	Perennial/Permanent	219	6.54	2.95
33749	BH000	Inland Water	8	Perennial/Permanent	219	5.11	1.66
27739	BH000	Inland Water	8	Perennial/Permanent	171	5.59	1.42
33750	BH000	Inland Water	8	Perennial/Permanent	219	6.94	2.98
32941	BH000	Inland Water	8	Perennial/Permanent	216	4.01	0.59
33752	BH000	Inland Water	8	Perennial/Permanent	219	3.70	0.83
33753	BH000	Inland Water	8	Perennial/Permanent	219	3.33	0.78
33754	BH000	Inland Water	8	Perennial/Permanent	219	9.45	2.93
33755	BH000	Inland Water	8	Perennial/Permanent	219	3.94	0.95
33756	BH000	Inland Water	8	Perennial/Permanent	219	3.80	0.78
33758	BH000	Inland Water	8	Perennial/Permanent	219	7.51	3.35
32942	BH000	Inland Water	8	Perennial/Permanent	216	2.95	0.48
33759	BH000	Inland Water	8	Perennial/Permanent	219	3.52	0.80
33760	BH000	Inland Water	8	Perennial/Permanent	219	6.17	2.20
33762	BH000	Inland Water	8	Perennial/Permanent	219	3.46	0.79
33764	BH000	Inland Water	8	Perennial/Permanent	219	7.02	3.52
33766	BH000	Inland Water	8	Perennial/Permanent	219	5.41	1.74
33767	BH000	Inland Water	8	Perennial/Permanent	219	3.28	0.66

3.1.5　气温数据

东北亚样带平均气温数据集。

（1）数据集元数据

数据集标题：东北亚样带范围 2000～2010 年平均气温数据集。

数据集摘要：数据范围是东北亚样带内中俄蒙三国范围，所包含的空间范围是 32°N～90°N，105°E～118°E。数据集包括中俄蒙样带范围平均气温数据。

数据集关键词：平均气温、东北亚、样带。

数据集时间：2000～2010 年。

数据集格式：grid 格式文件。

所在单位：中国科学院地理科学与资源研究所。

通信地址：北京市朝阳区大屯路甲 11 号。

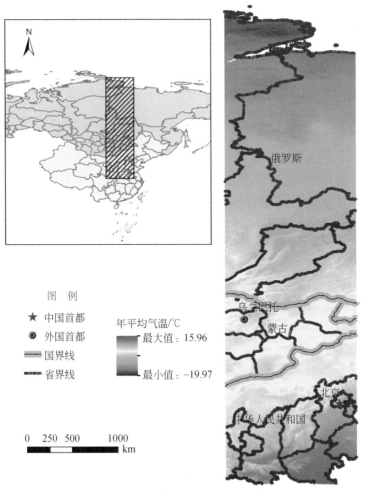

图 3-7　东北亚样带 2010 年平均气温分布

（2）数据集说明

数据集内容说明：中俄蒙样带范围 2000 ~ 2010 年的各年千米网格平均气温数据。

数据源说明：根据 NCDC GSOD 全球气候数据集，通过多元回归方法生成。

数据加工方法：利用气象站点实测数据、经纬度和海拔建立多元回归模型，利用回归方程，数字高程模型（DEM）和经纬度生成千米网格平均气温数据。

数据质量描述：良好。

数据应用成果：主要用于科学研究。

（3）数据集内容

本数据集示意图如图 3-7 所示。

3.1.6 降水数据

东北亚样带多年降水数据集。

（1）数据集元数据

数据集标题：东北亚样带多年降水数据集。

数据集摘要：数据范围是东北亚样带内中俄蒙三国范围，所包含的空间范围是 32°N ~ 90°N，105°E ~ 118°E。数据集包括：中俄蒙三国样带范围的降水数据。

数据集关键词：降水、东北亚、样带。

数据集时间：2000 ~ 2010 年。

数据集格式：grid 格式文件。

所在单位：中国科学院地理科学与资源研究所。

通信地址：北京市朝阳区大屯路甲 11 号。

（2）数据集说明

数据集内容说明：中俄蒙样带范围 2000 ~ 2010 年的各年平均降水插值数据。

数据源说明：根据 NCDC GSOD 全球降水量数据集，并通过空间插值生成。

数据加工方法：根据气象站点实测降水量数据，空间插值生成。

数据质量描述：良好。

数据应用成果：主要用于科学研究。

（3）数据集内容

本数据集示意图如图 3-8 所示。

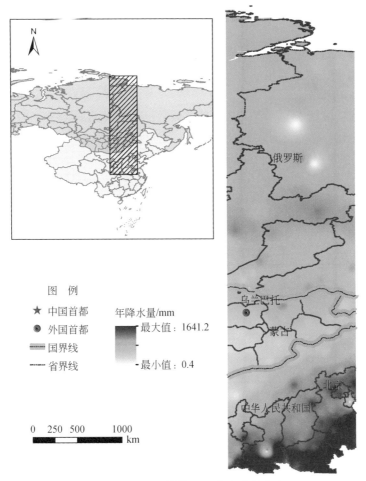

图 3-8　东北亚样带 2010 年降水量分布

3.1.7　主要气象站点及部分城市气象观测数据

东北亚样带主要气象站点观测数据集。

（1）数据集元数据

数据集标题：东北亚样带气象站点观测数据集。

数据集摘要：数据范围是东北亚样带内中俄蒙三国范围，所包含的空间范围是 32°N ~ 90°N，105°E ~ 118°E。数据集包括：1960 ~ 2010 年中俄蒙三国样带范围 101 个主要气象站点逐日观测数据。

数据集关键词：气象站点、东北亚。

数据集时间：1960 ~ 2010 年。

数据集格式：txt 格式。

所在单位：中国科学院地理科学与资源研究所。

通信地址：北京市朝阳区大屯路甲 11 号。

（2）数据集说明

数据集内容说明：东北亚样带范围 1960～2010 年 101 个主要气象站点逐日观测数据，包括平均温度、露点温度、海平面气压、能见度、平均风速、最大风速、最高温度、最低温度、降水量、积雪厚度。

数据源说明：根据 NOAA／NCDC 全球气候数据集整理而成。

数据质量描述：站点逐日实测气象数据，质量良好。

数据应用成果：主要用于科学研究。

（3）数据集内容

样带内部分气象站点观测数据如表 3-8～表 3-11 所示。

表 3-8　东北亚样带内气象站点观测数据

站点编号	时间	平均气温/℃	露点温度/℃	海平面气压/10^2Pa	能见度/km	平均风速/(m/s)	最大风速/(m/s)	最高气温/℃	最低气温/℃	降水量/mm	积雪厚度/mm
249230	2002-01-01	−29.3	−32.3	1017.7	15.9	1.7	3.0	−24.0	−42.4	0.5	711.2
249230	2002-01-02	−18.6	−20.6	1009.2	16.7	1.6	2.0	−12.0	−28.6	3.6	759.5
249230	2002-01-03	−20.8	−23.2	1010.1	17.2	1.7	3.0	−13.4	−27.2	3.6	789.9
249230	2002-01-04	−27.5	−29.4	1009.0	20.4	2.5	5.0	−20.1	−32.9	0.0	999.9
249230	2002-01-05	−23.3	−26.2	1014.8	10.3	4.7	7.0	−14.3	−29.4	4.1	800.1
249230	2002-01-06	−31.4	−34.4	1036.9	45.7	2.2	4.0	−25.1	−36.5	1.3	800.1
249230	2002-01-07	−30.6	−33.4	1027.8	41.2	1.0	2.0	−28.5	−38.1	0.5	800.1
249230	2002-01-08	−27.2	−29.5	1017.7	15.4	0.4	1.0	−24.3	−31.4	1.5	810.3
249230	2002-01-09	−30.1	−32.5	1008.2	21.2	0.6	2.0	−25.5	−31.6	0.8	810.3
249230	2002-01-10	−32.8	−35.6	1007.8	31.7	1.4	3.0	−28.2	−37.3	1.0	—
249230	2002-01-11	−37.4	−40.2	1021.5	38.8	1.2	3.0	−34.0	−39.0	1.5	810.3
249230	2002-01-12	−34.8	−37.7	1018.5	27.5	0.4	1.0	−32.7	−40.5	1.0	820.4
249230	2002-01-13	−29.8	−32.6	1013.4	29.3	2.4	5.0	−24.4	−37.8	1.0	820.4
249230	2002-01-14	−30.4	−33.2	1026.8	35.7	2.9	6.0	−25.0	−34.9	1.5	820.4
249230	2002-01-15	−15.8	−18.8	1014.6	21.2	5.8	9.0	−11.2	−26.3	0.8	820.4
249230	2002-01-16	−13.9	−15.8	1009.6	36.7	2.7	5.0	−10.7	−18.7	1.5	820.4
249230	2002-01-17	−17.4	−19.2	1008.8	24.9	0.3	1.0	−15.4	−20.1	1.8	830.6
249230	2002-01-18	−10.7	−12.2	1008.9	24.9	2.4	5.0	−6.5	−18.1	2.5	878.8
249230	2002-01-19	−17.9	−20.8	1021.0	33.5	4.4	7.0	−10.7	−26.1	0.3	899.2

续表

站点编号	时间	平均气温/℃	露点温度/℃	海平面气压/10²Pa	能见度/km	平均风速/(m/s)	最大风速/(m/s)	最高气温/℃	最低气温/℃	降水量/mm	积雪厚度/mm
249230	2002-01-20	-21.5	-24.3	1025.2	41.2	1.9	5.0	-19.0	-26.4	0.8	909.3
249230	2002-01-21	-14.5	-16.3	1018.1	20.0	3.6	5.0	-10.1	-24.5	0.5	909.3
249230	2002-01-22	-29.6	-33.3	1036.7	50.0	2.9	5.0	-21.7	-39.2	0.5	919.5
249230	2002-01-23	-36.3	-39.5	1035.4	46.2	0.4	2.0	-32.0	-40.7	0.0	909.3
249230	2002-01-24	-21.6	-24.4	1028.1	9.5	4.9	7.0	-18.2	-31.5	1.8	909.3
249230	2002-01-25	-17.4	-20.1	1027.2	18.5	4.3	5.0	-16.2	-19.9	0.5	919.5
249230	2002-01-26	-12.9	-15.1	1019.1	19.8	5.2	6.0	-10.0	-17.6	1.0	919.5
249230	2002-01-27	-8.9	-10.2	1012.0	10.3	3.5	5.0	-6.5	-13.0	3.0	960.1
249230	2002-01-28	-27.2	-29.8	1024.4	26.7	2.0	3.0	-12.9	-33.3	2.8	990.6
249230	2002-01-29	-30.2	-32.6	1024.1	15.8	1.0	2.0	-25.5	-35.1	1.0	990.6
249230	2002-01-30	-15.6	-17.1	1013.2	14.8	2.3	5.0	-7.0	-29.2	2.5	1000.8
249230	2002-01-31	-10.7	-14.6	1010.8	33.0	5.0	8.0	-5.0	-19.6	1.5	—
249230	2002-02-01	-13.1	-14.8	1011.5	31.7	2.4	4.0	-5.5	-19.6	1.3	1021.1
249230	2002-02-02	-2.7	-5.1	1004.8	31.1	5.0	7.0	-1.2	-13.4	2.8	1021.1

注：—表示无该项数据或数据不详。

表 3-9　2005 年样带内中国主要城市月平均气温　　　　（单位：℃）

城市	1 月	2 月	3 月	4 月	5 月	6 月	7 月	8 月	9 月	10 月	11 月	12 月	年平均
北京	-2.7	-2.8	6.3	16.4	19.8	25.6	27.9	26	22	14.9	7.5	-2.5	13.2
天津	-3.9	-3.1	5.4	16.3	19.8	25.7	27.8	25.7	21.7	14.8	7.1	-3	12.9
石家庄	-2.1	-1.5	7.9	17.9	20.7	27.8	28.7	25.9	21.8	15.7	9.7	-0.5	14.3
太原	-5.7	-2.8	4.6	14.9	19.6	24.5	25.5	22.6	18.3	10.2	4.6	-5.1	10.9
呼和浩特	-11.4	-9.8	0.5	10.7	17	23.6	24.8	22.2	16.9	8.5	0.2	-10.9	7.7
济南	-1.5	-1.4	7.2	17.9	21.6	28.6	27.6	25.5	21.3	15.5	10.8	-0.8	14.4
郑州	-0.5	0.3	8.7	18.5	21.3	28.2	26.9	25.4	21.3	15.5	11.5	1.9	14.9
重庆	7.6	9.4	13.5	20.2	22.8	26.8	29.5	25.9	26.3	17.8	14.4	8.8	18.6
西安	-0.1	1.9	10	19	22.3	28	28	24.4	22	14.1	9.8	0.7	15
银川	-7.4	-4.9	4.1	14.1	18.9	24.6	25.3	22.6	18.4	9.7	3.2	-7.8	10.1

表 3-10　2006 年样带内中国主要城市月平均气温　　（单位：℃）

城市	1 月	2 月	3 月	4 月	5 月	6 月	7 月	8 月	9 月	10 月	11 月	12 月	年平均
北京	−1.9	−0.9	8	13.5	20.4	25.9	25.9	26.4	21.8	16.1	6.7	−1	13.4
天津	−2.7	−1.4	7.5	13.2	20.3	26.4	25.9	26.4	21.3	16.2	6.5	−1.7	13.2
石家庄	−0.9	1.6	10.3	15.1	21.3	27.4	27	25.9	21.8	17.8	8	0.4	14.6
太原	−3.6	−0.4	6.8	14.5	19.1	23.2	25.7	23.1	17.4	13.4	4.4	−2.5	11.8
呼和浩特	−9.2	−7	2.2	10.3	17.4	21.8	24.5	22	16.3	11.5	1.3	−7.7	8.6
济南	0	2.1	10.2	16.5	21.5	26.9	27.4	26	21.4	19.5	10	1.6	15.3
郑州	0.3	3.9	11.5	17.1	21.8	27.8	27.1	26.1	21.9	19	10.8	3	15.8
重庆	7.8	9	13.3	19.2	22.9	25.4	31	32.4	24.8	20.6	14.6	9.4	19.2
西安	−0.2	4.3	10.8	16.8	21.4	26.5	28.2	26	19.5	16.8	9.4	2.3	15.2
银川	−7.4	−2.2	4.9	13.6	18.8	23.7	24.8	23.8	16.5	13.7	4.4	−4.3	10.9

表 3-11　2009 年样带内俄罗斯主要城市月平均气温　　（单位：℃）

城市	1 月	2 月	3 月	4 月	5 月	6 月	7 月	8 月	9 月	10 月	11 月	12 月	年平均
吉列恩斯克	−27.4	−23.8	−13.8	−2.2	6.7	15	18.3	14.8	7	−2.4	−15.9	−25.8	−4.1
奥尔林卡	−26.7	−23.3	−13.2	−1.9	6.8	14.3	17.1	13.9	6.6	−2	−15	−24.7	−4
日加洛沃	−28.4	−15.1	−13.8	−1	7.2	14.6	17.4	14.1	6.5	−2.4	−15.7	−25.4	−4.3
博杭	−24.5	−21.8	−11.7	0.5	8.6	15.8	18.1	15	7.8	−0.7	−13	−21.6	−2.3
乌斯季奥尔登斯基	−24.8	−22.3	−12.5	0.6	8.2	15.6	18	15.1	7.7	−0.8	−14.2	−21.9	−2.6
伊尔库茨克	−20.6	−18.1	−9.4	1	8.5	14.8	17.6	15	8.2	0.5	−10.4	−18.4	−0.9

3.2　东北亚样带人口与社会经济数据集

3.2.1　样带内人口数据

东北亚样带分省人口数据集。

（1）数据集元数据

数据集标题：东北亚样带人口数据集。

数据集摘要：数据范围是东北亚样带内中俄蒙三国范围，所包含的空间范围是 32°N ~ 90°N，105°E ~ 118°E。数据集包括：中俄蒙三国样带范围内分省的人口属性数据和空间可视化图。

数据集关键词：人口、东北亚样带、分省。

数据集时间：1995~2009 年，其中城镇人口、乡村人口数据是 2000~2007 年。

数据集格式：xls 格式文件、tif 格式文件。

所在单位：中国科学院地理科学与资源研究所。

通信地址：北京市朝阳区大屯路甲 11 号。

（2）数据集说明

数据集内容说明：样带人口数据集指标包括年末总人口、人口密度、出生率、死亡率、人口自然增长率、城镇人口数、乡村人口数、城镇人口密度、乡村人口密度。

数据源说明：中国数据：①中国历年统计年鉴 1996~2010 年。②新中国 60 年统计资料汇编。③中国北方 10 省市统计年鉴。蒙古数据：蒙古 1999~2008 年统计年鉴。俄罗斯数据：俄罗斯历年人口与社会经济统计年鉴。数据加工方法：统计数据均在相应的统计年鉴上摘抄整理获得，其中包括对外文文献的翻译整理。栅格数据是用 ArcGIS 10.0 软件通过属性数据成图，矢量转栅格，样带范围裁剪等过程整理获得。

数据质量描述：制定数字化操作规范。人工录入数据过程中，规定操作人员严格遵守操作规范，同时由专人负责质量审查。数字化结果基本保持原始数据质量标准。数据制作规范，符合行业标准。

数据应用成果：主要用于科学研究。

（3）数据集内容

本数据集示意图如图 3-9 所示。

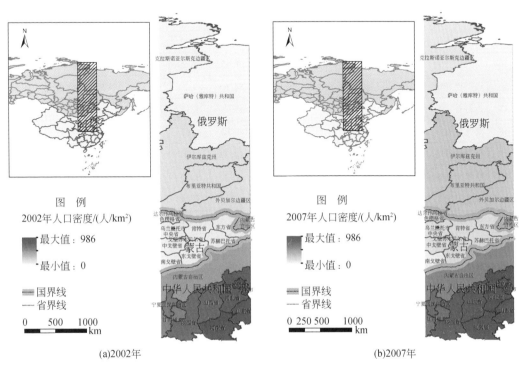

(a)2002年   (b)2007年

图 3-9   东北亚样带 2002 年、2007 年各行政区人口密度分布

中国：河南省、山东省、河北省、陕西省、北京市、天津市、山西省、宁夏回族自治区、甘肃省、内蒙古自治区。蒙古：东方省、东戈壁省、中戈壁省、戈壁苏木贝尔省、中央省、乌兰巴托市、肯特省、南戈壁省、色楞格省、达尔汗乌拉省、苏赫巴托尔省。俄罗斯：外贝加尔边疆区、伊尔库茨克州、布里亚特共和国、克拉斯诺亚尔斯克边疆区、萨哈（雅库特）共和国。

样带范围内各省级行政单元人口数据集部分数据如表3-12～表3-16所示。

表3-12　2002～2007年东北亚样带各省级行政单元年末总人口　　（单位：万人）

序号	地区	Region	所属国家	2002年	2003年	2004年	2005年	2006年	2007年
1	北京市	Beijing	中国	1423	1456	1493	1538	1581	1633
2	天津市	Tianjin	中国	1007	1011	1024	1043	1075	1115
3	河北省	Hebei	中国	6735	6769	6809	6851	6898	6943
4	山西省	Shanxi	中国	3294	3314	3335	3355	3375	3393
5	内蒙古自治区	Inner Mongolia	中国	2379	2380	2384	2386	2397	2405
6	山东省	Shandong	中国	9082	9125	9180	9248	9309	9367
7	河南省	Henan	中国	9613	9667	9717	9380	9392	9360
8	陕西省	Shanxi	中国	3674	3690	3705	3720	3735	3748
9	甘肃省	Gansu	中国	2593	2603	2619	2594	2606	2617
10	宁夏回族自治区	Ningxia	中国	572	580	588	596	604	610
11	东方省	Dornod	蒙古	7.47	7.44	7.37	7.34	7.36	7.29
12	东戈壁省	Dornogovi	蒙古	5.2	5.21	5.25	4.96	5.45	5.56
13	中戈壁省	Dundgovi	蒙古	5.12	5.05	4.99	5.33	4.92	4.88
14	戈壁苏木贝尔省	Govisumber	蒙古	1.24	1.22	1.23	1.22	1.23	1.26
15	中央省	Tov	蒙古	9.65	9.25	8.89	8.74	8.64	8.59
16	乌兰巴托市	Ulaanbaatar	蒙古	84.65	89.34	92.85	96.53	99.43	103.12
17	肯特省	Khentii	蒙古	7.2	7.11	7.12	7.08	7.1	7.13
18	南戈壁省	Omnogovi	蒙古	4.72	4.67	4.68	4.61	4.65	4.69
19	色楞格省	Selenge	蒙古	10.22	10.18	10.08	10	10.01	10.05
20	达尔汗乌拉省	Darhan	蒙古	8.78	8.65	8.78	8.77	8.75	8.76
21	苏赫巴托尔省	Sukhbaatar	蒙古	5.61	5.64	5.66	5.6	5.56	5.51
22	外贝加尔边疆区	Zabaykalskiy Kray	俄罗斯	115.3	114.4	113.6	112.8	112.2	112.2
23	伊尔库茨克州	Irkutskaya Oblast	俄罗斯	257.8	256.1	254.5	252.7	251.4	251.4
24	布里亚特共和国	Respublika Buryatiya	俄罗斯	98	97.4	96.9	96.4	96	96
25	克拉斯诺亚尔斯克边疆区	Krasnoyarskiy Kray	俄罗斯	296.2	294.2	292.5	290.6	289.4	289.4
26	萨哈（雅库特）共和国	The Sakha（Yakutia）Republic	俄罗斯	94.9	94.9	95.1	95	95	95

表 3-13　2002 ～ 2007 年东北亚样带各省级行政单元人口出生率　　（单位：%）

序号	地区	Region	所属国家	2002 年	2003 年	2004 年	2005 年	2006 年	2007 年
1	北京市	Beijing	中国	6.60	5.10	6.10	6.29	6.26	8.32
2	天津市	Tianjin	中国	7.49	7.14	7.31	7.44	7.67	7.91
3	河北省	Hebei	中国	11.53	11.43	11.98	12.84	12.82	13.33
4	山西省	Shanxi	中国	12.86	12.26	12.36	12.02	11.48	11.30
5	内蒙古自治区	Inner Mongolia	中国	9.60	9.24	9.53	10.08	9.87	10.21
6	山东省	Shandong	中国	11.71	11.42	12.50	12.14	11.60	11.11
7	河南省	Henan	中国	12.41	12.10	11.67	11.55	11.59	11.26
8	陕西省	Shanxi	中国	10.48	10.67	10.59	10.02	10.19	10.21
9	甘肃省	Gansu	中国	13.16	12.58	12.43	12.59	12.86	13.14
10	宁夏回族自治区	Ningxia	中国	16.42	15.68	15.97	15.93	15.53	14.80
11	东方省	Dornod	蒙古	18.50	15.80	19.00	18.00	19.10	20.30
12	东戈壁省	Dornogovi	蒙古	19.10	17.90	20.00	19.00	20.60	22.60
13	中戈壁省	Dundgovi	蒙古	21.30	19.50	17.30	18.20	18.40	20.90
14	戈壁苏木贝尔省	Govisumber	蒙古	19.00	20.20	19.10	19.10	22.30	23.60
15	中央省	Tov	蒙古	19.60	18.40	17.30	16.00	17.50	20.40
16	乌兰巴托市	Ulaanbaatar	蒙古	15.30	15.60	16.20	16.30	18.50	22.40
17	肯特省	Khentii	蒙古	21.90	21.30	18.80	17.50	20.80	22.30
18	南戈壁省	Omnogovi	蒙古	20.70	18.30	20.30	17.90	17.50	20.10
19	色楞格省	Selenge	蒙古	17.80	18.10	17.30	17.00	17.10	20.00
20	达尔汗乌拉省	Darhan	蒙古	17.30	16.40	16.00	16.70	17.60	21.70
21	苏赫巴托尔省	Sukhbaatar	蒙古	20.20	31.70	17.60	16.70	17.70	20.30
22	外贝加尔边疆区	Zabaykalskiy Kray	俄罗斯	13.10	13.50	13.80	13.50	13.90	14.90
23	伊尔库茨克州	Irkutskaya Oblast	俄罗斯	11.80	12.30	12.40	11.90	12.30	13.80
24	布里亚特共和国	Respublika Buryatiya	俄罗斯	13.00	13.50	13.80	14.00	14.80	16.10
25	克拉斯诺亚尔斯克边疆区	Krasnoyarskiy Kray	俄罗斯	10.70	11.10	11.20	10.80	11.00	11.80
26	萨哈（雅库特）共和国	The Sakha（Yakutia）Republic	俄罗斯	14.60	15.00	15.50	14.30	14.40	16.10

表 3-14　2002 ～ 2007 年东北亚样带各省级行政单元人口死亡率　　（单位：‰）

序号	地区	Region	所属国家	2002 年	2003 年	2004 年	2005 年	2006 年	2007 年
1	北京市	Beijing	中国	5.70	5.20	5.40	5.20	4.97	4.92
2	天津市	Tianjin	中国	6.04	6.04	5.97	6.01	6.07	5.86
3	河北省	Hebei	中国	6.25	6.27	6.19	6.75	6.59	6.78
4	山西省	Shanxi	中国	6.14	6.04	6.11	6.00	5.73	5.97
5	内蒙古自治区	Inner Mongolia	中国	5.92	6.17	5.98	5.46	5.91	5.73

续表

序号	地区	Region	所属国家	2002 年	2003 年	2004 年	2005 年	2006 年	2007 年
6	山东省	Shandong	中国	6.62	6.64	6.49	6.31	6.10	6.11
7	河南省	Henan	中国	6.38	6.46	6.47	6.30	6.27	6.32
8	陕西省	Shanxi	中国	6.36	6.38	6.33	6.01	6.15	6.16
9	甘肃省	Gansu	中国	6.45	6.46	6.53	6.57	6.62	6.65
10	宁夏回族自治区	Ningxia	中国	4.86	4.73	4.79	4.95	4.84	5.04
11	东方省	Dornod	蒙古	7.40	6.30	7.80	7.50	6.70	6.60
12	东戈壁省	Dornogovi	蒙古	6.20	5.90	6.40	6.90	6.90	5.40
13	中戈壁省	Dundgovi	蒙古	5.30	5.10	5.30	6.00	5.30	6.10
14	戈壁苏木贝尔省	Govisumber	蒙古	6.80	6.60	6.90	8.60	7.50	5.80
15	中央省	Tov	蒙古	6.90	7.00	7.00	7.50	6.20	6.60
16	乌兰巴托市	Ulaanbaatar	蒙古	6.00	6.30	6.60	6.30	6.50	6.30
17	肯特省	Khentii	蒙古	7.50	7.40	6.80	6.60	6.90	6.80
18	南戈壁省	Omnogovi	蒙古	7.60	6.90	6.40	7.50	6.50	4.30
19	色楞格省	Selenge	蒙古	6.40	6.10	6.80	6.40	6.60	6.00
20	达尔汗乌拉省	Darhan	蒙古	7.00	7.30	7.40	7.40	7.60	6.90
21	苏赫巴托尔省	Sukhbaatar	蒙古	6.40	5.80	6.20	6.20	6.30	6.30
22	外贝加尔边疆区	Zabaykalskiy Kray	俄罗斯	16.20	16.80	17.10	17.20	15.50	14.40
23	伊尔库茨克州	Irkutskaya Oblast	俄罗斯	16.50	16.90	16.50	17.00	15.10	14.00
24	布里亚特共和国	Respublika Buryatiya	俄罗斯	14.60	15.40	15.30	15.70	14.50	13.30
25	克拉斯诺亚尔斯克边疆区	Krasnoyarskiy Kray	俄罗斯	15.30	15.80	15.10	15.70	13.90	13.30
26	萨哈（雅库特）共和国	The Sakha（Yakutia）Republic	俄罗斯	10.20	10.20	10.20	10.20	9.70	9.70

表 3-15　2002～2007 年东北亚样带各省级行政单元人口自然增长率　（单位：‰）

序号	地区	Region	所属国家	2002 年	2003 年	2004 年	2005 年	2006 年	2007 年
1	北京市	Beijing	中国	0.87	-0.09	0.74	1.09	1.29	3.40
2	天津市	Tianjin	中国	1.45	1.10	1.34	1.43	1.60	2.05
3	河北省	Hebei	中国	5.28	5.16	5.79	6.09	6.23	6.55
4	山西省	Shanxi	中国	6.72	6.22	6.25	6.02	5.75	5.33
5	内蒙古自治区	Inner Mongolia	中国	3.68	3.07	3.55	4.62	3.96	4.48
6	山东省	Shandong	中国	4.55	4.78	6.01	5.83	5.50	5.00
7	河南省	Henan	中国	6.03	5.64	5.20	5.25	5.32	4.94
8	陕西省	Shanxi	中国	4.12	4.29	4.26	4.01	4.04	4.05
9	甘肃省	Gansu	中国	6.71	6.12	5.91	6.02	6.24	6.49
10	宁夏回族自治区	Ningxia	中国	11.56	10.95	11.18	10.98	10.69	9.76

续表

序号	地区	Region	所属国家	2002 年	2003 年	2004 年	2005 年	2006 年	2007 年
11	东方省	Dornod	蒙古	11.10	9.50	11.20	10.50	12.40	13.70
12	东戈壁省	Dornogovi	蒙古	12.90	12.00	13.60	12.10	13.70	17.20
13	中戈壁省	Dundgovi	蒙古	16.00	14.40	12.00	12.20	13.10	14.80
14	戈壁苏木贝尔省	Govisumber	蒙古	12.20	13.60	12.20	10.50	14.80	17.80
15	中央省	Tov	蒙古	12.70	11.40	10.80	8.50	11.30	13.80
16	乌兰巴托市	Ulaanbaatar	蒙古	9.30	9.30	9.60	10.00	12.00	16.10
17	肯特省	Khentii	蒙古	14.40	13.90	12.00	10.80	13.30	15.50
18	南戈壁省	Omnogovi	蒙古	13.10	11.40	13.90	10.40	11.00	15.80
19	色楞格省	Selenge	蒙古	11.40	12.00	10.50	10.60	10.50	14.00
20	达尔汗乌拉省	Darhan	蒙古	10.30	9.10	8.60	9.30	10.00	14.80
21	苏赫巴托尔省	Sukhbaatar	蒙古	13.80	25.90	11.40	10.50	11.40	14.00
22	外贝加尔边疆区	Zabaykalskiy Kray	俄罗斯	−3.10	−3.30	−3.30	−3.70	−1.60	0.50
23	伊尔库茨克州	Irkutskaya Oblast	俄罗斯	−4.70	−4.60	−4.10	−5.10	−2.80	−0.20
24	布里亚特共和国	Respublika Buryatiya	俄罗斯	−1.60	−1.90	−1.50	−1.70	0.30	2.80
25	克拉斯诺亚尔斯克边疆区	Krasnoyarskiy Kray	俄罗斯	−4.60	−4.70	−3.90	−4.90	−2.90	−1.50
26	萨哈（雅库特）共和国	The Sakha（Yakutia）Republic	俄罗斯	4.40	4.80	5.30	4.10	4.70	6.40

表 3-16　2002 年、2007 年东北亚样带各省级行政单元城镇、乡村人口（单位：人）

序号	地区	Region	所属国家	城镇人口		乡村人口	
				2002 年	2007 年	2002 年	2007 年
1	北京市	Beijing	中国	8 102 515	9 313 362	3 325 787	2 849 106
2	天津市	Tianjin	中国	5 466 452	5 824 285	3 803 415	3 817 089
3	河北省	Hebei	中国	14 384 264	21 796 320	53 032 891	48 519 272
4	山西省	Shanxi	中国	9 235 827	10 786 564	23 218 716	23 136 880
5	内蒙古自治区	Inner Mongolia	中国	8 483 613	9 742 360	14 865 596	14 395 114
6	山东省	Shandong	中国	26 341 264	34 363 543	64 351 892	59 091 765
7	河南省	Henan	中国	18 676 059	22 401 647	78 151 512	81 228 362
8	陕西省	Shanxi	中国	8 625 632	10 424 925	27 480 852	27 402 217
9	甘肃省	Gansu	中国	5 397 764	6 525 695	20 280 703	19 966 703
10	宁夏回族自治区	Ningxia	中国	1 688 767	2 247 628	4 036 609	3 881 337
11	东方省	Dornod	蒙古	37 724	39 147	36 977	33 753
12	东戈壁省	Dornogovi	蒙古	27 196	31 247	24 804	24 353
13	中戈壁省	Dundgovi	蒙古	10 189	10 248	41 011	38 552
14	戈壁苏木贝尔省	Govisumber	蒙古	7 254	7 623	5 146	4 977

序号	地区	Region	所属国家	城镇人口		乡村人口	
				2002 年	2007 年	2002 年	2007 年
15	中央省	Tov	蒙古	14 572	13 572	81 929	72 328
16	乌兰巴托市	Ulaanbaatar	蒙古	846 500	1 031 200	—	—
17	肯特省	Khentii	蒙古	30 456	26 880	41 544	44 420
18	南戈壁省	Omnogovi	蒙古	13 405	14 820	33 795	32 080
19	色楞格省	Selenge	蒙古	50 385	27 035	51 815	73 466
20	达尔汗乌拉省	Darhan	蒙古	70 328	72 358	17 472	15 242
21	苏赫巴托尔省	Sukhbaatar	蒙古	11 613	12 398	44 487	42 703
22	外贝加尔边疆区	Zabaykalskiy Kray	俄罗斯	736 767	713 592	416 233	408 408
23	伊尔库茨克州	Irkutskaya Oblast	俄罗斯	2 044 354	1 983 546	533 646	530 454
24	布里亚特共和国	Respublika Buryatiya	俄罗斯	584 080	528 960	395 920	431 040
25	克拉斯诺亚尔斯克边疆区	Krasnoyarskiy Kray	俄罗斯	2 245 196	2 196 546	716 804	697 454
26	萨哈（雅库特）共和国	The Sakha（Yakutia）Republic	俄罗斯	611 156	618 450	337 844	331 550

注：中国为非农业人口、农业人口。

3.2.2　样带内农业数据

东北亚样带分省农业数据集。

（1）数据集元数据

数据集标题：东北亚样带农业数据集。

数据集摘要：数据范围是东北亚样带内中俄蒙三国范围，所包含的空间范围是 32°N ~ 90°N，105°E ~ 118°E。数据集包括东北亚南北样带农业指标的属性数据表和典型年份的栅格数据图。

数据集关键词：农业、农业播种面积、粮食作物产量、牛羊存栏量、东北亚样带。

数据集时间：1995 ~ 2007 年。

数据集格式：xls 格式文件；tif 格式文件。

所在单位：中国科学院地理科学与资源研究所。

通信地址：北京市朝阳区大屯路甲 11 号。

（2）数据集说明

数据集内容说明：东北亚样带分省（州）农业数据集包括以下指标：农业产值、农作物播种面积、粮食产量、牛存栏量、羊存栏量、蔬菜产量、谷物产量和种植业产值。由于数据可得性，不同的指标统计时间段有所不同，同时，数据集还包括典型年份各指标项的空间可视化栅格数据图。

数据源说明：中国数据：①中国历年统计年鉴（1996～2010）。②新中国 60 年统计资料汇编。③中国北方 10 省市统计年鉴。蒙古数据：蒙古 1999～2008 年统计年鉴。俄罗斯数据：俄罗斯历年人口与社会经济统计年鉴。

数据加工方法：统计数据均在相应的统计年鉴上摘抄整理获得，其中包括对外文文献的翻译整理。栅格数据是用 ArcGIS 10.0 软件通过属性数据成图，矢量转栅格，样带范围裁剪等过程整理获得。

数据质量描述：制订数字化操作规范。人工录入数据过程中，规定操作人员严格遵守操作规范，同时由专人负责质量审查。数字化结果基本保持原始数据质量标准。数据制作规范，符合行业标准。

数据应用成果：主要用于科学研究。

（3）数据集内容

样带内各省级行政单位农业数据集部分数据见表 3-17～表 3-22。

表 3-17 2003～2007 年东北亚样带各省级行政单元农业产值 （单位：万美元）

序号	地区	Region	所属国家	2003 年	2004 年	2005 年	2006 年	2007 年
1	北京市	Beijing	中国	115 507	124 275	119 646	123 011	133 237
2	天津市	Tianjin	中国	108 285	123 539	137 216	148 344	144 987
3	河北省	Hebei	中国	1 285 423	1 655 072	1 835 250	2 015 659	2 374 632
4	山西省	Shanxi	中国	259 891	306 002	320 415	347 265	354 842
5	内蒙古自治区	Inner Mongolia	中国	507 367	611 196	719 853	815 082	1 002 763
6	山东省	Shandong	中国	1 788 249	2 147 705	2 397 448	2 683 689	3 301 500
7	河南省	Henan	中国	1 497 222	1 989 710	2 310 147	2 572 045	2 917 974
8	陕西省	Shanxi	中国	386 510	477 029	532 076	612 898	779 776
9	甘肃省	Gansu	中国	285 761	339 855	376 142	418 256	507 855
10	宁夏回族自治区	Ningxia	中国	67 029	78 659	88 010	99 799	128 803
11	东方省	Dornod	蒙古	1 046	1 259	1 544	2 069	2 916
12	东戈壁省	Dornogovi	蒙古	779	1 106	1 195	918	1 251
13	中戈壁省	Dundgovi	蒙古	1 315	1 580	1 832	2 505	3 194
14	戈壁苏木贝尔省	Govisumber	蒙古	96	358	176	275	339
15	中央省	Tov	蒙古	1 789	2 194	2 720	4 767	6 074
16	乌兰巴托市	Ulaanbaatar	蒙古	592	777	815	1 259	1 745
17	肯特省	Khentii	蒙古	544	942	1 113	1 657	2 112
18	南戈壁省	Omnogovi	蒙古	1 628	1 989	2 517	3 264	4 420
19	色楞格省	Selenge	蒙古	1 541	1 746	2 052	3 809	5 033
20	达尔汗乌拉省	Darhan	蒙古	435	457	511	863	1 097
21	苏赫巴托尔省	Sukhbaatar	蒙古	1 846	2 019	2 193	2 632	3 594
22	外贝加尔边疆区	Zabaykalskiy Kray	俄罗斯	24 618	26 393	31 143	37 786	44 851

序号	地区	Region	所属国家	2003 年	2004 年	2005 年	2006 年	2007 年
23	伊尔库茨克州	Irkutskaya Oblast	俄罗斯	59 786	72 501	78 440	98 253	127 267
24	布里亚特共和国	Respublika Buryatiya	俄罗斯	23 433	29 827	31 630	39 616	49 695
25	克拉斯诺亚尔斯克边疆区	Krasnoyarskiy Kray	俄罗斯	81 229	105 290	104 420	130 722	176 281
26	萨哈（雅库特）共和国	The Sakha（Yakutia）Republic	俄罗斯	31 148	38 840	42 304	49 768	58 008

注：农业产值按各国当年农业产值运用当年汇率换算得到。

表 3-18　2003～2007 年东北亚样带各省级行政单元农作物播种面积

（单位：千公顷）

序号	地区	Region	所属国家	2003 年	2004 年	2005 年	2006 年	2007 年
1	北京市	Beijing	中国	342	308.8	312.5	318	329.6
2	天津市	Tianjin	中国	522.8	501.5	504.3	499.4	513.9
3	河北省	Hebei	中国	8 935.1	8 638.5	8 695.4	8 785.5	8 777.3
4	山西省	Shanxi	中国	3 900.5	3 708	3 741.5	3 795.4	3 822.9
5	内蒙古自治区	Inner Mongolia	中国	5 887	5 752.8	5 924	6 215.7	6 297.2
6	山东省	Shandong	中国	11 047.8	10 885.3	10 638.6	10 736.1	10 727.9
7	河南省	Henan	中国	13 359.8	13 684.4	13 789.7	13 922.7	14 185.6
8	陕西省	Shanxi	中国	4 198.3	4 055.8	4 099.8	4 201.8	4 247.9
9	甘肃省	Gansu	中国	3 649.9	3 620.9	3 668.9	3 726	3 743.4
10	宁夏回族自治区	Ningxia	中国	1 147.9	1 129.5	1 158.3	1 099.3	1 127.2
11	东方省	Dornod	蒙古	6.181 5	5.494 3	4.589 4	3.663 2	2.952 8
12	东戈壁省	Dornogovi	蒙古	0.039 1	0.051 9	0.033 5	0.032 6	0.036 9
13	中戈壁省	Dundgovi	蒙古	0.047 4	0.040 2	0.034 6	0.037 8	0.041 2
14	戈壁苏木贝尔省	Govisumber	蒙古	0.012 3	0.011 2	0.034 2	0.024 7	0.027
15	中央省	Tov	蒙古	54.264 3	28.833 9	29.412 9	27.615 8	28.158 3
16	乌兰巴托市	Ulaanbaatar	蒙古	2.912 3	1.657 6	1.093	1.109 5	1.272 9
17	肯特省	Khentii	蒙古	14.227 9	9.660 9	12.154 3	13.258 1	10.753 9
18	南戈壁省	Omnogovi	蒙古	0.193 9	0.217 4	0.228 6	0.233	0.216 1
19	色楞格省	Selenge	蒙古	125.092 1	102.928 6	87.682 8	87.346 8	74.123 5
20	达尔汗乌拉省	Darhan	蒙古	15.903 8	14.823 4	9.958 3	8.983 6	5.746 9
21	苏赫巴托尔省	Sukhbaatar	蒙古	1.27	1.178 3	0.570 2	0.048 8	0.045 9
22	外贝加尔边疆区	Zabaykalskiy Kray	俄罗斯	351	369.2	334.5	285.4	278
23	伊尔库茨克州	Irkutskaya Oblast	俄罗斯	938.7	881	782.6	752.5	710.1
24	布里亚特共和国	Respublika Buryatiya	俄罗斯	328.4	307.2	260.5	234.4	213.2

序号	地区	Region	所属国家	2003 年	2004 年	2005 年	2006 年	2007 年
25	克拉斯诺亚尔斯克边疆区	Krasnoyarskiy Kray	俄罗斯	1 833.4	1 661.8	1 615.7	1 623.6	1 493
26	萨哈（雅库特）共和国	The Sakha（Yakutia）Republic	俄罗斯	54.2	55	50.5	49	45.5

表 3-19　2003～2007 年东北亚样带各省级行政单元粮食产量　（单位：万 t）

序号	地区	Region	所属国家	2003 年	2004 年	2005 年	2006 年	2007 年
1	北京市	Beijing	中国	82.30	58.03	70.20	94.93	109.20
2	天津市	Tianjin	中国	137.80	119.29	122.80	137.50	143.50
3	河北省	Hebei	中国	2435.80	2387.80	2480.10	2598.58	2702.80
4	山西省	Shanxi	中国	925.50	958.87	1062.00	978.00	1073.30
5	内蒙古自治区	InnerMongolia	中国	1406.10	1360.73	1505.30	1662.15	1704.90
6	山东省	Shandong	中国	3292.70	3435.54	3516.70	3917.38	4048.80
7	河南省	Henan	中国	4210.00	3569.47	4260.00	4582.00	5055.00
8	陕西省	Shanxi	中国	1005.60	968.40	1040.00	1043.00	1150.90
9	甘肃省	Gansu	中国	782.70	789.34	805.80	836.89	808.10
10	宁夏回族自治区	Ningxia	中国	301.90	270.17	290.50	299.81	310.90
11	东方省	Dornod	蒙古	0.63	0.21	0.13	0.23	0.21
12	东戈壁省	Dornogovi	蒙古	—	—	—	—	—
13	中戈壁省	Dundgovi	蒙古	—	—	—	—	—
14	戈壁苏木贝尔省	Govisumber	蒙古					
15	中央省	Tov	蒙古	1.65	2.02	1.75	0.72	2.11
16	乌兰巴托市	Ulaanbaatar	蒙古	—	—	—	—	—
17	肯特省	Khentii	蒙古	1.20	0.81	0.46	0.81	0.65
18	南戈壁省	Omnogovi	蒙古	—	—	—	—	—
19	色楞格省	Selenge	蒙古	4.40	8.11	7.12	3.09	7.55
20	达尔汗乌拉省	Darhan	蒙古	0.39	1.05	0.57	0.57	0.25
21	苏赫巴托尔省	Sukhbaatar	蒙古	0.09	—	—	—	—
22	外贝加尔边疆区	Zabaykalskiy Kray	俄罗斯	333.20	203.20	115.90	292.30	185.40
23	伊尔库茨克州	Irkutskaya Oblast	俄罗斯	519.90	437.20	560.60	644.00	571.30
24	布里亚特共和国	Respublika Buryatiya	俄罗斯	131.90	81.50	105.80	83.00	90.90
25	克拉斯诺亚尔斯克边疆区	Krasnoyarskiy Kray	俄罗斯	1740.00	1745.00	1992.00	1595.00	1486.00
26	萨哈（雅库特）共和国	The Sakha（Yakutia）Republic	俄罗斯	20.20	22.40	16.30	14.20	12.80

注：—表示无该数据或数据不详。

表 3-20 2003~2007 年东北亚样带各省级行政单元蔬菜产量 （单位：万吨）

序号	地区	Region	所属国家	2003 年	2004 年	2005 年	2006 年	2007 年
1	北京市	Beijing	中国	4 510.4	5 237.5	5 880.2	6 400	6 235.5
2	天津市	Tianjin	中国	8 729.3	8 883.7	8 607	8 309.3	8 342.3
3	河北省	Hebei	中国	5 903.4	6 187.5	6 467.6	6 646.8	6 440.7
4	山西省	Shanxi	中国	725.2	785.3	869.9	942.8	928.1
5	内蒙古自治区	Inner Mongolia	中国	527.3	489.2	423.9	394.2	340.1
6	山东省	Shandong	中国	602.8	585.4	542.7	471.4	274.4
7	河南省	Henan	中国	1 033.8	916.2	901.5	878.7	821.5
8	陕西省	Shanxi	中国	173.7	166.4	183.6	220.1	254.8
9	甘肃省	Gansu	中国	732.6	812.6	866.9	933.9	906.5
10	宁夏回族自治区	Ningxia	中国	846.8	875.5	1 009.1	1 174.4	1277.5
11	东方省	Dornod	蒙古	0.070 47	0.058 86	0.043 99	0.124 17	0.077 85
12	东戈壁省	Dornogovi	蒙古	0.018 34	0.013 09	0.006 32	0.014 79	0.022 91
13	中戈壁省	Dundgovi	蒙古	0.013 68	0.011 2	0.007 21	0.006 04	0.005 67
14	戈壁苏木贝尔省	Govisumber	蒙古	0.000 66	0.000 67	0.001 36	0.002 73	0.00 53
15	中央省	Tov	蒙古	1.040 62	0.712 97	1.044 6	0.809 19	0.830 59
16	乌兰巴托市	Ulaanbaatar	蒙古	0.513 45	0.285 22	0.278 77	0.421 07	0.381 69
17	肯特省	Khentii	蒙古	0.098 8	0.082 65	0.121 97	0.139 99	0.119 59
18	南戈壁省	Omnogovi	蒙古	0.076 5	0.082 1	0.077 37	0.072 05	0.082 32
19	色楞格省	Selenge	蒙古	1.040 62	0.712 97	1.557 5	2.301 9	2.805 1
20	达尔汗乌拉省	Darhan	蒙古	0.945 61	0.818 3	1.198 28	1.097 55	0.923 48
21	苏赫巴托尔省	Sukhbaatar	蒙古	0.013 86	0.005 13	0.008 66	0.010 46	0.015 1
22	外贝加尔边疆区	Zabaykalskiy Kray	俄罗斯	49.6	48.7	51.6	48.9	47.8
23	伊尔库茨克州	Irkutskaya Oblast	俄罗斯	190.6	217.8	218.7	215.8	237.7
24	布里亚特共和国	Respublika Buryatiya	俄罗斯	83.8	94.2	104.3	103.5	109.1
25	克拉斯诺亚尔斯克边疆区	Krasnoyarskiy Kray	俄罗斯	238.2	255.5	315.5	259	286.1
26	萨哈（雅库特）共和国	The Sakha（Yakutia）Republic	俄罗斯	37.5	31.2	36.9	29.9	30.7

表 3-21 2003~2007 年东北亚样带各省级行政单元牛存栏量 （单位：万头）

序号	地区	Region	所属国家	2003 年	2004 年	2005 年	2006 年	2007 年
1	北京市	Beijing	中国	29.8	29.3	24.4	23.4	23.1
2	天津市	Tianjin	中国	42.9	43.4	44.4	39.3	27.2
3	河北省	Hebei	中国	737.1	795.5	826.9	829.9	475
4	山西省	Shanxi	中国	218.3	212.2	218.6	231	110.9
5	内蒙古自治区	Inner Mongolia	中国	409.7	514.7	576.4	630.9	613.1

续表

序号	地区	Region	所属国家	2003 年	2004 年	2005 年	2006 年	2007 年
6	山东省	Shandong	中国	1 040.2	998.8	970.7	832.7	570.7
7	河南省	Henan	中国	1 396	1 423.9	1 447	1 496.2	1 030.8
8	陕西省	Shanxi	中国	285.6	300.9	309	341.1	166
9	甘肃省	Gansu	中国	390.4	381.3	476.9	629.3	415.3
10	宁夏回族自治区	Ningxia	中国	70.5	85.7	98.2	122.4	96.6
11	东方省	Dornod	蒙古	10.11	9.85	9.98	10.64	11.75
12	东戈壁省	Dornogovi	蒙古	4.47	4.99	4.47	2.72	3
13	中戈壁省	Dundgovi	蒙古	3.69	4.21	4.38	4.03	4.26
14	戈壁苏木贝尔省	Govisumber	蒙古	0.33	0.39	0.45	0.48	0.5
15	中央省	Tov	蒙古	9.15	9.33	10.81	13.11	15.72
16	乌兰巴托市	Ulaanbaatar	蒙古	4.48	4.54	5	5.5	5.82
17	肯特省	Khentii	蒙古	13.9	13.8	14.82	16.29	17.29
18	南戈壁省	Omnogovi	蒙古	0.59	0.74	0.86	0.87	1.01
19	色楞格省	Selenge	蒙古	7.15	6.84	7.37	8.51	10.55
20	达尔汗乌拉省	Darhan	蒙古	1.73	1.71	1.94	2.11	2.61
21	苏赫巴托尔省	Sukhbaatar	蒙古	15.13	13.84	12.53	12.86	12.46
22	外贝加尔边疆区	Zabaykalskiy Kray	俄罗斯	42.41	41.63	40.49	41.7	43.51
23	伊尔库茨克州	Irkutskaya Oblast	俄罗斯	38.52	34.63	32.19	31.82	32.99
24	布里亚特共和国	Respublika Buryatiya	俄罗斯	31.94	31.82	32.14	33.24	34.85
25	克拉斯诺亚尔斯克边疆区	Krasnoyarskiy Kray	俄罗斯	53.56	47.86	43.99	41.19	41.51
26	萨哈（雅库特）共和国	The Sakha（Yakutia）Republic	俄罗斯	30.13	28.57	26.82	25.32	24.76

表 3-22　2003～2007 年东北亚样带各省级行政单元羊存栏量　（单位：万头）

序号	地区	Region	所属国家	2003 年	2004 年	2005 年	2006 年	2007 年
1	北京市	Beijing	中国	183	158.5	126	103.2	78.9
2	天津市	Tianjin	中国	16.5	93.6	84.7	73.3	35.3
3	河北省	Hebei	中国	2209.7	2361.7	2482	2425.5	1583.7
4	山西省	Shanxi	中国	1015.8	998.8	1029.3	1140.7	746.4
5	内蒙古自治区	Inner Mongolia	中国	4450.2	5318.5	5420	594.4	5063.3
6	山东省	Shandong	中国	3313.7	3286.8	3404.8	2918.1	2342.3
7	河南省	Henan	中国	3315.8	3910	3988	4308.5	1940.9
8	陕西省	Shanxi	中国	877.2	941.8	930.9	1000.5	667.5
9	甘肃省	Gansu	中国	1236.3	1302.4	1526.3	1573.4	1594.4
10	宁夏回族自治区	Ningxia	中国	474.4	493.5	505.4	445.3	385.2

序号	地区	Region	所属国家	2003 年	2004 年	2005 年	2006 年	2007 年
11	东方省	Dornod	蒙古	40.69	42.4	46.99	52.73	61.14
12	东戈壁省	Dornogovi	蒙古	35.51	38.19	37.25	28.18	31.09
13	中戈壁省	Dundgovi	蒙古	72.4	78.71	81.97	86.71	94.43
14	戈壁苏木贝尔省	Govisumber	蒙古	4	4.87	5.91	6.89	7.42
15	中央省	Tov	蒙古	72.48	74.48	85.57	104.08	124.93
16	乌兰巴托市	Ulaanbaatar	蒙古	9.68	8.53	9.42	12.9	12.87
17	肯特省	Khentii	蒙古	65.91	68.73	78.23	87.99	100.83
18	南戈壁省	Omnogovi	蒙古	20.28	23.06	24.64	25.24	29.65
19	色楞格省	Selenge	蒙古	26.62	25.36	27.76	33.99	45.35
20	达尔汗乌拉省	Darhan	蒙古	5.58	5.71	6.54	8.27	10.22
21	苏赫巴托尔省	Sukhbaatar	蒙古	72.25	70.64	69.6	75.08	77.63
22	外贝加尔边疆区	Zabaykalskiy Kray	俄罗斯	52.69	55.1	56.02	56.75	58.6
23	伊尔库茨克州	Irkutskaya Oblast	俄罗斯	8.13	8.11	7.6	8.45	8.86
24	布里亚特共和国	Respublika Buryatiya	俄罗斯	21.04	21.6	21.94	22.76	23.62
25	克拉斯诺亚尔斯克边疆区	Krasnoyarskiy Kray	俄罗斯	8.79	7.51	6.74	5.95	6.23
26	萨哈（雅库特）共和国	The Sakha（Yakutia）Republic	俄罗斯	0.16	0.13	0.12	0.11	0.1

3.2.3　样带内劳动力数据

东北亚样带分省劳动力数据集。

（1）数据集元数据

数据集标题：东北亚样带劳动力数据集。

数据集摘要：数据范围是东北亚样带内中俄蒙三国范围，所包含的空间范围是 32°N ~ 90°N，105°E ~ 118°E。数据集包括东北亚南北样带劳动力指标的属性数据表和典型年份的栅格数据图。

数据集关键词：就业人数、城镇登记失业率、失业人口、东北亚样带。

数据集时间：1995 ~ 2008 年。

数据集格式：xls 格式文件；tif 格式文件。

所在单位：中国科学院地理科学与资源研究所。

通信地址：北京市朝阳区大屯路甲 11 号。

（2）数据集说明

数据集内容说明：数据集提供了样带范围内各省级行政区划的劳动力相关数据，主要包括就业人数、城镇登记失业人数、城镇登记失业率、交通通信就业人数、农业从业人员数、建筑业就业人数、水电气供应从业人员、教育从业人员数以及典型年份的栅格数据图。

数据源说明：中国数据：①中国历年统计年鉴（1996～2010 年）；②新中国 60 年统计资料汇编；③中国北方 10 省市统计年鉴。蒙古数据：蒙古 1999～2008 年统计年鉴。俄罗斯数据：俄罗斯历年人口与社会经济统计年鉴。

数据加工方法：统计元数据均在相应的统计年鉴上摘抄整理获得，其中包括对外文文献的翻译整理。栅格数据是用 ArcGIS 10.0 软件通过属性数据成图，矢量转栅格，样带范围裁剪等过程整理获得。

数据质量描述：制定数字化操作规范。人工录入数据过程中，规定操作人员严格遵守操作规范，同时由专人负责质量审查。数字化结果基本保持原始数据质量标准。数据制作规范，符合行业标准。

数据应用成果：主要用于科学研究。

（3）数据集内容

样带内各省级行政单位就业人数数据展示如表 3-23～表 3-25。

表 3-23　2002～2007 年东北亚样带各省级行政单元就业人数　（单位：万人）

序号	地区	Region	所属国家	2002 年	2003 年	2004 年	2005 年	2006 年	2007 年
1	北京市	Beijing	中国	798.9	858.6	895.0	920.4	783.4	1111.4
2	天津市	Tianjin	中国	403.1	419.7	422.0	426.9	252.6	432.7
3	河北省	Hebei	中国	3385.6	3389.5	3416.4	3467.3	688.8	3567.2
4	山西省	Shanxi	中国	1417.3	1469.5	1474.6	1476.4	454.5	1550.1
5	内蒙古自治区	Inner Mongolia	中国	1010.1	1005.2	1019.1	1041.1	365.0	1081.5
6	山东省	Shandong	中国	4751.9	4850.6	4939.7	5110.8	1375.6	5262.2
7	河南省	Henan	中国	5522.0	5535.7	5587.4	5662.4	941.6	5772.7
8	陕西省	Shanxi	中国	1873.1	1911.3	1884.7	1882.9	467.2	1922.0
9	甘肃省	Gansu	中国	1254.9	1304.0	1321.7	1347.6	269.4	1374.4
10	宁夏回族自治区	Ningxia	中国	281.5	290.6	298.1	299.6	96.1	309.5
11	东方省	Dornod	蒙古	1.8	1.9	1.9	2.0	2.1	2.1
12	东戈壁省	Dornogovi	蒙古	2.0	2.0	2.0	2.0	2.0	2.0
13	中戈壁省	Dundgovi	蒙古	2.3	2.3	2.3	2.3	2.3	2.3
14	戈壁苏木贝尔省	Govisumber	蒙古	2.1	2.1	2.1	2.1	2.1	2.2
15	中央省	Tov	蒙古	2.4	2.4	2.5	2.4	2.5	2.5
16	乌兰巴托市	Ulaanbaatar	蒙古	25.4	29.0	32.3	33.4	35.9	36.9
17	肯特省	Khentii	蒙古	4.2	4.3	4.1	4.3	4.4	4.4
18	南戈壁省	Omnogovi	蒙古	0.4	0.4	0.4	0.4	0.4	0.4
19	色楞格省	Selenge	蒙古	2.3	2.8	2.7	2.6	2.8	2.8
20	达尔汗乌拉省	Darhan	蒙古	2.5	2.7	2.6	2.6	2.7	2.7
21	苏赫巴托尔省	Sukhbaatar	蒙古	3.5	3.6	3.5	3.5	3.7	3.8
22	外贝加尔边疆区	Zabaykalskiy Kray	俄罗斯	46.9	47.0	47.1	48.2	48.3	49.0

序号	地区	Region	所属国家	2002 年	2003 年	2004 年	2005 年	2006 年	2007 年
23	伊尔库茨克州	Irkutskaya Oblast	俄罗斯	113.2	113.8	115.2	113.8	113.0	114.1
24	布里亚特共和国	Respublika Buryatiya	俄罗斯	39.3	38.1	38.5	38.7	39.1	39.8
25	克拉斯诺亚尔斯克边疆区	Krasnoyarskiy Kray	俄罗斯	141.5	141.4	142.2	142.5	142.8	143.4
26	萨哈（雅库特）共和国	The Sakha（Yakutia）Republic	俄罗斯	46.3	46.4	46.9	46.9	47.5	48.2

表 3-24 2002～2007 年东北亚样带各省级行政单元登记失业人数

（单位：万人）

序号	地区	Region	所属国家	2002 年	2003 年	2004 年	2005 年	2006 年	2007 年
1	北京市	Beijing	中国	6.02	7.00	6.50	10.60	10.40	10.60
2	天津市	Tianjin	中国	12.90	12.00	11.80	11.70	11.70	15.00
3	河北省	Hebei	中国	22.16	25.70	28.00	27.80	28.70	29.30
4	山西省	Shanxi	中国	14.52	13.10	13.70	14.30	15.60	16.10
5	内蒙古自治区	Inner Mongolia	中国	16.27	17.60	18.50	17.70	18.00	18.50
6	山东省	Shandong	中国	39.74	41.30	42.30	42.90	43.70	43.50
7	河南省	Henan	中国	25.40	26.30	31.20	33.00	35.40	33.10
8	陕西省	Shanxi	中国	13.51	13.90	18.50	21.50	21.50	21.00
9	甘肃省	Gansu	中国	8.66	9.30	9.50	9.30	9.70	9.50
10	宁夏回族自治区	Ningxia	中国	3.54	3.80	4.10	4.40	4.20	4.40
11	东方省	Dornod	蒙古	0.13	0.10	0.10	0.10	0.08	0.10
12	东戈壁省	Dornogovi	蒙古	0.04	0.04	0.03	0.04	0.02	0.04
13	中戈壁省	Dundgovi	蒙古	0.09	0.08	0.08	0.08	0.08	0.06
14	戈壁苏木贝尔省	Govisumber	蒙古	0.02	0.01	0.01	0.01	0.01	0.02
15	中央省	Tov	蒙古	0.09	0.08	0.07	0.07	0.08	0.06
16	乌兰巴托市	Ulaanbaatar	蒙古	0.51	0.57	0.54	0.54	0.61	0.65
17	肯特省	Khentii	蒙古	0.10	0.10	0.10	0.08	0.14	0.09
18	南戈壁省	Omnogovi	蒙古	0.04	0.04	0.05	0.05	0.05	0.03
19	色楞格省	Selenge	蒙古	0.08	0.09	0.13	0.12	0.11	0.10
20	达尔汗乌拉省	Darhan	蒙古	0.12	0.09	0.08	0.08	0.09	0.11
21	苏赫巴托尔省	Sukhbaatar	蒙古	0.07	0.05	0.06	0.07	0.07	0.07
22	外贝加尔边疆区	Zabaykalskiy Kray	俄罗斯	24.60	19.20	14.90	12.80	16.20	15.10
23	伊尔库茨克州	Irkutskaya Oblast	俄罗斯	27.80	29.80	32.10	33.80	33.30	28.80
24	布里亚特共和国	Respublika Buryatiya	俄罗斯	8.30	9.80	11.80	14.40	15.70	9.30

序号	地区	Region	所属国家	2002 年	2003 年	2004 年	2005 年	2006 年	2007 年
25	克拉斯诺亚尔斯克边疆区	Krasnoyarskiy Kray	俄罗斯	46.40	56.50	68.70	50.00	48.20	38.30
26	萨哈（雅库特）共和国	The Sakha（Yakutia）Republic	俄罗斯	6.70	6.50	9.40	11.50	14.00	13.80

表 3-25　2002～2007 年东北亚样带各省级行政单元城镇登记失业率（单位:%）

序号	地区	Region	所属国家	2002 年	2003 年	2004 年	2005 年	2006 年	2007 年
1	北京市	Beijing	中国	1.4	1.4	1.3	2.1	2	1.8
2	天津市	Tianjin	中国	3.9	3.8	3.8	3.7	3.6	3.6
3	河北省	Hebei	中国	3.6	3.9	4	3.9	3.8	3.8
4	山西省	Shanxi	中国	3.4	3	3.1	3	3.2	3.2
5	内蒙古自治区	Inner Mongolia	中国	4.1	4.5	4.6	4.3	4.1	4
6	山东省	Shandong	中国	3.6	3.6	3.4	3.3	3.3	3.2
7	河南省	Henan	中国	2.9	3.1	3.4	3.5	3.5	3.4
8	陕西省	Shanxi	中国	3.3	3.5	3.8	4.2	4	4
9	甘肃省	Gansu	中国	3.2	3.4	3.4	3.3	3.6	3.3
10	宁夏回族自治区	Ningxia	中国	4.4	4.4	4.5	4.5	4.3	4.3
11	东方省	Dornod	蒙古	6.8	4.8	5	5	3.7	4.5
12	东戈壁省	Dornogovi	蒙古	2.1	2.2	1.5	2.1	1.1	1.9
13	中戈壁省	Dundgovi	蒙古	3.8	3.2	3.8	3.3	3.3	2.5
14	戈壁苏木贝尔省	Govisumber	蒙古	3.9	2.6	2.5	3	3.4	3.8
15	中央省	Tov	蒙古	2.1	1.9	1.7	1.6	1.7	1.4
16	乌兰巴托市	Ulaanbaatar	蒙古	2	1.9	1.6	1.6	1.7	1.7
17	肯特省	Khentii	蒙古	3.8	3.6	3.8	2.9	5.1	3.4
18	南戈壁省	Omnogovi	蒙古	2.1	2	2.4	2.2	2.3	1.5
19	色楞格省	Selenge	蒙古	2.3	2.3	3.6	3.3	2.8	2.6
20	达尔汗乌拉省	Darhan	蒙古	5.1	3.1	3.2	3.1	3.1	3.6
21	苏赫巴托尔省	Sukhbaatar	蒙古	2.8	1.9	2.4	2.8	2.7	2.7
22	外贝加尔边疆区	Zabaykalskiy Kray	俄罗斯	4.3	3.7	2.9	2.3	3.1	2.8
23	伊尔库茨克州	Irkutskaya Oblast	俄罗斯	2.2	2.3	2.4	2.6	2.6	2.2
24	布里亚特共和国	Respublika Buryatiya	俄罗斯	1.8	2.2	2.7	3	3.5	2
25	克拉斯诺亚尔斯克边疆区	Krasnoyarskiy Kray	俄罗斯	3	3.7	4.4	3.2	3.1	2.5
26	萨哈（雅库特）共和国	The Sakha（Yakutia）Republic	俄罗斯	1.3	1.3	1.9	2.2	2.8	2.8

3.2.4 样带内教育卫生数据

东北亚样带分省教育卫生数据集。

(1) 数据集元数据

数据集标题：东北亚样带分省教育卫生数据集。

数据集摘要：数据范围是东北亚样带内中俄蒙三国范围，所包含的空间范围是 32°N ~ 90°N，105°E ~ 118°E。数据集包括东北亚南北样带教育卫生相关指标的属性数据表和典型年份栅格数据图。

数据集关键词：学校数量、在校生总人数、医生数量、东北亚样带、各省级行政单元。

数据集时间：2001 ~ 2008 年。

数据集格式：xls 格式文件、tif 格式文件。

所在单位：中国科学院地理科学与资源研究所。

通信地址：北京市朝阳区大屯路甲 11 号。

(2) 数据集说明

数据集内容说明：本数据集主要对样带范围内中俄蒙三国各省级行政单位的教育卫生相关指标数据进行了梳理，共提取了学校数量、在校生总人数、实有床位数、医生数量等相关指标的 2000 ~ 2008 年历年数据，并选取相关年份数据进行了空间可视化处理，获得了相关栅格图件。

数据源说明：中国数据：①中国历年统计年鉴（1996 ~ 2010 年）。②新中国 60 年统计资料汇编。③中国北方 10 省市统计年鉴。蒙古数据：蒙古 1999 ~ 2008 年统计年鉴。俄罗斯数据：俄罗斯历年人口与社会经济统计年鉴。

数据加工方法：统计元数据均在相应的统计年鉴上摘抄整理获得，其中包括对外文文献的翻译整理。栅格数据是用 ArcGIS 10.0 软件通过属性数据成图，矢量转栅格，样带范围裁剪等过程整理获得。

数据质量描述：制定数字化操作规范。人工录入数据过程中，规定操作人员严格遵守操作规范，同时由专人负责质量审查。数字化结果基本保持原始数据质量标准。数据制作规范，符合行业标准。

数据应用成果：主要用于科学研究。

(3) 数据集内容

样带内各省级行政单元教育、卫生数据集部分数据展示见表 3-26 ~ 表 3-28。

表 3-26 2002 ~ 2007 年东北亚样带各省级行政单元拥有学校数量 （单位：所）

序号	地区	Region	所属国家	2002 年	2003 年	2004 年	2005 年	2006 年	2007 年
1	北京市	Beijing	中国	2 610	2 415	2 264	2 142	2 017	1 924
2	天津市	Tianjin	中国	1 903	1 800	1 743	1 702	1 630	1 597
3	河北省	Hebei	中国	33 486	30 724	27 870	25 617	23 626	21 504

序号	地区	Region	所属国家	2002 年	2003 年	2004 年	2005 年	2006 年	2007 年
4	山西省	Shanxi	中国	36 301	34 505	31 572	27 618	24 854	22 605
5	内蒙古自治区	Inner Mongolia	中国	10 234	9 506	8 594	7 433	6 368	5 559
6	山东省	Shandong	中国	24 238	22 909	21 512	20 275	18 786	18 103
7	河南省	Henan	中国	44 128	42 742	40 393	39 233	37 455	36 541
8	陕西省	Shanxi	中国	29 688	27 636	25 707	23 438	21 278	18 953
9	甘肃省	Gansu	中国	18 652	17 666	17 401	17 013	16 840	16 132
10	宁夏回族自治区	Ningxia	中国	3 361	3 262	3 055	2 945	2 776	2 667
11	东方省	Dornod	蒙古	27	25	25	26	25	25
12	东戈壁省	Dornogovi	蒙古	18	19	20	20	19	22
13	中戈壁省	Dundgovi	蒙古	20	19	19	19	19	19
14	戈壁苏木贝尔省	Govisumber	蒙古	5	5	4	4	4	4
15	中央省	Tov	蒙古	36	30	31	33	33	32
16	乌兰巴托市	Ulaanbaatar	蒙古	156	163	178	190	200	210
17	肯特省	Khentii	蒙古	27	26	26	27	27	27
18	南戈壁省	Omnogovi	蒙古	18	17	17	17	17	18
19	色楞格省	Selenge	蒙古	35	34	33	33	33	33
20	达尔汗乌拉省	Darhan	蒙古	18	23	27	27	28	29
21	苏赫巴托尔省	Sukhbaatar	蒙古	15	15	15	15	15	15
22	外贝加尔边疆区	Zabaykalskiy Kray	俄罗斯	692	670	658	643	633	626
23	伊尔库茨克州	Irkutskaya Oblast	俄罗斯	1 379	1 368	1 359	1 353	1 342	1 323
24	布里亚特共和国	Respublika Buryatiya	俄罗斯	587	586	572	564	559	548
25	克拉斯诺亚尔斯克边疆区	Krasnoyarskiy Kray	俄罗斯	1 600	1 585	1 529	1 434	1 370	1 286
26	萨哈（雅库特）共和国	The Sakha（Yakutia）Republic	俄罗斯	704	700	692	692	686	669

表 3-27　2003～2007 年东北亚样带各省级行政单元在校生人数　（单位：人）

序号	地区	Region	所属国家	2003 年	2004 年	2005 年	2006 年	2007 年
1	北京市	Beijing	中国	1 250 935	1 177 356	1 094 425	1 020 987	1 243 394
2	天津市	Tianjin	中国	1 200 480	1 153 949	1 109 293	1 068 887	1 044 443
3	河北省	Hebei	中国	11 502 970	10 799 238	10 098 979	9 508 768	9 125 374
4	山西省	Shanxi	中国	6 141 733	6 166 336	6 114 101	6 016 927	5 956 588
5	内蒙古自治区	Inner Mongolia	中国	3 277 426	3 223 945	3 151 119	3 115 747	3 064 844
6	山东省	Shandong	中国	12 971 220	12 561 414	12 078 603	11 770 665	11 543 248
7	河南省	Henan	中国	18 091 207	17 734 804	17 450 564	17 393 091	17 385 327
8	陕西省	Shanxi	中国	6 968 815	6 735 301	6 446 475	6 330 306	6 056 214
9	甘肃省	Gansu	中国	4 960 627	4 999 941	4 979 633	5 032 372	4 882 952

序号	地区	Region	所属国家	2003 年	2004 年	2005 年	2006 年	2007 年
10	宁夏回族自治区	Ningxia	中国	1 045 930	1 065 024	1 099 629	1 118 550	1 119 811
11	东方省	Dornod	蒙古	16 900	17 300	16 600	16 300	15 700
12	东戈壁省	Dornogovi	蒙古	11 200	11 600	11 500	11 300	11 100
13	中戈壁省	Dundgovi	蒙古	10 100	10 500	10 300	9 900	9 500
14	戈壁苏木贝尔省	Govisumber	蒙古	3 000	3 000	3 000	3 000	3 000
15	中央省	Tov	蒙古	19 600	18 400	17 600	16 400	15 400
16	乌兰巴托市	Ulaanbaatar	蒙古	180 000	185 600	186 200	185 200	184 300
17	肯特省	Khentii	蒙古	15 300	16 300	16 400	14 600	14 800
18	南戈壁省	Omnogovi	蒙古	10 300	10 900	10 900	10 600	10 800
19	色楞格省	Selenge	蒙古	23 400	22 900	22 400	21 100	20 700
20	达尔汗乌拉省	Darhan	蒙古	22 000	22 200	23 700	22 100	20 600
21	苏赫巴托尔省	Sukhbaatar	蒙古	11 600	12 800	12 900	11 400	11 300
22	外贝加尔边疆区	Zabaykalskiy Kray	俄罗斯	670 000	658 000	643 000	633 000	626 000
23	伊尔库茨克州	Irkutskaya Oblast	俄罗斯	1 368 000	1 359 000	1 353 000	1 342 000	1 323 000
24	布里亚特共和国	Respublika Buryatiya	俄罗斯	586 000	572 000	564 000	559 000	548 000
25	克拉斯诺亚尔斯克边疆区	Krasnoyarskiy Kray	俄罗斯	1 585 000	1 529 000	1 434 000	1 370 000	1 286 000
26	萨哈（雅库特）共和国	The Sakha（Yakutia）Republic	俄罗斯	700 000	692 000	692 000	686 000	669 000

表3-28 2003～2007 年东北亚样带各省级行政单元医生数量 （单位：人）

序号	地区	Region	所属国家	2003 年	2004 年	2005 年	2006 年	2007 年
1	北京市	Beijing	中国	47 819	49 091	50 642	52 795	55 285
2	天津市	Tianjin	中国	25 808	25 208	24 996	25 266	26 045
3	河北省	Hebei	中国	97 141	101 070	105 582	106 086	108 224
4	山西省	Shanxi	中国	66 778	68 294	66 689	68 145	64 661
5	内蒙古自治区	Inner Mongolia	中国	49 344	50 177	50 308	50 409	48 403
6	山东省	Shandong	中国	132 372	138 314	140 628	146 391	147 162
7	河南省	Henan	中国	106 363	109 367	111 134	115 481	115 900
8	陕西省	Shanxi	中国	60 294	59 683	60 316	60 566	59 313
9	甘肃省	Gansu	中国	35 094	34 451	35 246	36 018	35 144
10	宁夏回族自治区	Ningxia	中国	10 666	10 698	10 586	10 991	11 185
11	东方省	Dornod	蒙古	135	138	123	131	134
12	东戈壁省	Dornogovi	蒙古	144	120	144	154	153

续表

序号	地区	Region	所属国家	2003 年	2004 年	2005 年	2006 年	2007 年
13	中戈壁省	Dundgovi	蒙古	98	89	81	79	88
14	戈壁苏木贝尔省	Govisumber	蒙古	34	35	33	39	42
15	中央省	Tov	蒙古	112	117	126	127	132
16	乌兰巴托市	Ulaanbaatar	蒙古	3 832	3 904	4 073	4 322	4 472
17	肯特省	Khentii	蒙古	108	113	111	126	141
18	南戈壁省	Omnogovi	蒙古	89	75	79	89	95
19	色楞格省	Selenge	蒙古	186	179	187	178	174
20	达尔汗乌拉省	Darhan	蒙古	225	227	228	221	222
21	苏赫巴托尔省	Sukhbaatar	蒙古	97	93	96	98	105
22	外贝加尔边疆区	Zabaykalskiy Kray	俄罗斯	5 700	5 800	5 900	6 200	6 200
23	伊尔库茨克州	Irkutskaya Oblast	俄罗斯	12 200	12 000	11 800	11 600	12 200
24	布里亚特共和国	Respublika Buryatiya	俄罗斯	3 700	3 700	3 700	3 800	3 900
25	克拉斯诺亚尔斯克边疆区	Krasnoyarskiy Kray	俄罗斯	14 300	14 300	14 400	14 300	14 600
26	萨哈（雅库特）共和国	The Sakha（Yakutia）Republic	俄罗斯	4 700	4 700	4 700	5 100	5 000

注：中国 2002 年及以后医生系执业（助理）医师数。

3.2.5　样带内综合经济数据

东北亚样带分省综合经济数据集。

（1）数据集元数据

数据集标题：东北亚样带分省综合经济数据集。

数据集摘要：数据范围是东北亚样带内中俄蒙三国范围，所包含的空间范围是 32°N ~ 90°N，105°E ~ 118°E。该数据集包括东北亚南北样带综合经济指标的属性数据表和典型年份的栅格数据图。

数据集关键词：GDP、固定资产投资、财政收入、CPI、东北亚样带。

数据集时间：2001 ~ 2008 年。

数据集格式：xls 格式文件、tif 格式文件。

所在单位：中国科学院地理科学与资源研究所。

通信地址：北京市朝阳区大屯路甲 11 号。

（2）数据集说明

数据集内容说明：本数据集主要对样带范围内中俄蒙三国各省级行政单位的综合经济相关指标数据进行了梳理，共提取了地方政府财政收入、财政支出、消费价格指数 CPI、GDP、固定资产投资等相关指标的 2001 ~ 2008 年历年数据，并选取相关年份数据进行了空间可视化处理，获得了相关栅格图件。

数据源说明：中国数据：①中国历年统计年鉴（1996～2010年）。②新中国60年统计资料汇编。③中国北方10省市统计年鉴。蒙古数据：蒙古1999～2008年统计年鉴。俄罗斯数据：俄罗斯历年人口与社会经济统计年鉴。

数据加工方法：统计元数据均在相应的统计年鉴上摘抄整理获得，其中包括对外文文献的翻译整理。栅格数据是用ArcGIS 10.0软件通过属性数据成图，矢量转栅格，样带范围裁剪等过程整理获得。

数据质量描述：制定数字化操作规范。人工录入数据过程中，规定操作人员严格遵守操作规范，同时由专人负责质量审查。数字化结果基本保持原始数据质量标准。数据制作规范，符合行业标准。

数据应用成果：主要用于科学研究。

（3）数据集内容

样带内各省级行政单位综合经济数据集部分数据见表3-29和表3-30。

表3-29　2003～2007年东北亚样带各省级行政单元地区生产总值　（单位：万美元）

序号	地区	Region	所属国家	2003 年	2004 年	2005 年	2006 年	2007 年
1	北京市	Beijing	中国	6 067 355	7 319 179	8 408 193	9 874 881	12 307 000
2	天津市	Tianjin	中国	3 113 563	3 757 210	4 514 799	5 469 448	6 645 263
3	河北省	Hebei	中国	8 359 046	10 238 684	12 327 363	14 630 402	18 038 816
4	山西省	Shanxi	中国	3 448 345	4 313 249	5 103 199	5 963 036	7 543 882
5	内蒙古自治区	Inner Mongolia	中国	2 884 517	3 672 790	4 756 471	6 011 895	8 014 632
6	山东省	Shandong	中国	14 587 138	18 142 319	22 609 121	27 700 577	34 165 671
7	河南省	Henan	中国	8 294 324	10 330 664	12 927 253	15 678 758	19 753 237
8	陕西省	Shanxi	中国	3 125 266	4 197 560	4 606 459	5 675 960	7 191 829
9	甘肃省	Gansu	中国	1 690 616	2 039 239	2 361 392	2 856 587	3 555 789
10	宁夏回族自治区	Ningxia	中国	537 874	648 744	740 244	891 794	1 170 000
11	东方省	Dornod	蒙古	2 294	2 489	3 045	3 471	4 607
12	东戈壁省	Dornogovi	蒙古	1 518	2 008	2 381	1 888	2 553
13	中戈壁省	Dundgovi	蒙古	1 875	2 177	2 489	3 322	4 253
14	戈壁苏木贝尔省	Govisumber	蒙古	392	650	780	942	1 109
15	中央省	Tov	蒙古	2 913	3 147	3 767	6 382	8 153
16	乌兰巴托市	Ulaanbaatar	蒙古	74 025	86 349	101 844	157 368	193 940
17	肯特省	Khentii	蒙古	2 329	2 725	3 352	4 228	5 688
18	南戈壁省	Omnogovi	蒙古	1 361	2 185	2 804	6 046	6 880
19	色楞格省	Selenge	蒙古	2 896	3 637	4 348	8 540	10 732
20	达尔汗乌拉省	Darhan	蒙古	3 105	3 569	4 057	4 904	5 682
21	苏赫巴托尔省	Sukhbaatar	蒙古	2 372	2 540	2 871	11 248	13 412
22	外贝加尔边疆区	Zabaykalskiy Kray	俄罗斯	180 460	220 763	241 998	344 596	451 415

序号	地区	Region	所属国家	2003 年	2004 年	2005 年	2006 年	2007 年
23	伊尔库茨克州	Irkutskaya Oblast	俄罗斯	570 211	768 448	896 788	1 256 492	1 640 141
24	布里亚特共和国	Respublika Buryatiya	俄罗斯	177 432	230 337	260 295	348 319	437 646
25	克拉斯诺亚尔斯克边疆区	Krasnoyarskiy Kray	俄罗斯	926 068	1 316 952	1 527 925	2 225 150	2 990 447
26	萨哈（雅库特）共和国	The Sakha（Yakutia）Republic	俄罗斯	451 491	553 141	635 952	785 587	988 418

注：地区生产总值为当年价，中国、蒙古按当年年中汇率换算，俄罗斯按年末汇率换算。

表 3-30　2002 年、2007 年东北亚样带各省级行政单元地方财政收支额　（单位：万美元）

序号	地区	Region	所属国家	地方财政收入		地方财政支出	
				2002 年	2007 年	2002 年	2007 年
1	北京市	Beijing	中国	644 915	1 963 997	758 877	2 170 398
2	天津市	Tianjin	中国	207 524	711 104	320 302	887 271
3	河北省	Hebei	中国	365 109	1 038 316	696 365	1 982 432
4	山西省	Shanxi	中国	128 116	786 693	284 275	1 381 477
5	内蒙古自治区	Inner Mongolia	中国	136 292	647 844	499 191	1 424 086
6	山东省	Shandong	中国	736 981	2 204 471	1 039 432	2 976 118
7	河南省	Henan	中国	358 357	1 134 316	759 879	2 461 334
8	陕西省	Shanxi	中国	181 510	625 316	489 022	1 386 798
9	甘肃省	Gansu	中国	92 077	251 198	330 930	888 602
10	宁夏回族自治区	Ningxia	中国	31 969	105 304	138 370	318 230
11	东方省	Dornod	蒙古	197	266	444	226
12	东戈壁省	Dornogovi	蒙古	235	371	447	354
13	中戈壁省	Dundgovi	蒙古	139	231	322	226
14	戈壁苏木贝尔省	Govisumber	蒙古	55	103	137	104
15	中央省	Tov	蒙古	375	472	682	417
16	乌兰巴托市	Ulaanbaatar	蒙古	4 493	4 474	4 835	4 186
17	肯特省	Khentii	蒙古	221	313	480	305
18	南戈壁省	Omnogovi	蒙古	138	675	357	611
19	色楞格省	Selenge	蒙古	371	434	770	402
20	达尔汗乌拉省	Darhan	蒙古	432	289	689	278
21	苏赫巴托尔省	Sukhbaatar	蒙古	137	289	390	332
22	外贝加尔边疆区	Zabaykalskiy Kray	俄罗斯	40 275	101 155	41 665	107 376
23	伊尔库茨克州	Irkutskaya Oblast	俄罗斯	75 818	267 794	80 323	281 492

序号	地区	Region	所属国家	地方财政收入		地方财政支出	
				2002 年	2007 年	2002 年	2007 年
24	布里亚特共和国	Respublika Buryatiya	俄罗斯	34 575	114 733	36 862	113 581
25	克拉斯诺亚尔斯克边疆区	Krasnoyarskiy Kray	俄罗斯	127 519	568 630	139 475	491 739
26	萨哈（雅库特）共和国	The Sakha（Yakutia）Republic	俄罗斯	112 623	266 166	116 558	269 230

注：地区生产总值为当年价，中国、蒙古按当年年中汇率换算，俄罗斯按年末汇率换算。

3.2.6　样带内工业数据

东北亚样带分省级行政单元工业数据集。

（1）数据集元数据

数据集标题：东北亚样带分省级行政单元工业数据集。

数据集摘要：数据范围是东北亚样带内中俄蒙三国范围，所包含的空间范围是 $32°N \sim 90°N$，$105°E \sim 118°E$。该数据集包括东北亚南北样带工业相关指标的属性数据表和典型年份的栅格数据图。

数据集关键词：工业总产值、发电量、原煤产量、东北亚样带。

数据集时间：2000～2008 年。

数据集格式：xls 格式文件、tif 格式文件。

所在单位：中国科学院地理科学与资源研究所。

通信地址：北京市朝阳区大屯路甲 11 号。

（2）数据集说明

数据集内容说明：该数据集主要对样带范围内中俄蒙三国各省级行政单位的工业相关指标数据进行了梳理，共提取了工业生产总值、发电量、原煤产量等相关指标的 2000～2008 年历年数据，并选取相关年份数据进行了空间可视化处理，获得了相关栅格图件。

数据源说明：中国数据：①中国历年统计年鉴（1996～2010 年）；②新中国 60 年统计资料汇编；③中国北方 10 省市统计年鉴。蒙古数据：蒙古 1999～2008 年统计年鉴。俄罗斯数据：俄罗斯历年人口与社会经济统计年鉴。

数据加工方法：统计元数据均在相应的统计年鉴上摘抄整理获得，其中包括对外文文献的翻译整理。栅格数据是用 ArcGIS 10.0 软件通过属性数据成图，矢量转栅格，样带范围裁剪等过程整理获得。

数据质量描述：制定数字化操作规范。人工录入数据过程中，规定操作人员严格遵守操作规范，同时由专人负责质量审查。数字化结果基本保持原始数据质量标准。数据制作规范，符合行业标准。

数据应用成果：主要用于科学研究。

(3) 数据集内容

本数据集示意图如图 3-10 所示。

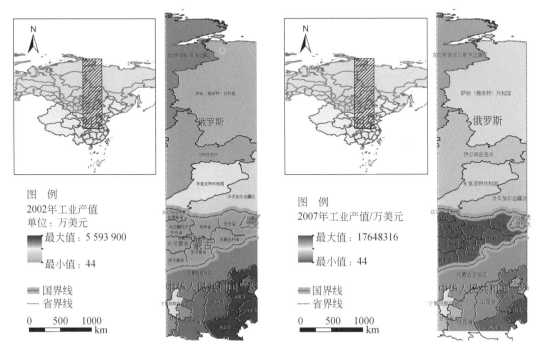

图 3-10　东北亚样带 2002 年、2007 年工业产值按行政区划分布

样带内各省级行政单元工业数据集部分数据展示见表 3-31。

表 3-31　2003 ~ 2007 年东北亚样带各省级行政单元工业总产值（单位：万美元）

序号	地区	Region	所属国家	2003 年	2004 年	2005 年	2006 年	2007 年
1	北京市	Beijing	中国	1 246 800	1 558 164	2 084 298	2 285 897	2 740 474
2	天津市	Tianjin	中国	1 372 700	1 735 181	2 301 636	2 876 700	3 502 461
3	河北省	Hebei	中国	3 881 700	4 935 302	5 696 227	6 889 009	8 625 316
4	山西省	Shanxi	中国	1 441 000	1 894 287	2 585 690	3 118 018	4 134 066
5	内蒙古自治区	Inner Mongolia	中国	871 800	1 226 643	1 804 493	2 482 045	3 608 776
6	山东省	Shandong	中国	7 080 500	9 419 457	11 683 248	14 499 360	17 648 316
7	河南省	Henan	中国	3 665 700	4 664 469	5 978 034	7 567 390	9 879 382
8	陕西省	Shanxi	中国	1 008 500	1 286 002	1 896 947	2 627 378	3 347 921
9	甘肃省	Gansu	中国	543 400	695 918	837 363	1 089 247	1 399 789
10	宁夏回族自治区	Ningxia	中国	173 100	225 000	279 695	363 024	500 289
11	东方省	Dornod	蒙古	346	455	519	326	313

序号	地区	Region	所属国家	2003 年	2004 年	2005 年	2006 年	2007 年
12	东戈壁省	Dornogovi	蒙古	102	48	259 106	123	194
13	中戈壁省	Dundgovi	蒙古	69	81	38	90	111
14	戈壁苏木贝尔省	Govisumber	蒙古	141	356	327	400	425
15	中央省	Tov	蒙古	151	151	414	332	383
16	乌兰巴托市	Ulaanbaatar	蒙古	19 320	23 142	35 340	45 794	53 915
17	肯特省	Khentii	蒙古	105	49	143	140	171
18	南戈壁省	Omnogovi	蒙古	318	756	1 727	2 727	2 910
19	色楞格省	Selenge	蒙古	151	596	457	1887	2136
20	达尔汗乌拉省	Darhan	蒙古	1 366	1 817	1 938	1 726	1 716
21	苏赫巴托尔省	Sukhbaatar	蒙古	45	41	538	7 851	8 798
22	外贝加尔边疆区	Zabaykalskiy Kray	俄罗斯	52 655	68 371	86 939	112 184	129 853
23	伊尔库茨克州	Irkutskaya Oblast	俄罗斯	464 221	626 292	710 181	1 007 277	1 133 381
24	布里亚特共和国	Respublika Buryatiya	俄罗斯	86 048	105 654	131 477	146 768	161 031
25	克拉斯诺亚尔斯克边疆区	Krasnoyarskiy Kray	俄罗斯	770 587	1 117 503	1 295 438	1 956 924	2 493 809
26	萨哈（雅库特）共和国	The Sakha （Yakutia） Republic	俄罗斯	333 990	481 258	503 061	578 895	626 460

注：地区生产总值为当年价，中国、蒙古按当年年中汇率换算，俄罗斯按年末汇率换算。

3.2.7　样带内部分地区统计数据

3.2.7.1　东北亚样带内中国社会经济数据集

（1）数据集元数据

数据集标题：东北亚样带内中国社会经济数据集。

数据集摘要：东北亚样带范围内中国北方 10 个省国民经济综合指标、农业经济、工业、交通运输电信业、建筑业、城市概况、资源环境等数据。

数据关键词：样带、中国地区社会经济。

数据集时间：2002 ~ 2007 年。

数据集格式：Excel（xls）。

所在单位：中国科学院地理科学与资源研究所。

通信地址：北京市朝阳区大屯路甲 11 号。

（2）数据集说明

数据集内容说明：本数据集主要包括国民经济综合指标、农业经济指标、工业指标、交通运输电信业指标、城市概况指标以及资源环境指标，各指标所包含的要素介绍如下。

国民经济综合指标：各地区按三次产业分国内生产总值、各地区城乡居民收入、消费水平、地方财政收支额、全社会固定资产投资、城乡居民存储款余额。

农业经济指标：各地区农林牧渔业总产值、农村居民纯收入、各地区耕地面积、主要农业机械拥有量、农用柴油使用量、农药使用量、农用塑料薄膜使用量、农用化肥施用量、各地区农村电力和农田水利建设情况、年末肉类总产量、水果产量、造林面积、茶园面积和茶叶产量、糖料作物单位面积产量、棉花和麻类作物单位面积产量、油料作物单位面积产量、农作物受灾面积、成灾面积等。

工业指标：各地区工业企业概况、规模以上工业企业、大中型工业企业、私营工业企业、外商投资和港澳台商投资工业企业主要经济效益指标、工业产品产量等。

交通运输电信业指标：各地区运输线路长度、公路营运汽车拥有量、民用汽车拥有量、私人汽车拥有量、邮电业务量、邮政局所属及邮递线路、电信主要通信能力等。

城市概况指标：各地区城市市政设施、城市建设情况、城市环境卫生情况、城市园林和绿地、城市公共交通情况、城市集中供暖情况等。

资源环境指标：各地区废弃物排放及处理情况、工业固体废弃物生产及处理情况、城市生活垃圾清运和处理情况、各地区造林面积、林业重点工程造林面积、湿地面积、自然保护基本情况、森林火灾情况等。

数据源说明：2003～2008 年《中国统计年鉴》、《中国环境年鉴》等。

数据加工方法：人工录入。

数据质量描述：制订数字化操作规范。人工录入数据过程中，规定操作人员严格遵守操作规范，同时由专人负责质量审查。

数据应用成果：主要用于科学研究。

（3）数据集内容

样带内中国社会经济数据集部分数据展示，见表 3-32～表 3-37。

表 3-32　2003 年、2007 年东北亚样带中国农用化肥和地膜使用情况

地区	农用化肥施用量/万 t		农用塑料薄膜使用量/t		地膜使用量/t		地膜覆盖面积/hm²	
	2003 年	2007 年	2003 年	2007 年	2003 年	2007 年	2003 年	2007 年
北京市	14.3	14	14 419	14 615	5 656	5 434	26 836	23 977
天津市	17.8	25.8	12 922	11 439	7 075	6 502	99 156	100 005
河北省	283.3	311.9	89 096	113 687	49 879	62 687	864 545	1 077 870
山西省	89.9	100.8	29 169	35 724	21 579	26 893	388 235	465403
内蒙古自治区	93.2	140.3	32 066	41 253	25 886	32 464	483 752	644 732
山东省	432.7	500.3	305 676	341 192	127 073	151 014	1 715 103	2 426 943
河南省	467.9	569.7	98 809	126 619	45 809	594 526	823 380	957 710
陕西省	142.7	158.8	21 778	26 780	13 314	18 993	319 233	432 498
甘肃省	69.6	80.1	77 200	84 642	46 600	50 277	701 913	720 087
宁夏回族自治区	25.4	34.6	5 919	7 737	3 430	4 233	74 171	87 134

表 3-33　2007 年东北亚样带中国农村居民家庭土地经营情况（单位：亩①/人）

	经营耕地面积	经营山地面积	园地面积	牧草地面积	养殖水面面积
全国	2.16	0.32	0.10	3.85	0.04
北京	0.54	0.05	0.18	—	0.30
天津	1.20	0.01	0.02	—	0.04
河北	1.93	0.10	0.07	—	—
山西	2.32	—	0.18	0.01	—
内蒙古	8.57	0.32	0.10	124.13	—
山东	1.52	0.04	0.09	—	0.01
河南	1.63	0.04	0.04	—	0.01
陕西	1.92	0.28	0.29	0.14	—
甘肃	2.57	0.66	0.11	0.15	—
宁夏	4.49	0.14	0.06	0.60	0.04

注：—表示无该项数据或数据不详。

表 3-34　2002～2007 年东北亚样带中国工业废水排放及处理情况　（单位：万 t）

地区	工业废水排放总量						工业废水排放达标量					
	2002 年	2003 年	2004 年	2005 年	2006 年	2007 年	2002 年	2003 年	2004 年	2005 年	2006 年	2007 年
北京	18 044	13 107	12 617	12 813	10 170	9 134	17 745	13 015	12 442	12 740	10 098	8 898
天津	21 959	21 605	22 628	30 081	22 978	21 444	21 898	21 571	22 482	29 962	22 925	21 382
河北	106 772	108 324	127 386	124 533	130 340	123 537	97 988	102 609	122 817	119 920	121 750	113 999
山西	30 777	30 929	31 393	32 099	44 091	41 140	26 626	26 939	28 135	28 526	30 377	36 297
内蒙古	22 737	23 577	22 848	24 967	27 823	25 021	15 759	15 076	13 968	16 634	21 416	18 437
山东	106 668	115 933	128 706	139 071	144 365	166 574	102 801	112 590	124 839	136 606	141 540	163 365
河南	114 431	114 224	117 328	123 476	130 158	134 344	103 124	104 480	109 909	113 518	121 024	126 324
陕西	30 496	33 526	36 833	42 819	40 479	48 523	25 491	29 138	33 737	39 704	36 118	46 652
甘肃	19 677	20 899	19 293	16 798	16 570	15 856	14 218	15 901	13 390	12 301	13 103	12 838
宁夏	11 534	10 740	9 510	21 411	18 500	21 089	6 461	6 288	7 676	14 508	11 980	14 698

---

① 1 亩≈666.7m²。

表 3-35　2007 年东北亚样带中国森林资源情况

地区	林业用地面积 /万 hm²	森林面积 /万 hm²	人工林 /万 hm²	森林覆盖率 /%	活立木总蓄积量 /万 hm²	森林蓄积量 /万 hm²
北京	97.3	37.88	27.08	21.26	1 176.36	840.7
天津	13.4	9.35	8.99	8.14	234.18	140.35
河北	624.6	328.83	179.48	17.69	8 657.98	6 509.92
山西	690.9	208.19	99.19	13.29	7 309.34	6 199.93
内蒙古	4 403.6	2 050.67	241.29	17.7	128 806.7	110 153.2
山东	284.6	204.64	194.4	13.44	5 819.42	3 201.65
河南	456.4	270.3	161.11	16.19	13 370.51	8 404.64
陕西	1 071.8	670.39	169.21	32.55	33 422.35	30 775.77
甘肃	745.6	299.63	67.32	6.66	19 542.61	17 504.33
宁夏	115.3	40.36	9.81	6.08	478.39	392.85

表 3-36　2007 年东北亚样带中国湿地面积

地区	湿地面积 /千 hm²	天然湿地 /千 hm²	近岸及海岸 /千 hm²	河流 /千 hm²	湖泊 /千 hm²	沼泽 /千 hm²	人工湿地 /千 hm²	湿地面积占国土面积比重 /%
北京	34.4	4.984	—	4.984	—	—	29.375	1.93
天津	171.8	133.72	58.09	55.12	12.33	8.18	38.06	14.95
河北	1 081.9	1 042.297	278.792	319.312 9	307.248 2	136.944 4	39.641 2	5.82
山西	499.9	462.205	—	454.142	8.063	—	37.695	3.19
内蒙古	4 245.0	4 200.798		607.459	495.19	3 098.149	44.25	3.66
山东	1 784.1	1 681.437	1 210.932	301.088	165.476	3.941	102.662	11.72
河南	624.1	482.222	—	472.721	2.587	6.914	141.907	3.74
陕西	292.9	277.185	—	252.056	7.3	17.829	15.71	1.42
甘肃	1 258.1	1 131.446	—	565.6	44.346	521.5	126.65	2.8
宁夏	255.6	252.403	—	104.076	148.327		3.24	3.85

注：—表示无该数据或数据不详。

表 3-37　2003 年东北亚样带中国森林火灾情况

地区	森林火灾次数	森林火警	一般火灾	重大火灾	特大火灾	火场总面积 /hm²	受灾森林面积 /hm²	天然林 /hm²	人工林 /hm²	伤亡人数	死亡人数	经济损失 /万元
北京	4	4	—	—	—	6.46	1.17	—	1.17	—	—	
天津	2	2	—	—	—	1	0.8	—	0.8	—	—	
河北	19	19	—	—	—	166.107	2.58	—	1.3	—	—	0.01
山西	5	3	2	—	—	10.71	7.79	—	7.79	—	—	2.196
内蒙古	151	105	40	2	4	212 454.74	122 294.89	18.7	1 077.78	—	—	2.11
江苏	97	85	12	—	—	219.024	112.475	1.03	111.445	—	—	9.56
安徽	67	46	21	—	—	308.3	150.5	—	150.5	—	—	52.32

地区	森林火灾次数	森林火警	一般火灾	重大火灾	特大火灾	火场总面积/hm²	受灾森林面积/hm²	天然林/hm²	人工林/hm²	伤亡人数	死亡人数	经济损失/万元
山东	41	30	11	—	—	204.25	143.98	0.6	143.38	—	—	31.325
河南	40	36	4	—	—	141.26	16.6	—	16.6	—	—	8.46
湖北	244	183	61	—	—	1 822.57	570.577	60.59	366.177	4	3	7.85
重庆	154	137	16	1	—	713.125	333.894	19.386	314.508	4	1	64.225
四川	378	302	76	—	—	5 919.155	825.662	482.469	343.193	12	—	101.398
陕西	36	13	23	—	—	272.07	129	—	129	17	10	34.175
甘肃	30	27	2	1	—	2 353.599	724.132	714.869	9.263	—	—	3 912.779
宁夏	3	1	2	—	—	68.1	15.8	—	15.8	—	—	

注：—表示无该数据或数据不详。

3.2.7.2　东北亚样带范围内东西伯利亚社会经济历史数据集

（1）数据集元数据

数据集标题：东北亚样带范围内东西伯利亚社会经济历史数据集。

数据集摘要：数据范围是东北亚样带内中俄蒙三国范围，所包含的空间范围是 32°N～90°N，105°E～118°E。数据集包括：东西伯利亚 20 世纪 70 年代及以前的各个自治共和国、边疆区、州人口与社会经济数据集。

数据集关键词：样带，东北亚，20 世纪 70 年代。

数据集时间：20 世纪 70 年代及以前。

数据集格式：Excel（xls）。

所在单位：中国科学院地理科学与资源研究所。

通信地址：北京市朝阳区大屯路甲 11 号。

（2）数据集说明

数据集内容说明：该数据集包括东北亚样带范围内的东西伯利亚各城市历年人口数据、播种面积及播种结构数据、部分轻工业、食品工业产品生产情况等数据。

数据源说明：1973 年东西伯利亚地区社会经济统计资料。

数据加工方法：统计数据均在相应的统计年鉴上摘抄整理获得，其中包括对外文文献的翻译整理。

数据质量描述：制定数字化操作规范。人工录入数据过程中，规定操作人员严格遵守操作规范，同时由专人负责质量审查。数字化结果基本保持原始数据质量标准。数据制作规范，符合行业标准。

数据应用成果：主要用于科学研究。

（3）数据集内容

样带内东西伯利亚社会经济历史数据集部分数据展示，见表 3-38～表 3-43。

表 3-38　东西伯利亚各城市历年人口增长情况　　　（单位：万人）

地区名	城名	建城时间	1926 年	1939 年	1959 年	1967 年	1970 年	1973 年
克拉斯诺亚尔斯克边疆区	克拉斯诺亚尔斯克	1638 年	7.23	19	41.24	59.2	64.81	70.7
	诺里尔斯克	1953 年	—	—	10.94	12.7	13.55	15
	坎斯克	1628 年	1.92	4.16	7.38	9.1	9.47	9.5
	阿巴根	1931 年	—	3.67	5.64	8	9.01	10.7
	阿钦斯克	1782 年	1.79	3.25	5.03	7.6	9.7	10.6
	契尔诺戈尔斯克	1936 年	—	1.74	5.11	6.3	6	6.4
	米努辛斯克	1822 年	2.14	3.14	3.83	4.2	4.08	—
	纳扎罗沃	1961 年	—	—	—	4.1	4.42	—
	扎奥泽尔内伊	1948 年	—	—	—	3.1	2.72	—
	季乌诺戈尔斯克	1963 年	—	—	—	3	2.59	—
	博戈托尔	1911 年	0.83	2.59	3.09	2.9	2.93	—
	乌祖尔	1953 年	—	—	2.35	2.5	2.45	—
	伊兰斯基	1939 年	—	2.53	2.69	2.3	2.29	—
	乌雅尔	1944 年	—	—	2.16	2	2.06	—
	叶尼塞斯克	1618 年	0.59	1.28	1.7	1.9	1.99	—
	杜丁卡	1951 年	—	—	1.63	1.9	1.97	2.1
	伊加尔卡	1931 年	—	—	1.43	1.8	1.56	—
	阿尔捷莫斯克	1939 年	—	—	1.31	1.6	—	—
	阿巴泽	1966 年	—	—	—	1.2	1.52	—
	索尔瓦斯克	1966 年	—	—	—	1.1	—	—
图瓦共和国	克孜尔	1914 年	—	1	3.45	4.8	5.17	5.9
	阿克多乌拉克	1964 年	—	—	—	0.8	—	—
	图兰	1945 年	—	—	0.56	0.6	—	—
	恰丹	1945 年	—	—	0.47	0.5	—	—
	沙戈纳尔	1945 年	—	—	0.41	0.5	—	—
伊尔库茨克州	伊尔库斯克	1686 年	9.88	25.02	36.59	42.8	45.1	48.5
	安加尔斯克	1951 年	—	—	13.44	18.7	20.3	21.9
	勃腊茨克	1955 年	—	—	5.15	12.9	15.54	17.5
	切列姆霍沃	1917 年	0.9	5.57	12.28	10.7	9.87	9.3
	乌索利耶西北尔斯科耶	1925 年	0.78	1.99	4.85	7.8	8.67	9.4
	图隆	1927 年	—	2.82	4.18	4.8	4.94	5
	齐马	1917 年	0.8	2.76	3.85	4.1	4.16	—
	下乌金斯克	1787 年	1.03	2.77	3.88	3.8	3.97	—
	泰谢特	1938 年	—	2.11	3.35	3.3	3.42	—
	乌斯季库特	1954 年	—	0.33	2.13	2.9	3.3	—
	谢列霍夫	1962 年	—	—	—	2.7	2.99	—

续表

地区名	城名	建城时间	1926 年	1939 年	1959 年	1967 年	1970 年	1973 年
伊尔库茨克州	斯柳甸卡	1936 年	—	1.24	2.14	2.3	2.06	—
	斯维尔斯克	1949 年	—	—	2.13	2.3	2.05	—
	热列兹诺戈尔斯克–伊利姆斯克	1965 年	—	—	—	1.7	2.22	
	比留辛斯克	1967 年	—	—	—	1.6		
	维霍列夫卡	1966 年	—	—	—	1.6	1.79	
	基廉斯克	1775 年	0.47	1.09	1.44	1.45		
	阿尔扎迈	1955 年	—	—	1.31	1.38		
	博代博	1925 年	0.55	2.07	1.82	1.3		
	贝加尔斯克	1966 年	—	—	—	1.3		
布里亚特共和国	乌兰乌德	1666 年	2.8	12.57	17.52	23.5	25.36	27.9
	古辛诺奥泽尔斯克	1953 年	—	—	1.16	1.3		
	后卡曼斯克	1944 年	—	—	1.37	1.2		
	恰克图	1728 年	0.95	1.07	1.03	0.9	1.53	
	巴布什金	1941 年	—	—	0.82	0.87		
赤塔州	赤塔	1851 年	6.15	12.11	17.18	20.8	24.14	26.7
	后贝加尔彼得罗夫斯克	1926 年	0.73	2.1	2.98	2.9	2.83	—
	巴列依	1938 年	—	3.12	2.88	2.8	2.72	—
	博尔基亚	1950 年	—	—	2.37	2.6	2.78	
	希尔卡	1951 年	—	—	1.68	1.6	1.61	
	莫戈恰	1950 年	—	—	1.46	1.6	1.79	
	希洛克	1951 年	—	—	1.59	1.5	—	
	尼布楚（涅尔琴斯克）	1690 年	0.66	1.08	1.35	1.41	—	
	斯列金斯克	1783 年	1.02	1.35	1.51	1.39		
萨哈（雅库特）共和国	雅库茨克	1632 年	—	5.29	7.43	9.8	10.8	12.6
	和平城	1959 年	—	—	0.57	2.2	2.38	
	连斯克	1963 年	—	—	0.79	1.9	1.67	
	阿尔丹	1939 年	—	—	1.22	1.56	1.77	
	奥廖克敏斯克	1635 年	—	—	0.79	0.9	—	
	托莫特	1923 年	—	—	0.54	0.66		
	中科累马斯克	1644 年	0.07	0.15	0.21	0.25	—	
	维柳伊斯克	1634 年	—	—	—	0.15		
	维尔霍扬斯克	1638 年	0.04	0.1	0.14	0.14	—	

注：—表示无该数据或数据不详。

表 3-39　1973 年东西伯利亚各自治共和国、边疆区、州人口数据

行政单位	面积/ 万 km²	人口/ 万人	城市人口 /万人	农村人口 /万人	城市人口比重 /%	农村人口比重 /%	平均人口密度 /（人/km²）
东西伯利亚	722.6	8367	536.1	300.6	64	36	1.1
布里亚特共和国	35.13	83.4	39.3	44.1	47	53	2.4
萨哈（雅库特）共和国	310.32	71.5	42.4	29.1	59	41	0.2
图瓦共和国	17.05	24.5	9.7	14.8	39	61	1.4
克拉斯诺亚尔斯克边疆区	240.16	301.2	195.4	105.8	65	35	1.3
伊尔库茨克州	76.79	238.1	178.2	59.9	75	25	3.1
赤塔州	43.15	118.0	71.1	46.9	60	40	2.7

表 3-40　1967 年东西伯利亚的农作物播种面积结构　　　（单位：万 hm²）

年份	行政单位	全部农业作物	粮食作物	小麦	土豆	蔬菜	饲料作物
1967	东西伯利亚	756.8	496.7	322.80	22.44	2.82	23.22
1967	克拉斯诺亚尔斯克边疆区	339.8	222.9	157.97	9.41	1.17	104.3
1967	图瓦共和国	35.3	24.8	17.07	0.40	0.05	10.0
1967	伊尔库茨克州	149.4	93.1	66.80	6.53	0.92	48.7
1967	布里亚特共和国	79.0	50.5	34.50	2.52	0.24	25.4
1967	赤塔州	146.3	101.2	45.10	3.08	0.37	41.6
1967	萨哈（雅库特）共和国	7.0	4.2	1.46	0.50	0.07	2.2

表 3-41　1971~1973 年东西伯利亚部分轻工业、食品工业产品生产情况

年份	行政单位	毛毡鞋 /千双	皮鞋 /千双	面粉 /kt	捕鱼 /kt	肉 /kt	纯奶制品 /kt	动物油 /kt
1971	东西伯利亚	—	9770 **	—	—	235.6 **	—	31.9 *
1971	克拉斯诺亚尔斯克边疆区							
1971	图瓦共和国	65.1	74.5	—	0.3	9	13.1	0.44
1971	伊尔库茨克州	—						
1971	布里亚特共和国	246.8	37.3		4.2	35.4	49.8	2.9 *
1971	赤塔州	—						
1971	萨哈（雅库特）共和国		255 **		4.64	17.1	39.8	3.01
1972	图瓦共和国	68.5	71.6	10.3	0.25	9.9	12.7	0.54
1972	伊尔库茨克州	—	—					
1972	布里亚特共和国	254.6	37		4.6	39.8 *	51.5	3.03
1972	赤塔州	—						
1972	萨哈（雅库特）共和国	—	246 **	—	5	20	43.2	3.4

年份	行政单位	毛毡鞋/千双	皮鞋/千双	面粉/kt	捕鱼/kt	肉/kt	纯奶制品/kt	动物油/kt
1973	图瓦共和国	70	78.1	11.5	—	10.7	12.6	0.68
1973	伊尔库茨克州	—	—	—	—	—	—	—
1973	布里亚特共和国	255	—	—	—	36.6	51.3	3.4*
1973	赤塔州	—	—	—	—	—	—	—
1973	萨哈(雅库特)共和国	—	274**	—	4.7	20.4	48.6	3.9

注：—表示无该数据或数据不详。

*以国家调配的原料生产，估计系由蒙古进口的牲畜加工；**包括1971年毛毡鞋的数量；***1967年产量。

表3-42 东西伯利亚农作物播种面积结构 （单位：万 hm²）

年份	行政单位	全部农业作物	粮食作物	小麦	土豆	蔬菜	饲料作物
1940	东西伯利亚	392.4	347.9	156.1	13.5	2.94	22.3
1940	克拉斯诺亚尔斯克边疆区	201.3	177.2	82.3	5.5	1.16	13.1
1940	图瓦共和国	—	—	—	—	—	—
1940	伊尔库茨克州	76.2	67.1	22.3	3.9	0.69	3.4
1940	布里亚特共和国	41.8	36.5	17.23	1.3	0.37	3.4
1940	赤塔州	61.5	56.2	30.4	2.4	0.58	2.2
1940	萨哈(雅库特)共和国	11.6	10.9	3.89	0.4	0.14	0.2
1967	东西伯利亚	756.8	496.7	322.8	22.44	2.82	23.22
1967	克拉斯诺亚尔斯克边疆区	339.8	222.9	157.97	9.41	1.17	104.3
1967	图瓦共和国	35.3	24.8	17.07	0.4	0.05	10
1967	伊尔库茨克州	149.4	93.1	66.8	6.53	0.92	48.7
1967	布里亚特共和国	79	50.5	34.5	2.52	0.24	25.4
1967	赤塔州	146.3	101.2	45.1	3.08	0.37	41.6
1967	萨哈(雅库特)共和国	7	4.2	1.46	0.5	0.07	2.2
1972	东西伯利亚	—	—	—	—	—	—
1972	克拉斯诺亚尔斯克边疆区	353.4	224.6	151.3	8.74	1.27	116.8
1972	图瓦共和国	—	—	—	—	—	—
1972	伊尔库茨克州	—	90	—	7.3*	—	51
1972	布里亚特共和国	—	50.97	—	—	—	27.24
1972	赤塔州	—	—	—	—	—	—
1972	萨哈(雅库特)共和国	—	—	—	—	—	—
1973	东西伯利亚	—	—	—	—	—	—
1973	克拉斯诺亚尔斯克边疆区	—	—	—	—	—	—
1973	图瓦共和国	37.2	—	—	—	—	—

续表

年份	行政单位	全部农业作物	粮食作物	小麦	土豆	蔬菜	饲料作物
1973	伊尔库茨克州	—	—	—	—	—	—
1973	布里亚特共和国	84.8	50.4	—	—	—	31.7
1973	赤塔州	—	—	—	—	—	—
1973	萨哈(雅库特）共和国	8.21	—	—	—	—	—

注：—表示无该数据或数据不详。

表 3-43　东西伯利亚基本农作物的生产情况　　　　　（单位：万 t）

年份	行政单位	全部粮食作物	小麦	土豆	蔬菜
1940	东西伯利亚	284	122.7	103.8	19.3
1940	克拉斯诺亚尔斯克边疆区	156.1	67.1	42.8	8.1
1940	图瓦共和国	—	—	—	—
1940	伊尔库茨克州	61.8	22.5	38.3	5.4
1940	布里亚特共和国	29.6	15.1	7.4	1.9
1940	赤塔州	32.2	16.3	14.1	3.1
1940	萨哈(雅库特）共和国	4.3	1.6	1.2	0.6
1967	东西伯利亚	636.16	447.01	215.76	32.04
1967	克拉斯诺亚尔斯克边疆区	348.45	252.5	83.01	12.77
1967	图瓦共和国	27.88	20.7	2.42	0.41
1967	伊尔库茨克州	130.06	97.55	74.97	9.76
1967	布里亚特共和国	52.38	40.27	24.28	3.38
1967	赤塔州	75.22	35.2	28.61	4.79
1967	萨哈(雅库特）共和国	2.17	0.81	2.47	0.93
1972	东西伯利亚	—	—	—	—
1972	克拉斯诺亚尔斯克边疆区	—	—	—	—
1972	图瓦共和国	29.8	—	2.27	—
1972	伊尔库茨克州	—	—	—	—
1972	布里亚特共和国	44.1	—	21.2	2.6
1972	赤塔州	—	—	—	—
1972	萨哈(雅库特）共和国	3.03	—	3.66	0.94
1973	东西伯利亚	—	—	—	—
1973	克拉斯诺亚尔斯克边疆区	—	—	—	—
1973	图瓦共和国	21.6	—	2.73	—
1973	伊尔库茨克州	—	—	—	—
1973	布里亚特共和国	45.43	—	25.53	3.11
1973	赤塔州	—	—	—	—
1973	萨哈(雅库特）共和国	4.23	—	5.38	1.97

注：—表示无该数据或数据不详。

3.3 东北亚样带 MODIS 影像数据集

3.3.1 样带内 8 天合成 1km 分辨率 MODIS 地表温度数据

东北亚样带 8 天合成 1km 分辨率 MODIS 地表温度数据集。

(1) 数据集元数据

数据集标题：东北亚样带 8 天合成 1km 分辨率 MODIS 地表发射率数据集。

数据集摘要：数据范围是东北亚样带内中俄蒙三国范围，所包含的空间范围是 $32°N \sim 90°N$，$105°E \sim 118°E$。本数据集包括 8 天合成 1km 分辨率 MOD 11A2. LST_ Day 数据和 MOD 11A2. LST_ Night 数据，以及历年第 185 天的栅格图集。

数据集关键词：8 天合成、MODIS、地表温度、东北亚样带。

数据集时间：2000 ~ 2006 年。

数据集格式：tif 格式文件。

所在单位：中国科学院地理科学与资源研究所。

通信地址：北京市朝阳区大屯路甲 11 号。

(2) 数据集说明

数据集内容说明：课题组收集和处理了 2000 ~ 2006 年的 8 天合成 1000m 分辨率的 MOD 11A2. LST 数据。产品为 MODIS L3 级数据，MOD 11A2 系列产品经过批量拼接和转换得到的有地理坐标信息的反映地表温度的 8 天合成 1000m 分辨率的 MODIS 影像数据。经过样带矢量数据裁剪，最终获得东北亚样带的 MODIS 影像数据产品。并提取部分数据进行可视化展示，形成八天合成 1000m 分辨率的 MODIS 地表温度图集。

数据源说明：在 MODIS 官方网站 http：//modis. gsfc. nasa. gov/下载 MOD 11A2. LST 原始数据。

数据加工方法：使用课题组编写的影像批量拼接和转 tif 插件：MODISTools 对初始 MODIS 数据进行处理，用 ArcGIS 10.0 截取东北亚样带范围数据，然后对其进行渲染并制成地图。

数据质量描述：覆盖全，质量良好。

数据应用成果：主要用于科学研究。

(3) 数据集内容

本数据集示意图如图 3-11 所示。

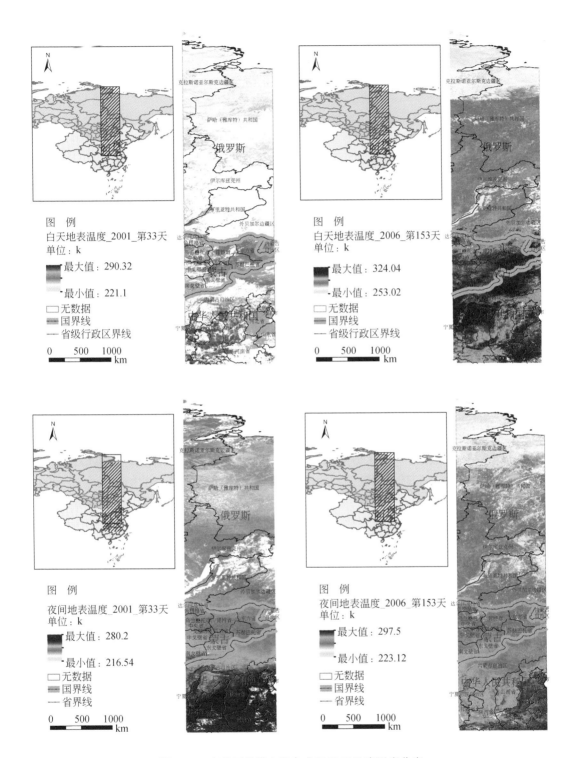

图 3-11　东北亚样带 8 天合成 MODIS 地表温度分度

3.3.2 样带内 8 天合成 1km 分辨率 MODIS 植被光合有效辐射吸收系数和叶面积指数数据

东北亚样带 8 天合成 1km 分辨率 MODIS 植被光合有效辐射吸收系数和叶面积指数数据集。

（1）数据集元数据

数据集标题：东北亚样带 8 天合成 1km 分辨率 MODIS 植被光合有效辐射吸收系数和叶面积指数数据集。

数据集摘要：数据范围是东北亚样带内中俄蒙三国范围，所包含的空间范围是 $32°N \sim 90°N, 105°E \sim 118°E$。本数据集主要包括：8 天合成 1km 分辨率 MOD 15A2. Fpar 数据和 MOD 15A2. Lai 数据，以及第 217 天的栅格图集。

数据集关键词：8 天合成、植被光合有效辐射系数和叶面积指数、MODIS、东北亚样带。

数据集时间：2000 ~ 2010 年。

数据集格式：tif 格式文件。

所在单位：中国科学院地理科学与资源研究所。

通信地址：北京市朝阳区大屯路甲 11 号。

（2）数据集说明

数据集内容说明：课题组收集和处理了 2000 ~ 2010 年的 8 天合成 1000m 分辨率的 MOD 15A2. FPAR 数据和 MOD 15A2. LAI 数据。产品为 MODIS L4 级数据 MOD 15A2 系列产品经过批量拼接和转换得到的有地理坐标信息的反映叶面积指数的 8 天合成 1000m MODIS 影像数据。再经过样带矢量数据裁剪，最终获得东北亚样带的 MODIS 影像数据产品。并提取部分数据进行可视化展示，形成 8 天合成 1000m 分辨率的 MODIS 叶面积指数图集。

注：植物光合有效辐射吸收系数（FPAR）是指地表植被对太阳光合作用有效辐射（PAR）的吸收率叶面积指数（Leaf Area Index，LAI）又叫叶面积系数，是指植物叶片总面积占土地面积的比例，即叶面积指数=叶片总面积/土地面积。

数据源说明：在 MODIS 官方网站 http：//modis. gsfc. nasa. gov/下载 MOD 15A2. FPAR 数据和 MOD 15A2. LAI 原始数据。

数据加工方法：使用课题组编写的影像批量拼接和转 tif 插件：MODISTools 对初始 MODIS 数据进行处理，用 ArcGIS 10. 0 截取东北亚样带范围数据，然后对其进行渲染并制成地图。

数据质量描述：覆盖全，质量良好。

数据应用成果：主要用于科学研究。

（3）数据集内容

本数据集示意图如图 3-12、图 3-13 所示。

2000 年、2004 年、2007 年、2010 年第 217 天东北亚样带 8 天合成 MODIS 植被光合有效辐射吸收系数分布图（FPAR）数据如图 3-12 所示。

2000 年、2004 年、2007 年、2010 年第 217 天东北亚样带 8 天合成 MODIS 叶面积指数分布图如图 3-13 所示。

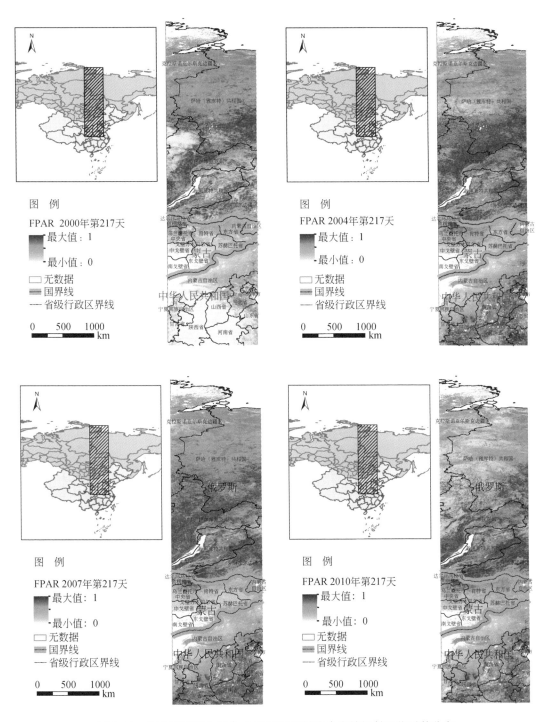

图 3-12　东北亚样带 8 天合成 MODIS 植被光合有效辐射吸收系数分布

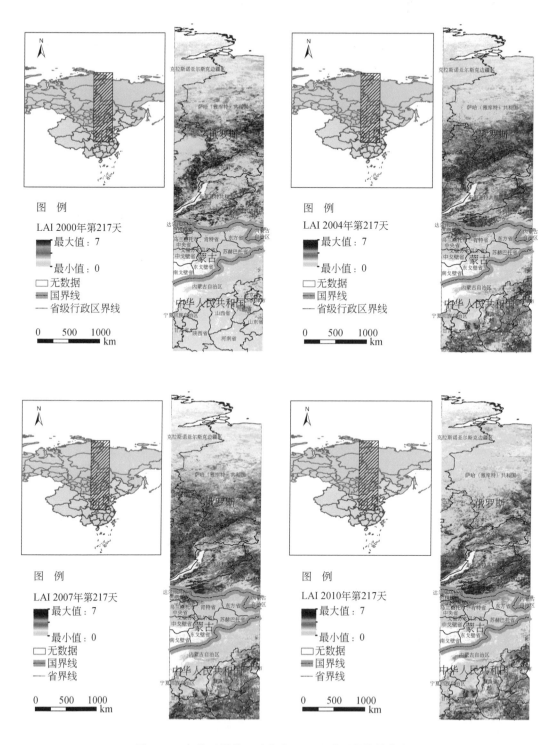

图 3-13　东北亚样带 8 天合成 MODIS 叶面积指数分布

3.3.3　样带内 8 天合成 1km 分辨率 MODIS 植被总初级生产力数据

东北亚样带 8 天合成 1km 分辨率 MODIS 植被总生产力数据集。

（1）数据集元数据

数据集标题：东北亚样带 8 天合成 1km 分辨率 MODIS 植被初级总生产力数据集。

数据集摘要：数据范围是东北亚样带内中俄蒙三国范围，所包含的空间范围是 32°N～90°N，105°E～118°E。本数据集包括 8 天合成 1km 分辨率 MOD 17A2. GPP 数据，以及第 185 天的栅格图集。

数据集关键词：8 天合成、GPP、MODIS、东北亚样带。

数据集时间：2000～2010 年。

数据集格式：tif 格式文件。

所在单位：中国科学院地理科学与资源研究所。

通信地址：北京市朝阳区大屯路甲 11 号。

（2）数据集说明

数据集内容说明：收集和处理了 2000～2010 年的 8 天合成 1000m 分辨率的 MOD 17A2. GPP 数据。产品为 MODIS L4 级，数据 MOD 17A2 系列产品经过批量拼接和转换得到的有地理坐标信息的反映植被总初级生产力分布的 8 天合成 1000m 分辨率 MODIS 影像数据。再经过样带矢量数据裁剪最终获得东北亚样带的 MODIS 影像数据产品，然后提取部分数据进行可视化展示，形成 8 天合成 1000m 分辨率的 MODIS 植被总初级生产力图集。

注：总初级生产力 GPP（gross primary productivity），指单位时间内生物通过光合作用途径所固定的光合产物量或有机炭总量，又称总第一性生产力。

数据源说明：在 MODIS 官方网站 http：//modis. gsfc. nasa. gov/下载 MOD 17A2. GPP 原始数据。

数据加工方法：使用课题组编写的影像批量拼接和转 tif 插件：MODISTools 对初始 MODIS 数据进行处理，用 ArcGIS 10. 0 截取东北亚样带范围数据，然后对其进行渲染并制成地图。

数据质量描述：覆盖全，质量良好。

数据应用成果：主要用于科学研究。

（3）数据集内容

2000 年、2004 年、2007 年、2010 年第 185 天东北亚样带 MODIS 植被总初级生产力数据图如图 3-14 所示。

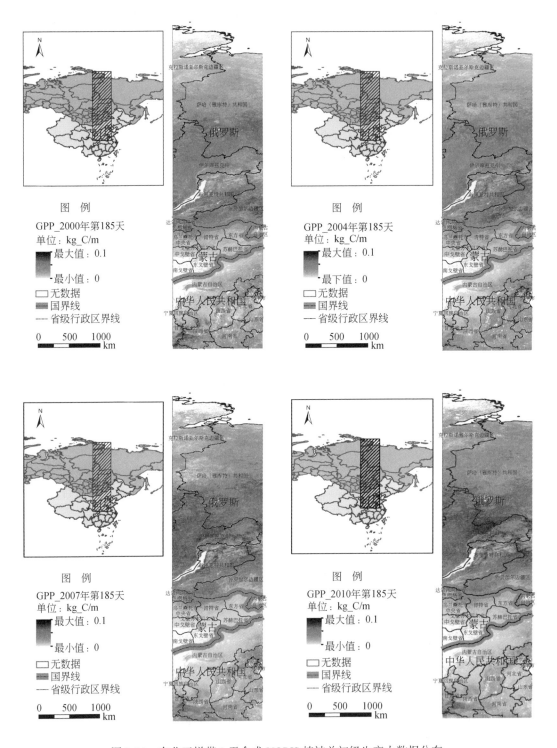

图 3-14　东北亚样带 8 天合成 MODIS 植被总初级生产力数据分布

3.3.4 样带内月合成 1km 分辨率 MODIS-NDVI-EVI 数据

东北亚样带月合成 1km 分辨率 MODIS-NDVI-EVI 数据集。

（1）数据集元数据

数据集标题：东北亚样带月合成 1km 分辨率 MODIS-NDVI-EVI 数据集。

数据集摘要：数据范围是东北亚样带内中俄蒙三国范围，所包含的空间范围是 32°N～90°N，105°E～118°E。该数据集主要包括月合成 1km 分辨率 MOD13A3. monthly_ NDVI 数据和 MOD13A3. monthly_ EVI 数据，以及选取的第 121、153、183、214、244 天的 NDVI 栅格图集和第 121 天的 EVI 栅格图集。然后提取部分数据进行可视化展示，形成月合成 1000m 分辨率的 MODIS NDVI 和 EVI 栅格图集。

数据集关键词：月合成、NDVI、EVI、MODIS、东北亚样带。

数据集时间：2000～2009 年。

数据集格式：tif 格式文件。

所在单位：中国科学院地理科学与资源研究所。

通信地址：北京市朝阳区大屯路甲 11 号。

（2）数据集说明

数据集内容说明：课题组收集和处理了 2000～2009 年的 MODIS 数据。产品为 MODIS L3 级数据，MOD 13A3 系列产品经过批量拼接和转换得到的有地理坐标信息的反映植被指数的月合成 1000m 分辨率的 MODIS 影像数据。再经过样带矢量数据裁剪，最终获得东北亚样带的 MODIS 影像数据产品。

注：归一化植被指数又称标准差异植被指数（normalized difference vegetation index，NDVI），表达式：NDVI $= [p (nir) - p (red)] / [p (nir) + p (red)]$。它和植物的蒸腾作用、太阳光的截取、光合作用以及地表净初级生产力等密切相关。NDVI 能反映出植物冠层的背景影响，如土壤、潮湿地面、雪、枯叶、粗糙度等，且与植被覆盖有关。

数据源说明：在 MODIS 官方网站 http://modis. gsfc. nasa. gov/ 下载 MOD 13A3. NDVI 原始数据。

数据加工方法：使用课题组编写的影像批量拼接和转 tif 插件：MODISTools 对初始 MODIS 数据进行处理，用 ArcGIS 10. 0 截取东北亚样带范围数据，然后对其进行渲染并制成地图。

数据质量描述：覆盖全，质量良好。

数据应用成果：主要用于科学研究。

（3）数据集内容

本数据集示意图如图 3-15、图 3-16 所示。

2000 年、2004 年、2007 年、2008 年东北亚样带月合成 1km 分辨率 MODIS-NDVI 数据集如图 3-15 所示。

2000 年、2004 年、2007 年、2008 年东北亚样带月合成 1km 分辨率 MODIS-EVI 数据集，如图 3-16 所示。

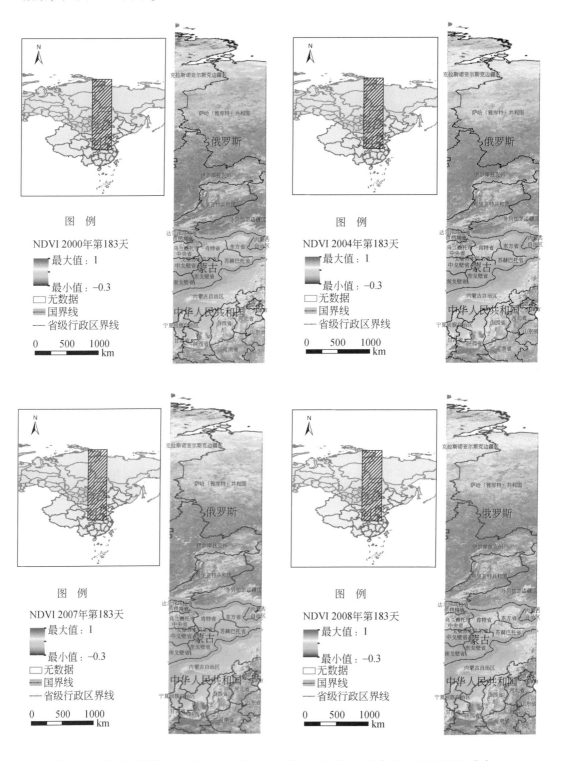

图 3-15　东北亚样带 2000 年、2003 年、2007 年、2008 年 30 天合成 MODIS NDVI 分布

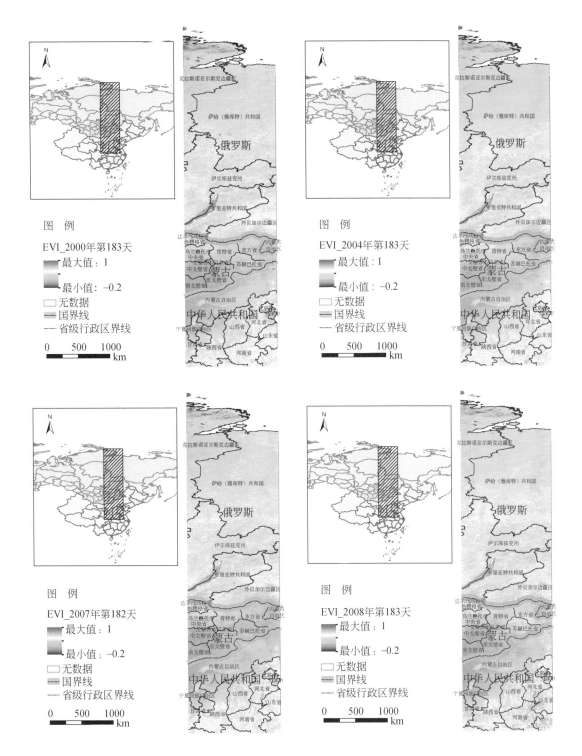

图 3-16　东北亚样带 2000 年、2003 年、2007 年、2008 年月合成 MODIS EVI 分布

利用 2000~2010 年样带范围年平均 NDVI 数据进行一元回归计算得到的样带植被覆盖变化趋势图，如图 3-17 所示。

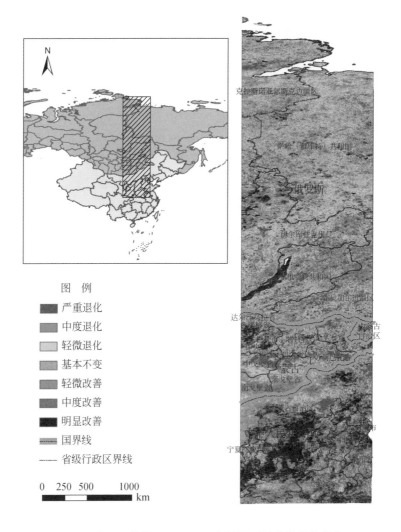

图例

■ 严重退化

■ 中度退化

□ 轻微退化

■ 基本不变

■ 轻微改善

■ 中度改善

■ 明显改善

▦ 国界线

—— 省级行政区界线

0 250 500   1000
━━━━━━━━━━━━━━
             km

图 3-17　东北亚样带 2000～2010 年植被覆盖变化趋势分布

3.3.5　样带内年合成 1km 分辨率 MODIS 植被净初级生产力数据

东北亚样带年合成 1km 分辨率 MODIS 植被净第一性生产力数据集。

（1）数据集元数据

数据集标题：东北亚样带年合成 1km 分辨率 MODIS 植被净初级生产力数据集。

数据集摘要：数据范围是东北亚样带内中俄蒙三国范围，所包含的空间范围是 32°N～90°N，105°E～118°E。该数据集主要包括年合成 1km 分辨率 MOD 17A31. NPP 数据，并对提取的部分数据进行可视化展示，形成年合成 1000m 分辨率的 MODIS NPP 栅格图集。

数据集关键词：NPP、年合成、MODIS、东北亚样带。

数据集时间：2000～2006 年。

数据集格式：tif 格式文件。

所在单位：中国科学院地理科学与资源研究所。

通信地址：北京市朝阳区大屯路甲 11 号。

（2）数据集说明

数据集内容说明：课题组收集和处理了 2000～2006 年的 MODIS 数据。产品为 MODIS L4 级数据，MOD 17A3 系列产品经过批量拼接和转换得到的有地理坐标信息可反映净初级生产力（NPP）的年合成 1000m 分辨率的 MODIS 影像数据。再经过样带矢量数据裁剪，最终获得东北亚样带的 MODIS 影像数据产品。

注：净初级生产力是指植物在单位时间单位面积上由光合作用产生的有机物质总量中扣除自养呼吸后的剩余部分，是生产者能用于生长、发育和繁殖的能量值，反映了植物固定和转化光合产物的效率，也是生态系统中其他生物成员生存和繁衍的物质基础。

数据源说明：在 MODIS 官方网站 http：//modis. gsfc. nasa. gov/下载 MOD 17A3. NPP 原始数据。

数据加工方法：使用课题组编写的影像批量拼接和转 tif 插件：MODISTools 对初始 MODIS 数据进行处理，用 ArcGIS 10. 0 截取东北亚样带范围数据，然后对其进行渲染并制成地图。

数据质量描述：覆盖全，质量良好。

数据应用成果：主要用于科学研究。

3.4　东北亚样带资源环境数据集

3.4.1　土地覆被数据

东北亚样带土地覆被数据集。

（1）数据集元数据

数据集标题：东北亚样带土地覆被数据集。

数据集摘要：提供东北亚样带范围 2000 年土地覆被信息。坐标系统为：WGS_84 地理坐标系统。

数据集关键词：土地覆被、东北亚样带。

数据集时间：2000 年。

数据集格式：矢量。

所在单位：中国科学院东北地理与农业生态研究所。

通信地址：吉林省长春市高新区蔚山路 3195 号。

（2）数据集说明

数据集内容说明：提供了东北亚样带范围 2000 年土地覆被信息。

数据源说明：原始数据为欧洲空间局通过全球合作生产的 GlobCover 全球数据及，从 http：//ionial. esrin. esa. int 下载。

数据加工方法：先对原始数据进行分类系统转化，然后采用重采样等方式生成符合需求的土地覆被数据，数据整体精度在 75% 左右，不同土地覆被类型精度不同。

数据质量描述：良好。

数据应用成果：本数据集主要用于土地覆被研究。

（3）数据集内容

本数据集示意图如图 3-18 所示。

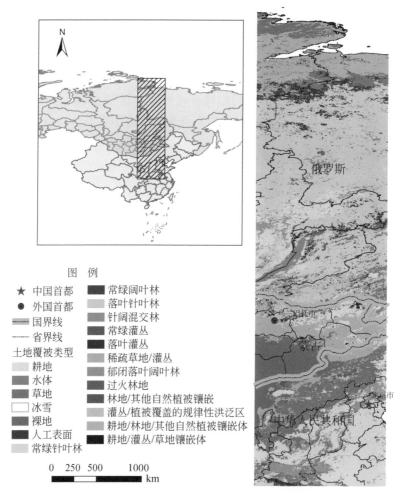

图 3-18　东北亚样带 2000 年土地覆被示意图

本数据集部分属性表内容见表 3-44。

表 3-44　东北亚样带 2000 年土地覆被属性

FID	Shape *	ID	GRIDCODE	classname	Shape_Leng	Shape_Area
0	Polygon	413826	6	Tree Cover, mixed leaf type	.040000	.000100
1	Polygon	413827	6	Tree Cover, mixed leaf type	.040000	.000100
2	Polygon	413828	6	Tree Cover, mixed leaf type	.160000	.000900
3	Polygon	413832	6	Tree Cover, mixed leaf type	.080000	.000300
4	Polygon	413833	5	Tree Cover, needle-leaved, deciduous	.040000	.000100
5	Polygon	413834	11	Shrub Cover, closed-open, evergreen	.140000	.000600
6	Polygon	413836	13	Herbaceous Cover, closed-open	.080000	.000300
7	Polygon	413837	13	Herbaceous Cover, closed-open	.240000	.001800
8	Polygon	413838	11	Shrub Cover, closed-open, evergreen	.120000	.000600
9	Polygon	413839	4	Tree Cover, needle-leaved, evergreen	.120000	.000700
10	Polygon	413840	5	Tree Cover, needle-leaved, deciduous	.380000	.002400
11	Polygon	413841	14	Sparse herbaceous or sparse shrub cover	.200000	.001300
12	Polygon	413842	10	Tree Cover, burnt	.040000	.000100
13	Polygon	421102	5	Tree Cover, needle-leaved, deciduous	.080000	.000300
14	Polygon	421103	10	Tree Cover, burnt	.040000	.000100
15	Polygon	421104	4	Tree Cover, needle-leaved, evergreen	.120000	.000600
16	Polygon	421105	6	Tree Cover, mixed leaf type	.080000	.000300
17	Polygon	421106	6	Tree Cover, mixed leaf type	.200000	.001800
18	Polygon	421107	11	Shrub Cover, closed-open, evergreen	.040000	.000100
19	Polygon	421108	19	Bare Areas	.160000	.000700
20	Polygon	421109	5	Tree Cover, needle-leaved, deciduous	.040000	.000100
21	Polygon	421110	11	Shrub Cover, closed-open, evergreen	.060000	.000200
22	Polygon	421111	5	Tree Cover, needle-leaved, deciduous	.160000	.000900
23	Polygon	421112	11	Shrub Cover, closed-open, evergreen	.180000	.001600

3.4.2　土地面积及农业用地面积

东北亚样带农业用地面积数据集。

(1)　数据集元数据

数据集标题：东北亚样带农业用地面积数据集。

数据集摘要：数据范围是东北亚样带内中俄蒙三国范围，所包含的空间范围是32°N～90°N，105°E～118°E。该数据集包括东北亚南北样带农业用地面积的属性数据表。

数据集关键词：东北亚样带、分省、农业用地。

数据集时间：2000 年、2005 年。

数据集格式：Excel（xls）。

所在单位：中国科学院地理科学与资源研究所。

通信地址：北京市朝阳区大屯路甲 11 号。

(2)　数据集说明

数据集内容说明：本数据集主要对样带范围内中俄蒙三国各省级行政单位的农业用地面积数据进行了梳理，共提取了 2000 年、2005 年数据。同时提取了个省级行政单位的 2008 年国土面积数据。

数据源说明：中国数据：①中国历年统计年鉴（1996～2010 年）；②新中国 60 年统计资料汇编；③中国北方 10 省市统计年鉴。蒙古数据：蒙古 1999～2008 年统计年鉴。俄罗斯数据：俄罗斯历年人口与社会经济统计年鉴。

数据加工方法：统计元数据均在相应的统计年鉴上摘抄整理获得，其中包括对外文文献的翻译整理。

数据质量描述：制定数字化操作规范。人工录入数据过程中，规定操作人员严格遵守操作规范，同时由专人负责质量审查。数字化结果基本保持原始数据质量标准。数据制作规范，符合行业标准。

数据应用成果：主要用于科学研究。

（3）数据集内容

样带范围内各省级行政单元土地面积数据集（以 2008 年为例）见表 3-45 ～ 表 3-48。

表 3-45　2008 年东北亚样带各省级行政单元土地面积数据 （单位：km^2）

序号	地区	Region	所属国家	面积
1	北京市	Beijing	中国	16 807.80
2	天津市	Tianjin	中国	11 305.00
3	河北省	Hebei	中国	190 000.00
4	山西省	Shanxi	中国	156 000.00
5	内蒙古自治区	Inner Mongolia	中国	1 183 000.00
6	山东省	Shandong	中国	157 000.00
7	河南省	Henan	中国	167 000.00
8	陕西省	Shanxi	中国	205 800.00
9	甘肃省	Gansu	中国	455 000.00
10	宁夏回族自治区	Ningxia	中国	66 400.00
11	东方省	Dornod	蒙古	123 600.00
12	东戈壁省	Dornogovi	蒙古	109 400.00
13	中戈壁省	Dundgovi	蒙古	74 700.00
14	南戈壁省	Omnogovi	蒙古	165 200.00
15	苏赫巴托尔	Suhbaatar	蒙古	82 300.00
16	乌兰巴托市	Ulaanbaatar	蒙古	4 700.00
17	中央省	Tov	蒙古	74 000.00
18	戈壁苏木贝尔省	Govisumber	蒙古	5 500.00
19	达尔汗乌拉省	Darhan	蒙古	3 300.00
20	肯特省	Khentiy	蒙古	80 700.00
21	色楞格省	Selenge	蒙古	41 500.00
22	外贝加尔边疆区	Zabaykalskiy Kray	俄罗斯	431 900.00
23	伊尔库茨克州	Irkutskaya Oblast	俄罗斯	774 800.00
24	布里亚特共和国	Respublika Buryatiya	俄罗斯	351300.00
25	克拉斯诺亚尔斯克边疆区	Krasnoyarskiy Kray	俄罗斯	2 366 800.00
26	萨哈(雅库特)共和国	Respublika Sakha（Yakutiya）	俄罗斯	3 083 500.00

表 3-46　2000 年、2005 年东北亚样带各省级行政单元农业用地面积数据　（单位：hm²）

序号	地区	Region	所属国家	2000 年	2005 年
1	河南省	Henan	中国	131 369 100	12 290 000
2	山东省	Shanodng	中国	111 473 400	11 571 900
3	河北省	Hebei	中国	90 243 900	13 065 600
4	陕西省	Shanxi	中国	45 553 880	18 481 900
5	北京市	Beijing	中国	4 572 800	1 105 500
6	天津市	Tianjin	中国	5 331 400	707 300
7	山西省	Shanxi	中国	40 424 200	10 145 800
8	宁夏回族自治区	Ningxia	中国	10 164 800	4 177 900
9	甘肃省	Gansu	中国	37 401 800	23 877 300
10	内蒙古自治区	Inner Mongolia	中国	59 143 600	95 136 100
11	东方省	Dornod	蒙古	5 144.20	3 663.2
12	东戈壁省	Dornogovi	蒙古	35.40	37.8
13	中戈壁省	Dundgovi	蒙古	37.00	32.6
14	戈壁苏木贝尔省	Govisumber	蒙古	170.00	233
15	中央省	Tov	蒙古	331.10	48.8
16	乌兰巴托市	Ulaanbaatar	蒙古	2 098.50	1 109.5
17	肯特省	Khentiy	蒙古	30 094.50	27 615.8
18	南戈壁省	Omnogovi	蒙古	14.00	24.7
19	色楞格省	Selenge	蒙古	14 605.00	8 983.6
20	达尔汗乌拉省	Darhan	蒙古	9 708.50	13 258.1
21	苏赫巴托省	Suhbaatar	蒙古	93 656.40	87 346.8
22	外贝加尔边疆区	Zabaykalskiy Kary	俄罗斯	339 600	285 400
23	伊尔库茨克州	Irkutskaya Oblast	俄罗斯	1 020 900	752 500
24	布里亚特共和国	Respublika Buryatiya	俄罗斯	361 600	234 400
25	克拉斯诺亚尔斯克边疆区	Krasnoyarskiy Kray	俄罗斯	1 926 400	1 623 600
26	萨哈(雅库特) 共和国	Respublika Sakha （Yakutiya）	俄罗斯	60 700	49 000

表 3-47　2007 年东北亚样带中国各地区农村居民家庭土地经营情况　（单位：亩/人）

	经营耕地面积	经营山地面积	园地面积	牧草地面积	养殖水面面积
全国	2.16	0.32	0.10	3.85	0.04
北京	0.54	0.05	0.18	—	0.30
天津	1.20	0.01	0.02	—	0.04
河北	1.93	0.10	0.07	—	—
山西	2.32	—	0.18	0.01	—
内蒙古	8.57	0.32	0.10	124.13	—
山东	1.52	0.04	0.09	—	0.01
河南	1.63	0.04	0.04	—	0.01
陕西	1.92	0.28	0.29	0.14	—
甘肃	2.57	0.66	0.11	0.15	—
宁夏	4.49	0.14	0.06	0.60	0.04

注：—表示无该数据或数据不详。

表 3-48　2007 年东北亚样带中国各地区土地利用情况　（单位：万 hm^2）

地区	土地调查面积	农用地			建设用地			
		总计	园地	牧草地	总计	居民点及工矿用地	交通运输用地	水利设施用地
北京	164.11	109.98	12.13	0.20	33.26	27.52	3.11	2.63
天津	119.17	69.90	3.63	0.06	36.03	27.45	2.06	6.52
河北	1 884.34	1 307.87	70.45	80.10	178.19	153.46	11.88	12.85
山西	1 567.11	1 014.19	29.50	65.79	86.53	76.98	6.24	3.31
内蒙古	11 451.21	9 522.41	7.28	6 562.45	147.75	122.74	15.79	9.22
山东	1 571.26	1 157.21	101.23	3.40	248.88	207.21	16.18	25.49
河南	1 655.36	1 228.29	31.47	1.44	217.74	187.47	12.08	18.19
陕西	2 057.95	1 847.63	70.49	306.59	80.93	70.34	6.54	4.05
甘肃	4 040.91	2 388.08	19.91	1 261.43	97.24	87.83	6.52	2.89
宁夏	519.54	417.61	3.43	226.72	20.86	18.36	1.81	0.69

3.4.3　水资源调查数据

3.4.3.1　东北亚样带中国区域水资源数据

（1）数据集元数据

数据集标题：东北亚样带中国区域水资源数据集。

数据集摘要：包括中国黄河、海河、西北诸河流域水资源总量及可利用数据；中国黄河、海河等流域基础背景资料、降水及蒸发数据；中国黄河、海河流域地表水资源量数据；中国黄河流域地下水资源量及其可开采量数据；中国黄河流域部分水文水位、降水蒸发站数据等。

数据集关键词：黄河、海河、西北诸河、水资源。

数据集时间：2008 年。

数据集格式：Excel/xls。

所在单位：同济大学。

通信地址：上海市四平路 1239 号同济大学行政楼。

（2）数据集说明

数据集内容说明：包括中国黄河流域小（Ⅰ）型以上水库，代表站气温基本特征，水资源分区，河流水系，1956～2000 年降水、蒸发、径流深等值线图绘制站点数目分布情况，年平均降水量月分配情况，各地雨量站最大最小年降水量比，中国黄河流域 1956～2000 年各省（区）工业及城镇生活耗水率，部分支流河口站以上用水还原量年代间对比，主要引黄灌区用水还原水量计算成果，二级区及各省（区）地表水资源量各年代对比情况，年径流系数各年代对比结果，出入境水量统计结果，河川天然径流量与地表水资源量差值分析结果，利津站历年断流情况统计，部分主要支流 1980～2000 年河道断流统计，中国黄河流域 1956～2000 年二级区及各省（区）水资源总量组成，水资源总量分布特征，1980～2000 年时段黄河流域二级区水量平衡分析结果，二级区及各省（区）水资源总量各年代统计，降水入渗补给量和降水入渗补给量形成的河道排泄量对比结果，干支流主要水文站现状水资源总量基本特征，干流主要水文站 1980～2000 年时段水量平衡分析结果，干支流主要水文站现状水资源总量各年代统计，中国海河流域水资源分区和省级行政区面积，河流情况，海河平原水文地质分区面积，山间盆地面积，行政区面积，2005 年人口状况，2005 年经济发展指标，1980～2005 年经济社会发展趋势，大暴雨的天气尺度系统统计，雨量选用站实测系列长度统计，1956～2000 年雨量代表站年降水量特征值，中国西北地区干旱指数分布面积，水资源总量，现代冰川分布，西北黄河区二级水资源区及各省级行政区地表水资源量及其基本特征值，降水量基本特征统计结果，水资源总量，用水还原水量各年代统计等。

数据源说明：《黄河流域水资源调查评价》、《西北诸河水资源调查评价》等。

数据加工方法：依据国家有关标准和技术规范，组织人员将数据进行摘录以及对摘录结果的校验、标准化，完成数据大规模录入和检查工作，对数据进行质量检验。

数据质量描述：可靠。

数据应用成果：面向科研领域，为相关研究人员提供数据服务。

（3）数据集内容

东北亚样带中国区域水资源部分数据见表 3-49～表 3-52。

表 3-49　黄河流域二级区水资源总量各年代统计

二级区	省（区）	面积/km²	1970~1979 年/亿 m³	1980~1989 年/亿 m³	1990~2000 年/亿 m³	1956~2000 年/亿 m³	1956~1979 年/亿 m³	1980~2000 年/亿 m³
龙羊峡以上	小计	131 340	205.7	244.5	176.8	207.1	205.5	209
	青海	104 946	136	164.1	116.8	137.6	136.1	139.3
	四川	16 960	45.36	52.59	39.71	45.31	44.84	45.85
	甘肃	9 434	24.33	27.77	20.29	24.23	24.57	23.85
龙羊峡—兰州	小计	91 090	128.4	138.5	113.3	134.4	142.3	125.3
	青海	47 304	62.23	75.18	65.17	70.73	71.43	69.94
	甘肃	43 786	66.12	63.31	48.1	63.62	70.86	55.34
兰州—河口镇	小计	163 644	40.08	35.29	42.67	40.37	41.44	39.16
	甘肃	30 113	3.63	3.69	4.39	3.9	3.77	4.06
	宁夏	41 757	5.5	4.91	6.17	5.59	5.61	5.57
	内蒙古	91 774	30.95	26.69	32.11	30.88	32.06	29.53
河口镇—龙门	小计	111 272	63.8	56.7	55.82	61.18	65.51	56.24
	内蒙古	22 828	17.89	14.12	14.72	16.58	18.46	14.43
	山西	33 276	14.6	13.44	13.55	13.88	14.22	13.5
	陕西	55 168	31.31	29.14	27.55	30.72	32.83	28.31
龙门—三门峡	小计	191 109	147.7	164.4	131.1	157.1	165.95	146.9
	甘肃	59 908	32.99	33.03	24.44	32.9	36.72	28.53
	宁夏	8 236	4.51	4.65	4.37	4.86	5.18	4.51
	山西	48 201	36.89	35.21	33.97	38.2	41.38	34.56
	陕西	70 557	68.92	84.97	63.48	75.48	77.02	73.71
	河南	4 207	4.37	6.52	4.82	5.64	5.65	5.63
三门峡—花园口	小计	41 694	49.9	62.96	49.53	60	63.56	55.93
	山西	15 661	15.09	15.99	14.4	17.06	18.72	15.16
	陕西	3 064	5.02	7.23	4.9	6.65	7.22	6.01
	河南	22 969	29.79	39.74	30.23	36.29	37.62	34.76
花园口以下	小计	22 621	35.32	26.96	38.88	35.17	36.89	33.21
	河南	8 988	14.3	11.34	14.23	14.21	15.4	12.86
	山东	13 633	21.02	15.62	24.65	20.96	21.49	20.35
内流区	小计	42 271	11.15	9.98	10.53	11.36	12.3	10.27
	宁夏	1 399	0.06	0.03	0.05	0.05	0.05	0.04
	内蒙古	36 360	8.54	7.89	8.17	8.74	9.35	8.04
	陕西	4 512	2.55	2.06	2.31	2.57	2.9	2.19
黄河流域	合计	795 041	682.05	739.29	618.6	706.68	733.4	676

表 3-50 海河流域 1980～2000 年平均年浅层地下水资源量

行政分区-二级区	行政分区-三级区	面积/km²	山丘区		平原及山间盆地		重复计算量/亿m³	分区资源量/亿m³
			面积/km²	资源量/亿m³	面积/km²	资源量/亿m³		
滦河及冀东沿海	滦河山区	44 070	44 070	18.29				18.29
滦河及冀东沿海	滦河平原冀东沿海	8 153	3 050	2.91	5 103	8.9	2.02	9.79
滦河及冀东沿海	小计	52 223	47 120	21.2	5 103	8.9	2.02	28.08
海河北系	北三河山区	21 630	21 216	15.1	414	0.99	0.21	15.87
海河北系	永定河册田以上	18 998	13 093	7.29	5 905	5.46	2.84	9.91
海河北系	永定河册三区间	25 997	17 875	5.88	8 122	7.67	2.8	10.76
海河北系	北四河下游平原	12 944			12 944	28.83	7.67	21.16
海河北系	小计	79 569	52 184	28.27	27 385	42.95	13.52	57.7
海河南系	大清河山区	18 807	18 807	16.69				16.69
海河南系	大清河淀西平原	12 323			12 323	19.34	6.03	13.32
海河南系	大清河淀东平原	6 674			6 674	7.03	0.55	6.48
海河南系	子牙河山区	30 943	28 192	22.93	2 751	4.18	2.27	24.84
海河南系	子牙河平原	13 143			13 143	18.09	5.63	12.46
海河南系	漳卫河山区	25 326	24 157	18.96	1 169	1.17	0.27	19.86
海河南系	漳卫河平原	8 482			8 482	12.58	3.2	9.38
海河南系	黑龙港及运东平原	12 965			12 965	12.89	0	12.89
海河南系	小计	128 663	71 156	58.58	57 507	75.28	17.95	115.91
徒马河	徒骇马颊河	22 839			22 839	33.23	0.34	32.89
流域合计	流域合计	283 294	170 460	108.05	112 834	160.36	33.83	234.58
北京	北京	16 800	9 904	10.95	6 896	22.89	8.25	25.59
天津	天津	4 662	727	0.82	3 935	5.31	0.42	5.71
河北	河北	15 3481	91 407	57.03	62 074	77.26	16.25	118.04
山西	山西	58 949	48 094	26.42	10 855	11.86	5.88	32.41
河南	河南	14 177	6 042	9.53	8 135	11.49	2.7	18.32
山东	山东	20 939			20 939	31.54	0.34	31.2
内蒙古	内蒙古	12 576	12 576	2.64				2.64
辽宁	辽宁	1 710	1 710	0.66				0.66

表 3-51 海河流域 2001～2005 年地表水资源量　　（单位：亿m³）

二级区	2001 年	2002 年	2003 年	2004 年	2005 年
滦河及冀东沿海	26.4	13.1	19	22	33.1
海河北系	24.4	16.8	21.4	26.3	23.7
海河南系	35.1	32.4	63.5	69.7	52.3
徒骇马颊河	3.9	1	27	19.9	12.9
流域合计	89.8	63.3	130.9	137.9	122

表 3-52　西北诸河区各省级行政区 1956～2000 年系列降水量特征值

省级行政区	二级区	面积/km²	年降水量		C_v	C_s/C_v	不同频率年降水量/mm			
			深度/mm	体积/亿 m³			20%	50%	75%	95%
西北诸河	西北诸河	2 756 933	161.2	5 420.8	0.11	2	175.9	160.6	148.9	133.2
内蒙古	内蒙古内陆河	299 722	244.3	732.3	0.16	2	276.4	242.2	216.9	183.8
内蒙古	河西内陆河	235 019	91.1	214.2	0.27	2	110.9	88.9	73.5	54.8
内蒙古	小计	534 741	177	946.5	0.17	2	201.7	175.3	155.9	130.6
宁夏	河西内陆河	407	171.4	0.7	0.29	2	211.2	166.6	135.8	98.6
甘肃	河西内陆河	215 803	138.6	299.2	0.16	2	156.8	137.4	123.1	104.2
青海	河西内陆河	18 614	363.1	67.6	0.12	2	399.2	361.4	332.8	294.5
青海	青海湖水系	46 031	318.3	146.5	0.17	2	362.7	315.2	280.3	234.8
青海	柴达木盆地	257 765	112.5	290	0.25	2	135.2	110.2	92.5	70.6
青海	羌塘高原内陆区	44 359	255.2	113.3	0.17	2	290.8	252.7	224.8	188.3
青海	小计	366 769	168.4	617.4	0.16	2	190.5	166.9	149.5	126.6
新疆	柴达木盆地	17 365	122.7	21.7	0.31	2	153	118.8	95.4	67.5
新疆	吐哈盆地小河	133 598	82.8	100.7	0.23	2	98.3	81.3	69.3	54.2
新疆	阿勒泰山南麓诸河	81 793	313.6	256.5	0.23	2	372.1	308.1	262.4	205.1
新疆	中亚细亚内陆河	77 759	502.1	390.5	0.19	2	580.1	496.1	434.9	356.1
新疆	古尔班通古特荒漠区	85 134	62.1	52.9	0.25	2	74.6	60.8	51	39
新疆	天山北麓诸河	148 952	269.9	402	0.22	2	318.2	265.6	227.8	180.2
新疆	塔里木河源流区	429 363	200.4	860.6	0.27	2	243.9	195.6	161.8	120.4
新疆	昆仑山北麓小河	196 568	109.9	216	0.39	2	143.4	104.4	78.8	50.1
新疆	塔里木河干流	31 606	41.3	13.1	0.42	2	54.8	38.9	28.7	17.5
新疆	塔里木盆地荒漠区	345 028	18.8	64.7	0.35	2	24	18	14	9.4
新疆	羌塘高原内陆区	92 047	150.3	138.3	0.45	2	202.3	140.3	100.9	58.8
新疆	小计	1 639 213	154.2	2 517	0.2	2	179.3	152.1	132.4	107.2

3.4.3.2　东北亚样带内俄罗斯河流水资源数据

（1）数据集元数据

数据集标题：东北亚样带内俄罗斯河流水资源数据集。

数据集摘要：包括俄罗斯贝加尔湖地区水系分布及水资源概况，安加拉河、叶尼赛河、勒拿河及阿穆尔河流域水资源概况，色楞格河水资源概况等。

数据集关键词：俄罗斯、叶尼赛河、勒拿河、阿穆尔河、贝加尔湖、色楞格河二角洲。

数据集时间：2008 年。

数据集格式：Excel（xls）。

所在单位：同济大学。

通信地址：上海市四平路 1239 号同济大学行政楼。

（2）数据集说明

数据集内容说明：包括俄罗斯大型河流概况，俄罗斯大型湖泊供水概况，贝加尔湖多年水平衡、水位变化，贝加尔湖地区水系分布及水资源概况，安加拉河、叶尼赛河、勒拿河及阿穆尔河流域水资源概况等。

数据源描述：本数据源为纸制数据，通过人工输入 Excel 中。

数据加工方法：依据国家有关标准和技术规范，组织人员将数据进行摘录以及对摘录结果的校验、标准化，完成数据大规模录入和检查工作，对数据进行质量检验。

数据质量描述：可靠。

数据库应用对象：该数据库面向科研领域，为相关研究人员提供数据服务。

（3）数据集内容

东北亚样带内俄罗斯河流水资源数据集部分数据展示，如表 3-53 所示。

表 3-53　1930～2005 年俄罗斯流域水资源

序号	流域	观测时期	水资源/km³	变异系数 C_V
1	伯绍拉河	1930～2005 年	131	0.15
2	北德维纳河	1930～2005 年	103	0.16
3	梅津河	1930～2005 年	27	0.16
4	奥涅加河	1930～2005 年	15.7	0.2
5	涅瓦河	1930～2005 年	75.7	0.16
6	涅曼河	1930～2005 年	19.2	0.16
7	顿河	1930～2005 年	26.8	0.33
8	库班河	1930～2005 年	14.4	0.18
9	捷列克河	1930～2005 年	11.1	0.13
10	伏尔加河	1930～2005 年	260	0.17
11	乌拉尔河	1930～2005 年	8.87	0.56
12	鄂毕河	1930～2005 年	407	0.15
13	额尔齐斯河	1930～2005 年	88.9	0.26
14	叶尼塞河	1930～2005 年	651	0.08

序号	流域	观测时期	水资源/km³	变异系数 C_V
15	勒拿河	1930～2005 年	543	0.12
16	安加拉河	1930～2005 年	145	0.13
17	色楞格河	1932～2005 年	28.9	0.24
18	雅拿河	1936～2005 年	31.4	0.21
19	困迪吉尔卡河	1930～2005 年	55.6	0.21
20	科雷马河	1930～2005 年	128	0.22
21	黑龙江（阿穆尔河）	1930～2005 年	359	0.2
22	堪察加河	1932～2005 年	31.7	0.1

3.4.4　甲烷反演数据

东北亚样带甲烷反演数据集。

（1）数据集元数据

数据集标题：东北亚样带甲烷反演数据集。

数据集摘要：数据范围是东北亚样带内中俄蒙三国范围，所包含的空间范围是 $32°N～90°N$，$105°E～118°E$。该数据集包括基于 AIRS 数据源反演的样带区域的甲烷分布数据。

数据集关键词：东北亚样带、甲烷。

数据集时间：2005 年、2010 年。

数据集格式：栅格数据。

所在单位：中国科学院地理科学与资源研究所。

通信地址：北京市朝阳区大屯路甲 11 号。

（2）数据集说明

数据集内容说明：本数据集主要是基于 AIRS 数据源反演的样带区域的甲烷分布数据。

数据源说明：2005 年、2010 年的 AIRS 遥感数据。

数据加工方法：收集整理 2005 年、2010 年的 AIRS 遥感数据，基于 AIRS 数据源反演了样带区域及周边地区的甲烷空间分布，为样带区域的温室气体研究提供研究数据。

数据质量描述：良好。

数据应用成果：主要用于科学研究。

（3）数据集内容

东北亚样带甲烷（CH_4）2005 年反演结果分月对比图如图 3-19 所示。

东北亚样带甲烷（CH_4）2010 年反演结果分月对比图如图 3-20 所示。

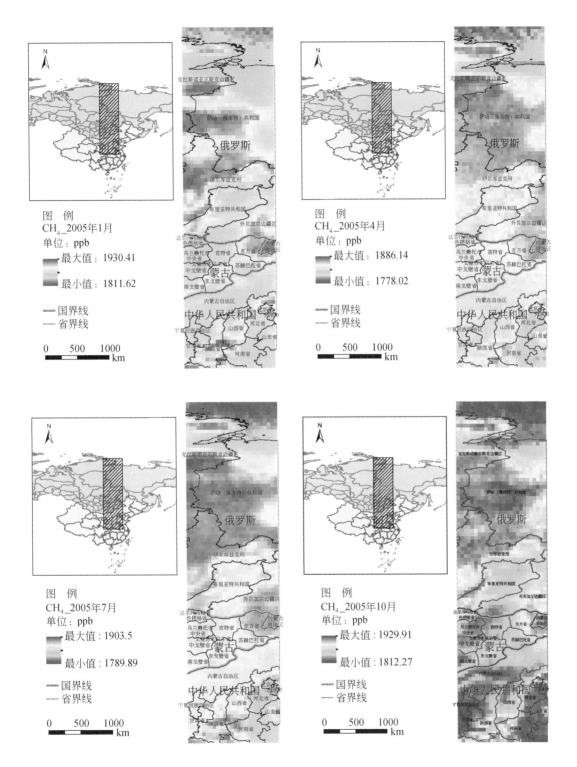

图 3-19   东北亚样带甲烷月均值 2005 年反演结果分月对比

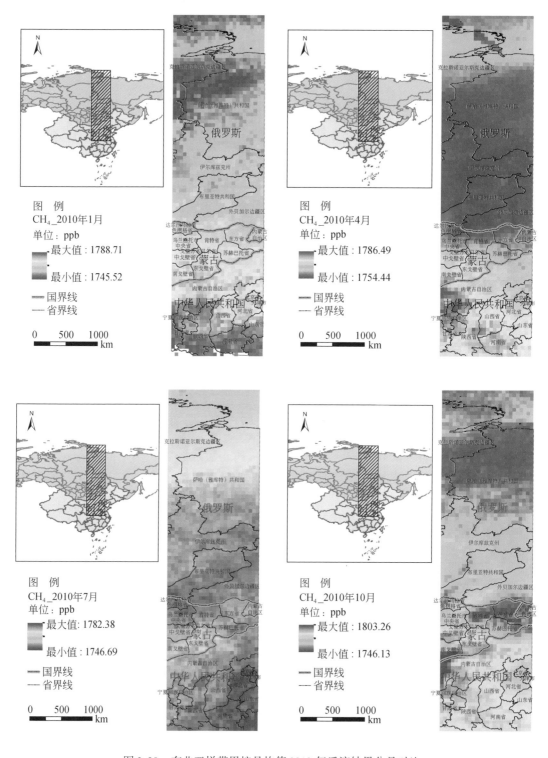

图3-20　东北亚样带甲烷月均值2010年反演结果分月对比

3.4.5　二氧化碳反演数据

东北亚样带二氧化碳反演数据集。

（1）数据集元数据

数据集标题：东北亚样带二氧化碳反演数据集。

数据集摘要：数据范围是东北亚样带内中俄蒙三国范围，所包含的空间范围是 32°N ~ 90°N，105°E ~ 118°E。该数据集包括基于 AIRS 数据源反演的样带区域的二氧化碳分布数据。

数据集关键词：东北亚样带、二氧化碳。

数据集时间：2005 年、2010 年。

数据集格式：栅格数据。

所在单位：中国科学院地理科学与资源研究所。

通信地址：北京市朝阳区大屯路甲 11 号。

（2）数据集说明

数据集内容说明：本数据集主要是基于 AIRS 数据源反演的样带区域的二氧化碳分布数据。

数据源说明：2005 年、2010 年的 AIRS 遥感数据。

数据加工方法：收集整理 2005 年、2010 年的 AIRS 遥感数据，基于 AIRS 数据源反演了样带区域及周边地区的二氧化碳的空间分布，为样带区域的温室气体研究提供研究数据。

数据质量描述：良好。

数据应用成果：主要用于科学研究。

（3）数据集内容

东北亚样带二氧化碳（CO_2）2005 年反演结果分月对比图如图 3-21 所示。

东北亚样带二氧化碳（CO_2）2010 年反演结果分月对比图如图 3-22 所示。

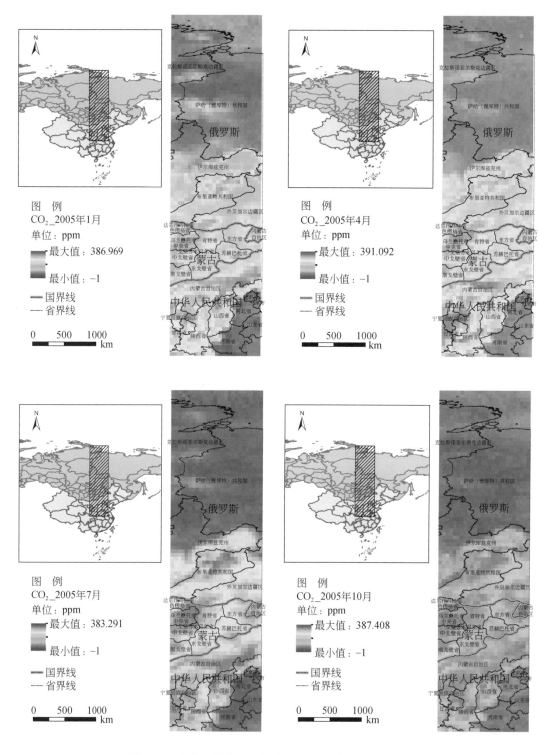

图 3-21　东北亚样带二氧化碳 2005 年反演结果分月对比

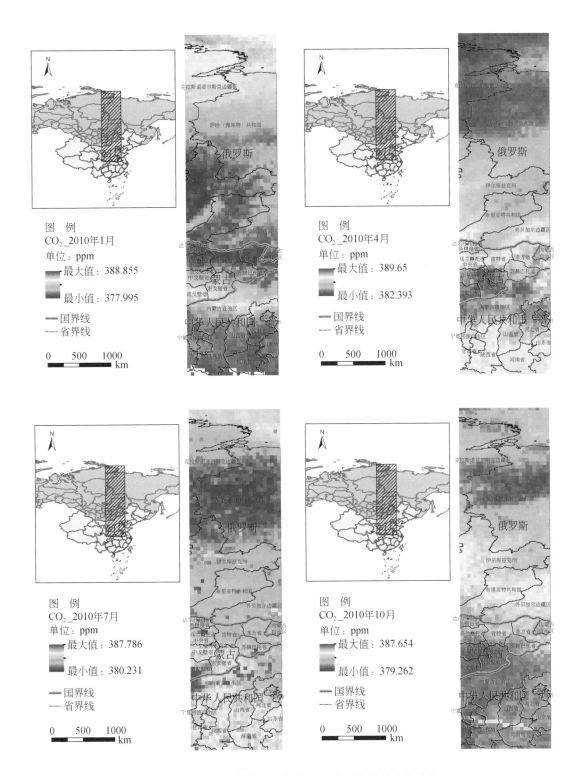

图 3-22　东北亚样带二氧化碳 2010 年反演结果分月对比

3.4.6 东西伯利亚历史气候数据

东北亚样带范围内东西伯利亚历史气候数据集。

（1）数据集元数据

数据集标题：东北亚样带范围内东西伯利亚历史气候数据集。

数据集摘要：数据范围是东北亚样带内中俄蒙三国范围，所包含的空间范围是32°N~90°N，105°E~118°E。数据集包括：东西伯利亚 20 世纪 70 年代的各自治共和国边疆区州历史气候数据集。

数据集关键词：样带、东北亚、20 世纪 70 年代、历史气候。

数据集时间：20 世纪 70 年代。

数据集格式：Excel（xls）。

所在单位：中国科学院地理科学与资源研究所。

通信地址：北京市朝阳区大屯路甲 11 号。

（2）数据集说明

数据集内容说明：该数据集主要是基于收集到的东西伯利亚地区的历史气候资料，经翻译及规范化整理包括绝对最高气温、绝对最低气温、年平均温度等指标。

数据源说明：东西伯利亚地区历史气候统计资料。

数据加工方法：统计元数据均在相应的统计年鉴上摘抄整理获得，其中包括对外文文献的翻译整理。

数据质量描述：制定数字化操作规范。人工录入数据过程中，规定操作人员严格遵守操作规范，同时由专人负责质量审查。数字化结果基本保持原始数据质量标准。数据制作规范，符合行业标准。

数据应用成果：主要用于科学研究。

（3）数据集内容

东西伯利亚历史气象部分数据，以 1973 年为例见表 3-54。

表 3-54　1973 年东西伯利亚气象数据

观察点	绝对最低气温/℃	绝对最高气温/℃	年均温度/℃	平均积雪天数/d	冷季平均降水量（11月至次年3月）/mm	暖季平均降水量（4月至次年10月）/mm	年均降水量/mm	无霜期天数/d
切柳斯金角	−53	18	−15.6	280	73	114	187	—
杜丁卡	−57	30	−10.7	248	63	204	267	77
维尔霍扬斯克	−68	34	−15.6	223	25	117	142	69
卡扎切	−55	32	−13.9	242	39	160	199	62
下科累马斯克	−60	31	−12.4	235	49	124	173	74
图鲁汉斯克	−61	33	−7.6	229	175	300	475	81

续表

观察点	绝对最低气温/℃	绝对最高气温/℃	年均温度/℃	平均积雪天数/d	冷季平均降水量（11月至次年3月）/mm	暖季平均降水量（4月至次年10月）/mm	年均降水量/mm	无霜期天数/d
叶尼塞斯克	−59	35	−2.2	187	107	326	433	103
图拉	−68	34	−9.2	210	65	265	330	70
勃腊茨克	−58	35	−2.6	233	51	250	301	94
博代博	−60	37	−5.8	177	84	341	425	103
奥廖克敏斯克	−59	35	−6.8	194	47	195	242	103
维柳伊斯克	−61	36	−9.2	198	47	189	236	96
雅库茨克	−64	38	−10.2	216	32	160	192	95
克拉斯诺亚尔斯克	−49	39	−0.8	206	52	286	338	119
米努辛斯克	−50	39	−0.4	150	40	268	308	116
克孜尔	−58	38	−4.5	144	34	168	202	128
伊尔库茨克	−43	29	−1.2	162	57	346	403	94
沙海湾（贝加尔）	−50	35	0.3	162	20	257	277	136
哈巴尔达坂	−40	29	−3.4	248	150	1159	1309	73
赤塔	−50	38	−2.9	145	18	330	348	99

注：—表示无该数据或数据不详。

第4章 中国北方及其毗邻地区综合科学考察数据采集和获取方法

4.1 土地覆被调查方法

调查采用室内解译与野外考察相结合的方法。野外考察过程中，将采用点、线、面相结合的综合科学考察手段。点，主要是利用长期野外监测点的固定场所和设备获取土地利用/土地覆被监测的长时间序列资料；线，是根据专题考察需要，设置的野外考察路线；面，是指本次考察的整个中国北方及其毗邻区域的面上基础数据和本底数据收集的土地利用/土地覆被数据。

考察工作执行如下程序。

4.1.1 遥感信息源获取与预处理

遥感信息源的获取渠道包括两类：①通过国家科技基础条件平台建设项目—地球系统科学数据共享网，以及国内外遥感数据的分发机构获取遥感影像。②通过购买等方式获得部分区域的高空间分辨率遥感影像。

数据的预处理，包括时相选择、几何校正、镶嵌拼接、裁剪分幅等。

影像图制作流程如图4-1所示。

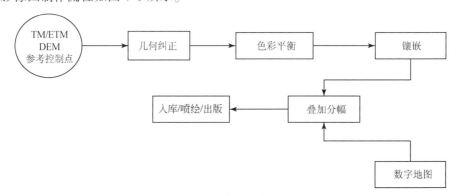

图 4-1 影像图制作流程

时相选择：首选 2000 年、2005 年及考察当年夏季的影像。

几何校正：以美国陆地卫星 TM/ETM+ 为基准，对其他影像进行几何校正，校正后的影像将统一在 UTM 投影系统和 WGS84 坐标系统下。在几何校正过程中，每个 TM 图像的地面控制点个数平原地区应不低于 20 个，地面控制点的分布平均分布于图幅中。

图像纠正质量：多项式纠正误差不大于两个像元。

镶嵌拼接：将考察区范围内的影像进行统一拼接和镶嵌。

图像镶嵌质量：图像镶嵌误差接边位移不大于两个像元，地形图及行政界线套合误差，不大于地形图本身误差。

区域裁剪：参照 1:100 万标准分幅，裁剪拼接好遥感影像图，以备使用。

4.1.2　室内准备及初步解译

应首先确立遥感分类体系，然后基于已有土地利用/土地覆被数据基础，开展调查区遥感初步解译工作。

4.1.3　建立遥感判读标志

野外调查前的准备工作包括：搜集调查区背景和专业资料，如自然地理基础要素图件、历史资料、相关研究资料等；准备电脑、GPS 等专业工具以及考察用图表、文具、防护用具等辅助工具；组织相关人员学习有关文件、技术规程和有关基础知识，培训外业、内业的工作程序与技术要求以及外业工作的安全常识。

开展野外考察工作过程中，要准确记录考察点上的各类信息。采集信息的手簿格式见表 4-1。

表 4-1　遥感面上调查野外调查手簿

记录时间：

记录人：

天气状况：

国家		省级行政区名			县名	
乡镇名		村名			1:10 万地形图幅号	
GPS 定位数据		北纬：		东经：		海拔
道路类别及编号				调查点地名及编号		
数码照片	片号					
	方位角					
	场景					
土地利用/土地覆被类型		地类特征		影像特征		地理描述
林地	①有林地；②灌木林；③疏林地；④其他林地					山地：高山、中山、低山 丘陵 台地 河流阶地
	①常绿针叶林；②常绿阔叶林；③落叶针叶林；④落叶阔叶林；⑤针阔混交林；⑥灌丛					
草地	①高覆盖；②中覆盖；③低覆盖					
	①草甸草地；②典型草地；③荒漠草地；④高寒草甸；⑤高寒草原；⑥灌丛草地					

土地利用/土地覆被类型		地类特征	影像特征	地理描述
水域	①河渠；②湖泊；③水库坑塘；④永久性冰川雪地；⑤滩涂；⑥滩地			平原：熔岩堆积平原、沉积平原、湖积平原、冲积平原、冲积扇 河漫滩 河流谷地 地形特征：平坦、小起伏、中起伏、大起伏
	①沼泽；②近海湿地；③内陆水体；④河湖滩地；⑤冰雪			
耕地	①水田；②旱地 坡度：①>25°；②<25°			
	①水田；②水浇地；③旱地			
居民地	①城镇；②农村居民点			
工交用地	①交通用地；②工矿用地			
未利用土地	①沙地；②戈壁；③盐碱地；④沼泽地；⑤裸土地；⑥裸岩石质地；⑦其他			
备注				

注：1. 地类特征尽可能做以下记录：林地记录结构、树种等，草地记录草种、高度等，耕地记录播种制度、作物种类等；

2. 备注中记录土地利用动态信息，如退耕、草地退化、及土壤侵蚀等，记录变化前后类型、变化时间、基本状况、退化程度、侵蚀强度等。

通过外业考察与综合分析，按照不同土地利用类型所处的不同地貌部位、地表覆盖的植被类型和季节特征、利用方式的差异等方面进行归纳，分区域建立判读标志。在野外考察期间，现场拍摄的地面实况景观照片或摄像资料，将为遥感判读提供直观的参考信息，提高遥感分类的精度。建立判断标志的野外调查记录格式如表 4-2 所示。

表 4-2　野外判读标志记录格式

序号	10	地名	潮阳市	日期	2005-01-15
经纬度			23°9′23.7″N，116°32′9″E		
土地利用类型		旱地：水浇地	植被类型	人工植被	
照片			影像特征		

说明	影像上分布均匀小圆点为喷头水浇范围，调查时种植萝卜。面积很大，向北都是，共500多亩

4.1.4 遥感信息提取与数据库建设

按照人机交互目视解译的方法，完成遥感信息提取。技术流程参见全国土地利用宏观调查技术规范。按照地球系统科学数据共享网的元数据标准、数据文档规范和矢量数据库建库规范，建立考察区 1∶25 万、1∶100 万土地利用/土地覆被数据库。

4.1.5 野外验证与精度评价

根据对以 TM 为主的遥感信息源判读、分析，获取土地利用的空间数据。为了验证数据定性与定位的准确程度，需要开展野外验证与精度评价。

实施野外验证考察之前，就针对不同区域的季节特点、土地利用特点等，预先制定比较详尽的考察与验证计划，在调查路线布局、长度、验证土地类型等方面提出希望获得的结果内容。

开展土地利用类型验证的同时，也要利用 GPS 方法定点调查，对山地地区，特别是林地、灌木、草地、耕地等类型交错地区，以及城镇周边地区和新的开垦地给予足够重视，平原农业因通视距离较好，可适当少设调查点。调查点比例分别为 50%、30% 和 20%。

外业期间的 GPS 定点调查应在调查路途中选择通视条件较好、地类交错的地点停车，并将 GPS 确定的验证点位置及其编号标于地形图或土地利用图上。通过土地利用图上填图，标明并校正室内分析时的图斑定性或定位错误。

同时，每一个验证点拍摄不少于 2 个方向的景观实况照片，并标明摄影方向角和注记必要的拍摄内容。

野外验证的调查手簿见表 4-3 所示。

表 4-3 野外验证的调查手簿

调查点位置	北纬：	东经：	海拔
调查点地名	省级行政区县乡村		
调查时间		调查人	
土地利用/土地覆被图及其属性信息		真实情况记录（参照分类系统）	
精度评价等级			
原因说明：			

检验时，将可解译的准确程度分为 0~10 级，每个数字表示解译正确的土地利用/土地覆被类型的影像上占实际图斑的比例。其中，0 级表示某图斑的判读解译完全错误，10 级表示某图斑的判读解译完全正确，1~9 级表示判读解译的正确率为 10%~90%。如，一个图斑的土地利用/土地覆被类型为旱地，但其内部有一面积约为图斑 20% 的水田尚未勾绘出来，而将其整体定为旱地，在这种情况下，该图斑的准确程度应为 80%。

4.2 土壤生态样方调查方法

以土壤调查和土壤生产力评定为目的而进行的标准地土壤调查，需考虑地形、地质、土壤和林木生长的不同情况，以选择最有代表性的标准地，每一块标准地的面积不少于 $0.1hm^2$，或者树木株数不少于 100 株。标准地的形状一般采用长方形或正方形。

在标准地上要进行测树工作，确定林龄，求算树高平均值，并记录最大和最小值，必要时还应作解析木和树木根系调查。

每一标准地都要挖土壤剖面，主要剖面在优势树种林冠下距树干基部一米以外的地方挖掘，以挖至根系分布层以下并能确定母质为度。一般情况下主要剖面应设置在靠近标准地中心有代表性的匀称地段内，如小地形复杂时应设置对照剖面，对照剖面的深度以能验证主要剖面性状为准，如土壤剖面性状与林分情况出现反常现象时，也要挖掘对照剖面，以资证实，土壤剖面要进行观察记录。

各个标准地的测树资料和土壤调查资料要进行对比分析，从中查明树种的土地和土壤的生产力，这种对比工作，可以按土壤类型来进行，也可以从中找出在当地具体条件下对林木生长影响明显的土壤性状，必要时可以用生物统计方法探讨土壤性状与林木生长的相关关系。填写野外土壤调查记录表（表4-4）中所需数据。

表4-4　野外土壤调查记录

样点编号	样点属性[1]		样点名称		相片编号	日期		时间	天气状况	

地貌类型	山地	丘陵	漫岗	冲积平原	湖滨平原	河漫滩	河流阶梯	风沙丘	沼泽	草甸	火山	其他

地理坐标	纬度		经度		海拔/m					

地形	坡顶经纬度	坡底经纬度	样点地貌部位	坡度	坡向	坡长	样点排水状况

土地利用	农地									
	开垦年限/年	耕地类型[2]	作物类型	高度	盖度	生长阶段	施肥情况/kg			
							有机肥	N	P	k	农家肥
	林草地（包括园地）									
	植被类型	高度/cm	地面盖度/%	林植株密度/（棵/10m²）	地面枯枝落叶厚度/cm	放牧状况	生长年限			
	防护林带									
	林带植被类型	林带宽度/m	林带走向/(°)	树木高度/m	树木胸径/cm	地面盖度/%	年限			

续表

样点编号	样点属性[1]		样点名称	相片编号	日期	时间	天气状况

耕作	耕作方式		垄向/(°)	垄高/cm	垄间距/cm	侵蚀状况	其他	

土壤类型	土壤类型	主要成土过程	母质类型					

土壤色度	0~10cm	10~20cm	20~30cm	30~40cm	40~50cm	50~60cm	60~70cm	70~80cm	80~90cm	90~100cm
	100~110cm	110~120cm	120~130cm	130~140cm	140~150cm	150~160cm	160~170cm	170~180cm	180~190cm	190~200cm
	200~210cm	210~220cm	220~230cm	230~240cm	20~250cm	250~260cm	260~270cm	270~280cm	280~290cm	290~300cm

土层划分[3]	A 层/cm	AC 层/cm	AB 层/cm	B 层/cm	BC 层/cm	C 层/cm

土层厚度/cm	黑土层	过渡层	母质			

其他						

注: 1. 样点属性选一类调查点、二类或三类调查点。

2. 耕地类型选旱地、水浇地和水稻田。

3. 土壤厚度的 6 项为可选项,可根据土壤剖面的实际情况填写。如没有 AB 层、B 层和 BC 层,可空白。

在外业调查过程中,填写相应调查表的同时,需要准确记录调查样点或样方的 GPS 点位信息,对采样点至少拍近景和远景两张相片,此外应对土壤剖面、植被群落、地形地貌等对象进行拍照,对罕见稀有的土壤剖面可摄像。

土壤样品的采集是土壤生态样方调查的重要工作内容。由于土壤类型的分布范围不同,需要设置的采样点也不尽一致,根据需要可以将采样点进行分类,一级采样点代表土壤类型均匀、单一、典型,该类采样点只需进行土层厚度测量。二级采样点和三级采样点所代表的土壤类型不够均匀,时常有混杂情况出现,所以需要设置多个样点,测量的指标更加多样化。具体的测量方法和操作步骤如下。

(1) 一级采样点

用土钻以 10cm 为间隔垂直向下打钻。

将每次取出的 10cm 土芯依次装入柱状铁盒的格子里,直到母质层 20cm 以下。如一个柱状铁盒不够(土层厚度大于 1m),再增加铁盒。

打钻取样完成后，对照比色卡，记录柱状铁盒中每个格子（10cm）的色度值，并填附表 1 "土壤色度"一栏。

判断土壤厚度，填写附表"土层厚度"一栏。

对柱状土柱照相。

填写两张标签（包括样点名称、经纬度、地点），一张放在铁盒内，一张贴于盒上。盖好铁盒盖子，封紧，保证运输安全。

（2）二级采样点

按一类采样点操作步骤完成土柱的获取。

用铁锹自表土垂直向下挖取 20cm 的土壤。

用剖面刀将铁锹上的原状土修成正方形后，充分混合，取 1kg 装入预备好的土袋。

填写两张标签，内容包含样点名称、经纬度、地点等信息，一张放入土袋，另一张用土袋口的绳子绑于袋口。

用铁锹挖土，直到母质层 20cm，采母质层 20cm 以下混合土样。

再写一标签，内容同前，另取一较大土袋，将该点两袋土样装入较大的袋子中，将标签绑在袋口。

（3）三级采样点

用铁锹挖土壤剖面，深至土壤母质层 20cm 以下，将正对太阳光线一面的土壤剖面修好。

进行土壤层次划分，判断土壤厚度。

对土壤剖面照相。

将柱状铁盒垂直插入土壤剖面，取得原状土柱。贴好标签。

如果土壤厚度等于或大于 80cm，采表土（0~20cm）和母质层（母质层 20cm 以下）混合土样各 1 个，表土 20cm 以下至母质层顶之间土层等间隔划分 3 层，每层采中间 20cm 混合土样一个，总共 5 个土样。袋内放一标签，袋外封袋口时也绑一标签。

如果土壤厚度小于 80cm，将土壤母质层以上土层等间距划分 4 层，每层取一个理化性质分析土样。再取母质层 20cm 以下混合土样一个。总共 5 个土样。袋内放一标签，袋外封袋口时也绑一标签。

将土壤剖面（深至母质层 20cm 以下）用铁锹修成阶梯状，阶梯的高度与理化性质分析土样采集的土层厚度一致。将环刀按编号大小排队，由土壤母质层开始，自下而上用环刀取原状土。环刀取土时，环刀口要垂直向下，每层重复 3 个。

环刀土样取好后，将环刀放在土袋中，捆紧袋子，以免环刀晃动。袋口贴上标签。

调绘面积，对土壤资源的分布，调绘其面积，用 1:100 00 地形图，对坡勾绘，计算面积。

4.3　水资源调查方法

（1）水质站（网）及采样断面、井、点的布设原则与方法

充分考虑本河段（地区）取水口、排污（退水）口数量和分布及污染物排放状况、

水文及河道地形、支流汇入及水工程情况、植被与水土流失情况、其他影响水质及其均匀程度的因素等。

力求以较少的监测断面和测点获取最具代表性的样品，全面、真实、客观地反映该区域水环境质量及时空分布状况与特征。

避开死水及回水区，选择河段顺直、河岸稳定、水平缓、无急流湍滩且交通方便处。

尽量与水文断面相结合。

断面位置确定后，应设置固定标志。

（2）河流采样断面按下列方法与要求布设

1）城市或工业区河段，应布设对照断面、控制断面和消减断面。

2）污染严重的河段可根据排污口分布及排污状况，设置若干控制断面，控制的排污量不得小于本河段总量的 80%。

3）本河段内有较大支流汇入时，应在汇合点支流上游处，及充分混合后的干流下游处布设断面。

4）出入境国际河流、重要省际河流等水环境敏感水域，在出入本行政区界处应布设断面。

5）水质稳定或污染源对水体无明显影响的河段，可只布设一个控制断面。

6）河流或水系背景断面可设置在上游接近河流源头处，或未受人类活动明显影响的河段。

7）水文地质或地球化学异常河段，应在上、下游分别设置断面。

8）供水水源地、水生生物保护区以及水源型地方病发病区、水土流失严重区应设置断面。

9）城市主要供水水源地上游 1000m 处应布设断面。

10）重要河流的入海口应布设断面。

11）水网地区应按照常年主导流向设置断面；有多个岔路时应设置在较大干流上，控制径流量不得少于总径流量的 80%。

（3）水质考察步骤

1）开阔河流的采样。

考察开阔河流水质采样时，应包括下列几个基本点：①用水地点的采样；②污水流入河流后，应在充分混合的地点及其流入前的地点采样；③支流合流后，对充分混合的地点及混合前的主流与支流地点的采样；④主流分流后地点的采样；⑤根据其他需要设定的采样地点。

各采样点原则上规定横过河流不同地点的不同深度采集定点样品。采样时，一般选择采样前连续晴天，水质较稳定的日子（特殊需要除外）。

2）开阔水体的采样。

对于开阔水体，由于地点不同和温度的分层现象可引起水质很大的差异。在考察水质状况时，应考虑到成层期与循环期的水质明显不同。了解循环期水质，可采集表层水样；了解成层期水质，应按深度分层采样。

在考察水域污染状况时，需进行综合分析判断，抓住基本点（如废水流入前、流入后充分混合的地点，用水地点，流出地点等。有些可参照开阔河流的采样情况，但不能等同而论），以取得代表性水样。

采样时，一般选择采样前连续晴天，水质稳定的日子（特殊需要除外）。

（4）水质样品的采集步骤

水质采样方法有船只采样、桥梁采样、涉水采样、索道采样等。

具体采样步骤大致如下：

1）准备采样瓶。采样时要根据采样计划小心采集水样，使水样在采集过程到进行分析之前既不变质也不能受到污染。要准备足够数量、质量可靠、容量合适的采样瓶（要求有内塞）。水样瓶使用前，要先用蒸馏水洗两三遍，或根据监测项目的具体要求特别清洗采样瓶。

2）准备采样记录纸。根据水样种类、数量，分别准备不同的记录用纸，制定一个格式。

3）做好记录。根据采集水样种类不同，预先做好统一编号计划。在记录纸（本）上，对采集到的每一个水样要做好记录，记录样品编号、采样日期、地点、时间及其他相关情报和采样人员姓名。

4）采集水样。根据不同采样目的，采用不同容器采集水样，先在每一个水样瓶上贴好标签，标明样品标号、时间等。采样前先用被监测水体洗两三遍，然后将水样装满容器，注意一定尽量保证容器没有空气。

5）保存水样。根据不同目的，采用不同方法保存水样。一般水化学及稳定同位素的采样要求常温保存，回避高温或低温环境（防止结冰）。

6）运送水样。按照相关要求，做好包装，防止挤压，保护好容器。运送过程中，回避高温或低温环境（防止结冰）等。

一般来说，水样采集和分析之间时间间隔越短，分析结果越可靠。对于某些成分和物理特性（如温度、电导率和 pH）应现场测定。在测定水样的温度、电导率和 pH 时，应尽量避免外界环境的干扰，并及时记录保持稳定的数据。水样允许存放的时间，随水样的性质、所要检测的项目和储存条件而定，采样后立即分析最为理想。有些水样需带回实验室进行分析测定，水样取出后到实验室的这段时间，不可避免地发生化学、物理或生物变化。大多数情况下，低温储存可能是最好的办法。

样品采集结束后，要进行密封保存，有特殊需要的，还应冷冻保存。之后进行样品标记，具体标记内容可包括采样编号、采样日期（年、月、日）、采样性质，最好在瓶身两面都标记。

采样过程务必谨慎逐步进行，以免造成样品质量不高等结果。

（5）考察表填写

考察应记录的内容有：日期、时间、编号、地名、采访的各种情况（人口，井数与概况，等）、经纬度、海拔、EC、PC、水温、采水样、天气情况等（表4-5）。

表 4-5　水样采集记录

河流名称：断面：采集时间：

采样点名称	编号	水文参数			水质参数		
		流量/（m³/s）	流速/（m³/s）	水位/m	水温/℃	pH	溶解氧/（mg/L）
	1						
	2						
	3						
	4						
	5						
	……						

采样人员：

接样人员：

4.4　森林生态样方调查方法

4.4.1　建立森林样地

（1）选择森林样地的基本原则

对所调查森林作全面勘察，掌握森林林分的特点，选出具有代表性的，即林分特征及立地条件一致的地段设置样地；森林样地不能跨越河流、道路或伐开的调查线，且应远离林缘（至少应距林缘为一倍林分平均高的距离）；森林样地必需设置在同一林分内，不能跨越林分；森林样地设在混交林中时，其树种、林分密度分布应均匀；尽可能优先选择各森林（天然林）类型的成熟林，其次是中龄林，最后是幼龄林。森林成熟林龄可参考中国北方地区各种天然林的成熟林龄。中国的红松林、云杉林成熟龄为 120 年以上；中国落叶松林、冷杉林、樟子松（欧洲赤松变种）林、赤松林等成熟龄为 100 年以上；中国的桦树林成熟龄为 60 年以上；中国的栎树林、柞树林、椴树林、水曲柳林、胡桃楸林、黄菠萝林成熟龄为 80 年以上；调查工作分乔木层、灌木层和草本层三部分分别进行。

（2）森林样地的形状和面积

森林样地形状：样地一般采用正方形或长方形，其每边的长度，至少要高于该地段的最高树木的树高；

森林样地面积：一般 20m×30m 或 20m×20m，特殊情况（比如纯林、人工林或幼龄林）可以采用 10m×20m 或 10m×10m 或 5m×5m 等。

（3）森林样地的境界测量

用罗盘仪测角，用皮尺或测绳量距离。当林地坡度大于 5°以上时，应将测量的斜距按实际坡度改算为水平距离。

（4）森林样地的位置及略图

样地设置好以后，应标记样地的地点，测定并记录样地的 GPS 定位坐标、坡向、坡度、坡位和海拔及在林分中的相对位置，并将样地设置的大小、形状在样地调查表上按比例绘制略图。

（5）森林样地一般描述和环境因子记录

样地确定后，应按要求进行编号，记录各项自然条件，并把直接观测和简单测定所能得到的项目，尽量地记载下来，例如样地的地质条件、地貌、地形等要素概况，样地的森林类型、起源（天然/人工）、群落结构、层次、树种组成、林龄、郁闭度、下木和草本地被植物的状况、干扰、森林健康状况等。在人工林中，通过访问还要把造林的措施和经营活动情况记录下来，以便作为分析和讨论中的参考。

4.4.2 森林样地乔木层地上生物量调查方法

（1）每木调查

所谓每木调查就是把样地内的全部树木（包括活立木和死立木），从一定的起始径阶（通常在壮年林或近熟林中为 4cm，在成熟林中为 6cm）开始，逐一测定其种类、胸高直径和树高等测树学因子。在林学上，每木调查也称为每木检尺，通常是指只测定胸高直径，但在生态学中以生物生产的测定为目的时，常常也包括树高等其他因子的测定。

每木调查的步骤如下：

1）确定起测径阶：检尺时最小径阶称为起测径阶，小于起测径阶的树木称为幼树。起测径阶一般以林分平均直径 0.4 倍的值作为起测径阶的依据。一般调查时，天然成过熟林起测径阶为 6cm，中龄林 4cm，人工幼林 1cm 或 2cm。本项目除幼龄林外的所有森林类型起测径阶统一确定为 4cm（相当于胸高围长>12cm）。

2）每木检尺：三人一组，二人测胸径，一人记录并用粉笔作记号。测胸径（或胸高围长）时，必须分别记录树种、材质等级、胸径（或胸高围长）和亚林层位置等。在坡地应沿等高线方向进行，在平地沿 S 形方向量测。测径时应注意：①必须测定距地面 1.3m 处直径，在坡地量测坡上 1.3m 处直径。②围尺必须与树干垂直且与树干三面紧贴，测定胸径并记录后，再取下围尺。③遇干形不规整的树木，应垂直测定两个方向的直径，取其平均值。在 1.3m 以下分叉者应视为两株树，分别检尺。④测定位于标准地边界的树木时，本着北要南不要、取东舍西的原则。⑤测者每测一株树，应报出该树种、材质等级及直径大小，记录者应复诵。凡测过的树木，应用粉笔在树上向前进的方向做出记号，以免重测或漏测。⑥如果确定该样地同时作为固定样地，则每株树应编号，树木编号应用红色油漆标记（经典做法是用标有树木标号的金属小牌钉在树干较高部位处）。调查时，一律采用 1cm 径阶或记实际胸径，每木检尺要分别树种，健康木，病腐木或生长级记录，并在其 1.3m 处做上记号（如用红色油漆在胸高 1.3m 处做标记），以利下次复测，测定精度 0.10cm（事先准备好做标记的毛笔和粉笔，油漆可在当地购买，因它是易燃易爆物品）。

（2）计算林分平均胸高直径

每木检尺后，采用平方平均法计算样地起测径阶以上所有树木的平均胸高直径，公式如下：

$$D_g = \sqrt{\frac{4}{\pi}\bar{g}} = \sqrt{\frac{4}{\pi}\frac{1}{N}G} = \sqrt{\frac{4}{\pi}\frac{1}{N}\sum_{i=1}^{N}g_i} = \sqrt{\frac{4}{\pi}\frac{1}{N}\sum_{i=1}^{N}\frac{\pi}{4}d_i^2} = \sqrt{\frac{1}{N}\sum_{i=1}^{N}d_i^2}$$

$$D_g^2 = \bar{d}^2 + \sigma^2$$

式中，D_g 为林分平均胸高直径；d 为林分算术平均胸径；g 为树干胸高 1.3 米处的断面积。

（3）林分优势木选择

在样地内找到胸径最大的 2～3 株树木，记为优势木，同时测定其树高，目的是解决样地在该类森林的地位级表或立地指数表中的等级。

（4）林分平均木选择和测定

根据所计算的林分平均胸高直径，寻找 1～2 株胸高直径大致等于林分平均胸高直径的树木作为林分平均木，对该林木要测定并记录其冠幅、树高、枝下高、树龄等。

（5）林分平均树高

林分平均木的树高即为林分平均高。对测高的样木还要测枝下高和冠幅。枝下高精确到 0.5m。冠幅要求按东西、南北方向量测，精确到 0.1m。

（6）树龄与林分平均林龄

树龄用查数伐根上的年轮数测定。林龄一般用林分平均木的年龄代替，可用生长锥在树高 1.3m 处取样，查数年轮条的年轮数，即是 1.3m 处以上的年龄值；1.3m 处以下的年龄查数方法，可以找到树高 1.3m 的幼树查数全株的所有轮枝轮数；二者相加既是平均木的年龄，也即是林龄。有些树种如云杉、冷杉、欧洲赤松等轮枝非常明显的树种，可以用查主干轮枝轮数的办法测定出最下轮枝以上的年龄数；对于最下轮枝以下部分年龄，可以找到与该高度大致相同的幼树或幼苗查数全株的所有轮枝轮数；二者相加既是该树木的年龄。混交林只确定优势树种的年龄。通常，幼龄林以年为单位表示林分年龄，中、成过熟林以龄级为单位表示林分年龄。

（7）郁闭度

标准地的两对角线上树冠覆盖的总长度与两对角线的总长之比，作为郁闭度的估测值。或在标准地内机械设置 100 个样点，在各点上确定是否被树冠覆盖，总计被覆盖的点数，并计算其频率，将此频率作为郁闭度的近似值。

4.4.3 森林样地灌木层和更新层地上生物量调查方法

1）在每块样地内随机选择一块地方，布设2m×2m样方3个（如果该样地将被作为固定标准地，则样方应设在标准地外的某个地方），将所有灌木齐地面处用锯或剪枝剪锯（剪）断，将样品在现场称鲜重。同时取部分样品（分别灌木干部、枝部、叶部），用布袋装好，称取样品的鲜重，然后运到有烘箱处，将样品连同布袋放入烘箱中，在80℃下烘干至恒重，之后连同布袋和样品称干重，记录"干重/鲜重"比值，最后将样地内灌木鲜重换算成相应灌木干重，最后记录所有灌木层生物量相关信息。

2）随机选取几株灌木，对其主要枝条的最近五年生长节逐年记录每年基径数值（用游标卡尺测定）和当年生长节长度，同时测定整株灌木全株株高及基径数值。之后计算灌木枝条最近五年相对平均生长率，最后计算样地内灌木的NPP值。

3）更新层生物量调查。同方法1）和2），只是调查对象是样地内所有乔木的幼树和幼苗。

4.4.4 森林样地草本层地上生物量调查方法

在每块样地内随机选择一块地方，布设1m×1m样方3个（如果该样地将被作为标准地，则样方应设在标准地外的某个地方），用剪刀将所有草本植物齐地面处剪下，将所有剪下的植物样品装入布袋中，称鲜重并记录样方相应信息。将相关样品运到有烘箱的地方，将样品连同布袋放入烘箱中，在80℃下烘干8小时，之后连同布袋和样品称干重，记录相应草本生物量信息。

特殊工具：铁钎子、样方框或小测绳、便携式天平、羊毛剪或蔬果剪、布袋、烘箱等。

在调查的过程中一并填写森林资源调查表（表4-6～表4-9）。

表4-6　森林样地调查总表

样地编号：　样地面积：　m×　m　　　调查者：日期：
植物群落类型：
地理位置：　国　省　市
小地名：　纬度：　经度：
海拔：　坡度：　坡向：　坡位：　小地形：
群落外貌：　群落层次：　干扰：

样地示意图

其他：
样地生物量：
乔木地上鲜重：　g　地下鲜重：　g　干重：　g
灌木地上鲜重：　g　地下鲜重：　g　地上干重：　g　地下干重：　g
草本地上鲜重：　g　地下鲜重：　g　地上干重：　g　地下干重：　g
样地总生物量干重：

表 4-7　森林样地乔木层调查

小样地号：　　　　样地面积：　　m× m　　　　郁闭度：　%

亚层高度：I/II/III　　m　m　m　　　林分平均直径：　cm　　　林分平均高：m

序号	树种名	树高/m	枝下高/m	胸围/cm	冠幅/(m×m)	物候期	备注
1							
2							
3							
4							
5							
6							
7							
8							
9							
⋮							

表 4-8　森林样地灌木层/更新层调查

小样方号：　　　　样方面积：　　m× 　m　　　　总盖度:%

亚层高度：I/II/III　cm　　cm　　cm　　　亚层盖度：I/II/III：　%　　%　　%

序号	植物种名	株数	高度/cm	基径/cm	冠幅/(m×m)	物候期	备注
1							
2							
3							
4							
5							
6							
7							
8							
9							
⋮							

表 4-9　森林样地草本层/苔藓层调查

小样方号：　　　　样方面积：　　m/cm × 　m/cm　　　　总盖度:%

亚层高度 I/II/III：　　cm　　cm　　cm　　　亚层盖度 I/II/III：　%　%　%

序号	植物种名	高度/cm	盖度/%	多度/%	频度/%	冠层	物候期	备注
1								
2								
3								
4								
5								
6								
⋮								

4.5 草地生态样方调查方法

4.5.1 样地设置

在勘察和线路调查中如发现珍稀草地植被类型为主的集中分布群落或优良群落，可进行小标准地调查，依据群落大小，标准地面积在 50～400m²，长方形或正方形均可。

样地是能够代表样地信息特征的基本采样单元，用于获取所调查草地类型的基本信息。

（1）设置原则

1）样地设置：选择植被盖度相对均匀的一块草地（100m×100m）作为该草地类型的代表。

2）样方设置：沿任意方向每隔一定距离设置一个样方，草地样方大小通常为 1m×1m。选定第 1 个样方后，按一定方向、一定距离依次确定第 2 个、第 3 个等。样方设置既要考虑代表性，又要有随机性。样方之间的间隔不少于 50m，同一样方不同重复之间的间隔不超过 50m。

3）为获得最接近真实的生物量，在被调查的样地内，尽量选择未利用的区域做测产样方。

4）退牧还草工程项目监测，要在工程区围栏内、外分别设置样方，进行内外植被的对比分析。内、外样方所处地貌地形、土壤和植被类型要一致。不同组的对照样方尽量分布在不同的工程区域。

（2）样方种类

1）草本及矮小灌木草原样方。样地内只有草本及矮小灌木植物，布设样方的面积一般为 1m²，若样地植被分布呈斑块状或者较为稀疏，可将样方扩大到 2m²。

2）具有灌木及高大草本植物草原样方。样地内具有灌木及高大草本植物，且数量较多或分布较为均匀，布设样方的面积为 25m²。高大草本的高度一般为 80cm 以上，灌木高度一般在 50cm 以上。这些植物通常形成大的株丛，有坚硬而家畜不能直接采食的枝条。如果灌木或高大草本在视野范围内呈零星或者稀疏分布，不能构成灌木或高大草本层片时，可忽略不计，只调查草本及矮小灌木。

（3）样方形状

样方为正方形。

（4）样方数量

在不同的草原类型中，面积小，地形单纯，生态变异小，少设样方；面积大，地形复杂，生态变异大，多设样方。

一般情况下，一个样地内，布设 3 个样方。如果地形平坦，植被均匀，可适当减少样方数量。具有灌木及高大草本类植物的草原，样地内可只设置一个 25m² 的样方，不做重复。

4.5.2　草本及矮小灌木草原样方调查

草原只有草本及矮小灌木植物，没有灌木和高大草本植物时，认真填写内容。

样方编号指样方在样地中的顺序号。同一样地中，样方编号不能重复。

样方面积：选取样方的实际面积，比如 1m²。

样方定位：GPS 记载样方的经纬度和海拔，也可以通过地形图定位，即在地形图上查找样地所在位置的经纬度。经纬度统一用度分格式。

样方照片：俯视照是指样方的垂直照，周围景观照是指最能反映样方周围特征的景物的照片。编号要反映所属样地号及样方号。

植被盖度测定：指样方内所有植物的垂直投影面积占样方面积的百分比。植被盖度测量采用目测法或样线针刺法。草群平均高度：用米尺测量样方内大多数植物枝条或草层叶片集中分布的平均自然高度。

目测法：目测并估计 1m² 内所有植物垂直投影的面积，为了消除目测带来的误差，通常指定一人对植被盖度进行目测。

样线针刺法：选择 50m 或 30m 刻度样线，每隔一定间距用探针垂直向下刺，若有植物，记作 1，无则记作 0，然后计算其出现频率，即盖度。

草群平均高度：用米尺测量样方内大多数植物枝条或草层叶片集中分布的平均自然高度。

植物种数：样方内所有植物种的数量。

主要植物种名：样方内，主要的优势种或群落的建群种。

主要毒害草名称：样方内对家畜有毒、有害的主要植物的名称。

地上生物量测定：样方内草地地上生物量。通常以植被生长盛期（花期或抽穗期）的产量为宜。

剪割：对矮小草本及小半灌木，样方内植物齐地面剪割。灌丛或高大灌木只剪割当年枝条。

称鲜重：将剪割的植物用便携式天平测定鲜重，并做好相应的记录。

干重：将样品分别装袋，并标明样品的所属样地及样方号、种类组成、样品鲜重，带回实验室 75℃ 烘至恒重，然后称量其干重。

具体见表 4-10 和表 4-11。

表 4-10　草地资源调查信息

国家：　　　　省级行政区：　　　　调查日期：　　　　调查单位：　　　　调查人：　　　　编号：

优势物种：中文名＿＿＿＿＿＿，＿＿＿＿＿＿科＿＿＿＿＿＿属＿＿＿＿＿＿种

　　　　　俗名：＿＿＿＿＿＿＿＿＿＿拉丁名＿＿＿＿＿＿＿＿＿＿

照片编号：＿＿＿＿＿＿＿＿＿＿

草地种类：草甸　草原　典型草原　荒漠草原　半干旱荒漠草原　沼泽湿地　其他

用途：放牧　生态　观赏　商用　其他

草地类型：天然草地　人工草地

草地退化程度：极度退化　重度退化　中度退化　轻度退化　未退化　其他

调查地点：＿＿＿＿＿县（市）＿＿＿＿区（镇）＿＿＿＿＿乡＿＿＿＿＿村

调查地种群面积（公顷）＿＿＿＿＿：种群数量（株）：1～10　11～50　51～100　101～1000　>1000

地形：经度＿＿＿纬度＿＿＿海拔＿＿＿坡向＿＿＿坡位＿＿＿坡度＿＿＿

人为活动：频繁　不频繁

土壤类型：＿＿＿＿＿＿＿＿＿＿

动物活动情况：主要动物种类＿＿＿＿＿＿＿＿＿＿数量＿＿＿＿＿

优势种分布方式：集中分布　片状分布　散生零星分布

生长周期：结实年龄＿＿＿＿花期＿＿＿＿种子（果实）成熟期＿＿＿＿采种期＿＿＿＿

病虫害情况：有严重轻度主要种类＿＿＿＿＿＿＿＿＿＿无

保存价值：

保存方式建议：原地保存　异地保存　设施保存

表 4-11　草地资源调查记录

调查方式：勘察

样线（样带）调查　长度＿＿＿＿m　宽度＿＿＿＿m　调查株数＿＿＿＿株　优势草种所占比例＿＿＿＿

样方调查面积＿＿＿＿m　调查株数＿＿＿＿株　优势草种所占比例＿＿＿＿

	St-01	St-02	St-03	St-04	St-05	St-06	St-07	St-08	St-09	St-10
样地编号										
样地面积										
调查者										
调查时间										
调查地天气										
地理位置										
纬度										
经度										
海拔										
坡向										
坡度										
坡位										
小地形										
样地示意图										
其他描述										

续表

	St-01	St-02	St-03	St-04	St-05	St-06	St-07	St-08	St-09	St-10
群落类型										
群落外貌										
群落层次										
干扰										
高度										
频度										
盖度										
密度										
地上鲜重										
地上干重										
土壤类型										

4.5.3　土壤样方调查

土壤样方的采集地设置和样方设置与上面草地植物样方调查一致，具体的采集过程和室内分析如下。

(1) 采集过程

在收集生物量的 3 个小样方内将表面植被及石砾等干扰物去除，用土钻每隔 10cm 取至 30cm，每个样方内每个层次各采集 5 钻，每一层次放在一起作为一个样品；在沙地或者其他土钻不便取样的样地，采用铲或者锹做剖面取土样，并用密封袋封装，每袋重量在 1kg 左右为宜，做好样地名、样方名、土壤的植被群落信息等信息的记录。

(2) 室内分析方法和过程

将野外采集的土壤样品带回实验室进行自然风干。风干后的土壤样品进行化学成分的分析，分析的指标包括有机质、氮、磷、pH、全盐、容重和粒径等指标。

4.5.4　调绘面积

对草地资源的分布，调绘其面积，用 1/10 000 的地形图，对坡勾绘，计算面积。

4.5.5　影像和标本技术要求

影像技术要求

拍摄对象：草地植被、整株和叶、花、果实等器官以及突出特性部位。

摄像：对长势优良和极度退化的草地可摄像。

精度要求：

1）记录准确：草地植被名称、地点、拍摄者（姓名和课题组）、拍摄时间。

2）采用数码相机，要求拍摄物主体突出，图像清晰，相机像素不低于 500 万。

草地资源标本：无法确定的草地植被种类，根据收集到的标本和野外采集记录进行鉴定。应用已出版的工具书，如植物志、植物检索表或图鉴并请植物分类专家鉴定。

4.6 水生生物及生态系统调查方法

4.6.1 鱼类野外处理规范及操作步骤

（1）采样点布设应遵循的原则

按各类水生生物生长与分布特点，布设采样点，并与水质采样垂线尽可能一致。

在激流与缓流水域、城市河段、纳污水域、水源保护区、潮汐河流潮间带等代表性水域，应布设采样点。

在湖泊（水库）的进出口、岸边水域、开阔水域、汊湾水域、纳污水域等代表性水域，应布设采样点。

根据实地查勘或预调查掌握的信息，确定各代表性水域采样点的布设密度与数量。

采集鱼样时，应按照鱼摄食和栖息特点，如肉食性、杂食性和草食性，表层和底层等在监测水域范围内采集。鱼类样品采用渔具捕捞。采集后应尽快进行种类鉴定，残毒分析样品应尽快取样分析，或冷冻保存。

（2）鱼类的采样步骤

渔业生产上的许多捕捞方法可用于实验采集。鱼苗和幼鱼一般采用网捕。采集成鱼主要用网捕、电捕或钓捕。在小型水体或大型水域的局部范围（如湖汊、库湾）内，也可使用毒性大而残毒期短的某些药物（如鱼滕精）进行毒杀。

填写鱼类区系与种质资源考察表（表 4-12）。

表 4-12 鱼类区系与种质资源考察

编号		鱼名	
采集尾数		地方名	
采集时间		采集地点	
水温		捕捞工具	

体色记录：

访问记录（栖息水层、水域状况、产卵时间、食性等）：

备注：

采集人：

4.6.2　浮游生物及着生藻类野外处理规范及操作步骤

(1) 采样点布设要求

当水深小于 3m、水体混合均匀、透光可达到水底层时，在水面下 0.5m 布设一个采样点。

当水深在 3~10m，水体混合均匀、透光不能达到水底层时，分别在水面下和底层上 0.5m 处各布设一个采样点。

当水深大于 10m，在透光层或温跃层以上的水层，分别在水面下 0.5m 和最大透光深度处各布设一个采样点，另在水底上 0.5m 处布设一个采样点。

为了解和掌握水体中浮游生物、微生物垂向分布，可每隔 1.0m 水深布设一个采样点。

(2) 样品采集要求

采集浮游植物定性和定量样品的工具有浮游生物采集网和采水器。

定性样品采集（浮游植物、原生动物和轮虫等）采用 25 号浮游生物网（网孔 0.064mm）或 PFU（聚氨酯泡沫塑料块）法；枝角类和桡足类等浮游动物采用 13 号浮游生物网（网孔 0.112mm），在表层中拖滤 1~3min。

定量样品采集，在静水和缓慢流动水体中采用玻璃采样器或改良式北原采样器（如有机玻璃采样器）采集；在流速较大的河流中，采用横式采样器，并与铅鱼配合使用，采水量为 1~2L，若浮游生物量很低时，应酌情增加采水量。

浮游生物样品采集后，除进行活体观测外，一般按水样体积加 1% 的鲁哥式溶液固定，静置沉淀后，倾去上层清水，将样品装入样品瓶中。

浮游生物样品的最佳采集时间是 8：00~10：00。

填写藻类资源野外考察表（表 4-13）。

表 4-13　藻类资源考察

标本编号		采集日期		照片编号	
酒精固定样品编号			活体培养编号		
标本种类及数量：液浸：瓶干制：瓶					
产地：					
经度		纬度		海拔	
生态环境描述：					
气温		水温		pH	电导率
生长情况：					
主要种类：					
采集人			鉴定人		

4.6.3 大型无脊椎动物样品野外处理及操作步骤

（1）底栖大型无脊椎动物采样方法与要求

定量样品可用开口面积一定的采泥器采集，如彼得逊采泥器（采样面积为 $1/16m^2$）或用铁丝编织的直径为 18cm、高 20cm 圆柱形铁丝笼，笼网孔径为 $5\pm1cm^2$、底部铺 40 目尼龙筛绢，内装规格尽量一致的卵石，将笼置于采样垂线的水底中，14d 后取出，从底泥中和卵石上挑出底栖动物。

定性样品可用三角拖网在水底拖拉一段距离，或用手抄网在岸边与浅水处采集。以 40 目分样筛，挑出底栖动物样品。

（2）采样步骤

1）样品的洗涤。

用采泥器在采样点采得泥样后，应将泥样全部倒入大脚盆中，再经 40 目分样筛筛洗，等筛洗澄清后，将获得的底栖动物及其腐屑等剩余物装入塑料袋中，同时放进标签（注明编号、采样点、时间等），并做好记录，封紧袋口，带回实验室作进一步分检工作。如果在野外时间紧张，也可将泥样放入塑料袋中带回实验室洗涤。

带回洗涤好的或未曾洗涤的样品，因时间关系不能立即进行分检工作的应将样品放入冰箱（0℃），或把袋口打开，置于通风、凉爽处。防止样品中底栖动物在环境改变后的突然死亡与昆虫的迅速羽化，造成数量上的损失。

2）分样。

大型底栖动物，经洗净污泥后，在工作船上即可进行分样，在室内即可按大类群分别进行称重与数量的记录。与泥沙、腐屑等混在一起的小型动物，如水蚯蚓、昆虫幼虫等，则需在室内进行仔细的分样过程。应将洗净的样品置入解剖盘中，加入清水，利用尖嘴镊、吸管、毛笔、放大镜等工具进行工作，挑选出各类动物，分别放入已装好固定液的标本瓶中，直到采集到的标本全部检完为止。在标本瓶外贴上标签，瓶内也放入一标签，其内容与塑料袋内的标签一致，最后将瓶盖紧保存。

3）样品的固定与保存。

软体动物中的螺、蚌，固定前先在 50℃ 左右的热水中将其闷死，在蚌壳张口处（螺厣、壳口间）塞入一小木片，然后向内脏团中注射 7% 的甲醛，在 7% 甲醛中固定 24h，然后移入乙醇中保存。对小型螺、蚌则可不必将固定液注射入内脏，可用热水闷死待壳张开后则可固定。

水生昆虫可用 7% 的甲醛固定，24h 后移入 75% 乙醇保存。

水栖寡毛类应用 7% 的甲醛固定。为减少虫体形变，常用沸腾的甲醛，使其迅速死亡。酒精对水栖寡毛类的固定效果差，不宜使用。

上述固定和保存液的体积应为所固定动物体积的 10 倍以上，否则应在 2～3 天后更换一次。

填写水生底栖动物采样记录表（表4-14）。

表 4-14　水生底栖动物采样记录

采样日期：	采样地点：	站名：
水深：	水色：	气温：
水温：	溶解氧（DO）：	底质：
气象条件：	pH：	电导率：
采样工具及方法		
生境		

采样单位：　　　　　　采样人：

4.6.4　水鸟野外处理规范及操作步骤

（1）处理规范

野外考察中，往往因时间短、任务重、在鸟类采集过程中，常常只追求数量而忽视标本质量。这主要表现为采得标本太多，而无法当日全部制作成标本，势必会将未制成的标本留至第二天再制成标本，这就容易导致标本糜烂腐败而无法制成标本，尤其是酷热的夏季，从而造成标本资源损失。为保证在野外所采得的标本质量，应重视下列几个方面。

1）采得每号标本应将棉花塞入鸟嘴里，以防黏液或血液从嘴里流出，污染羽毛。同时用旧报纸将标本包裹好放入采集袋中。如此，就可以保护好刚采得的鸟类标本。2）我们应当做到所采得的新鲜鸟类制作成标本不过夜。对那些极为珍贵的稀有的鸟类，更应及时制成标本。

3）野外采集标本时，应尽量地保证标本的完整性。

网捕鸟类，可得到完整的鸟体，有利于制作成高质量的剥制标本。网捕鸟类，也有不足之处，如网捕只适用于森林鸟类中的中，下层或灌丛鸟类，对于高层鸟类则不适用。对于鸻鹬类，或水禽、涉禽而言，网捕鸟不失为好的办法，但对大型水禽，涉禽则不太适用。

还应注意的是布网时应依据对象不同及地形的差异，选择好布网地点。这是决定是否能采得所需鸟类的关键。同时，应定时地查看鸟网，及时取下网得的鸟，这样可防止被挂网捕得的鸟被食肉动物所食（同时，食肉动物亦可能损坏鸟网）或被蚂蚁毁损，或在烈日暴晒下所引起标本腐败，糜烂。

4）野外应及时将采得的鸟制作成标本，并要认真地进行整形，理顺好每根羽毛，使每号标本保持着最完善的状态。应用脱脂棉包裹好每个标本，并将它们放置凉爽通风处，晾干标本以防潮湿糜烂、腐败。

（2）考察步骤

1）按水鸟的生活习性，布设样方、样点，观察物种及数量统计调查。

2）在湖泊、河流、潮汐河流潮间带等有代表性的水域湿地，布设样方、样点，调查水鸟物种数量及分布情况。对湖泊长度小于或等于 2km 时，采用定点调查法进行水鸟种群数量计数。对湖泊长度大于 2km 时，沿湖岸设置样线，样线长度根据湖岸长度进行调整，沿样线进行调查。

3）根据实地查勘或调查掌握的信息，确定代表性水域采样点的布设密度与数量。

4）确保水鸟调查物种鉴定的准确性。

5）在调查的样点布网进行标本采集。

（3）填写考察表

1）野外考察表见表4-15。

表4-15　水鸟调查表

姓名：　　　　　　　　　　　　　　　地名：

地址：调查方法：

坐标：

调查日期：　　　　　　开始时间：结束时间：

潮汐状况：湿地类型：

是否有计数中断是否覆盖了整个地区

总的鸟类种量＿＿＿＿＿＿种　　总的鸟类数量＿＿＿＿＿＿只

鸟种类	总量	备注

2）标本采集的野外标签见表4-16和表4-17。

标签内容包括：

正面：①单位名称；②采集号；③采集日期；④采集地；⑤采集者；⑥海拔。

背面：①体重；②体长；③性别；④嘴峰；⑤跗蹠；⑥翅长；⑦尾长。

表4-16　标本采集标签正面

采集号	日期	年	月	日
采集地	省	县	乡（镇）	
海拔	m 采集人			

表4-17　标本采集标签背面

体重	g	体长	mm	性别
嘴峰	mm	跗蹠	mm	
翅长	mm	尾长	mm	

4.7　湖泊环境调查方法

4.7.1　湖泊水质和营养程度指标综合考察

（1）湖泊（水库）采样断面设置要求

在湖泊水库（水库）主要出入口、中心区、滞流区、饮用水源地、鱼类产卵区和游览区等应设置断面。

主要排污口汇入处，视其污染物扩散情况在下游 100～1000m 设置 1～5 条断面或半断面。

峡谷型水库，应在水库上游、下游、近坝区及库尾与主要库湾回水区布设采样断面。

湖泊（水库）无明显功能分区，可采用网格法均匀布设，网格大小依湖、库面积而定。

湖泊（水库）的采样断面应与断面附近水流方向垂直。

（2）采样方法的选择

水质采样方法有船只采样、桥梁采样、涉水采样、索道采样等。湖泊环境考察采样方法的选择取决于采样方案所规定的目的。特殊情况的采样，或以水质控制为目的的采样在大多数情况下采集定点水样。如监测水质特性，可使用一组定点水样，也可以用综合样。单独分析一组定点水样费用太高，为了降低分析费用，常常把定点水样混合后分析。综合样只能显示平均值，不能显示极端情况下的状况和质量的变化范围。比较合理的办法是在短时间内取综合样与较长的时间间隔内取一组定点水样，将两种采样方法结合起来。

按表 4-18 格式，填写湖泊和水库水质采样报告。

表 4-18　湖泊和水库水质采样报告

日期：　　年　月　日

湖库名称：

采样点位置：

采样原因：

采样点的特征：

采样时间：开始时间：结束时间：

采样方法：

混合样：数量其深度各为 m

分层样：

第一层，深度在　　　　m；第二层，深度在　　　　m；第三层，深度在　　　　m；

第四层，深度在　　　　m；第五层，深度在　　　　m；第六层，深度在　　　　m；

第七层，深度在　　　　m；第八层，深度在　　　　m；第九层，深度在　　　　m

采样点观察：

水颜色嗅味

目视浑浊度

水生植物种类及覆盖度

水面漂浮物

风浪强度

地区天气情况：

气温风力

风向云量/%

备注：

记录人：

4.7.2 考察及分析方法

包括沉积物物化指标分析方法、水土界面通量分析方法等，具体分析方法略。

(1) 水质站（网）及采样断面、井、点的布设原则与方法

充分考虑本河段（地区）取水口、排污（退水）口数量和分布及污染物排放状况、水文及河道地形、支流汇入及水工程情况、植被与水土流失情况、其他影响水质及其均匀程度的因素等。力求以较少的监测断面和测点获取最具代表性的样品，全面、真实、客观地反映该区域水环境质量及污染物的时空分布状况与特征。避开死水及回水区，选择河段顺直、河岸稳定、水平缓、无急流湍滩且交通方便处，尽量与水文断面相结合。断面位置确定后，应设置固定标志。

(2) 水质考察要求

对于开阔水体，由于地点不同和温度的分层现象可引起水质很大的差异，在考察水质状况时，应考虑到成层期与循环期的水质明显不同；了解循环期水质，可采集表层水样；了解成层期水质，应按深度分层采样。考察水域污染状况时，需进行综合分析判断，抓住基本点（如废水流入前、流入后充分混合的地点，用水地点，流出地点等有些可参照开阔河流的采样情况，但不能等同而论），以取得代表性水样。采样时，一般选择采样前连续晴天，水质稳定的日子（特殊需要除外）。

(3) 水质样品的采集步骤

瞬间样品一般采集表层样品时，用吊桶或广口瓶沉入水中，待注满水后，再提出水面。

综合深度法采样需要一套用以夹住瓶子并使之沉入水中的机械装置。配有重物的采样瓶以均匀的速度沉入水中，同时通过注入孔使整个垂直断面的各层水样进入采样瓶。

为了在所有深度均能采得等分的水样，采样瓶沉降或提升的速度应随深度的不同做出相应的变化，或者采样瓶局部可调节的注孔，用以保持在水压变化的情况下，注水流量恒定。

无上述采样器时，可采用排空式采样器，分别采集每层深度的样品，然后混合。

排空式采样器是一种手动、简便易行的采样器。此采样器是两端开口，侧面带刻度、温度计的玻璃或塑料的圆筒式，下侧接有一胶囊，底部加重物的一种装置。顶端与底端各有同向向上开启的两个半圆盖子，当采样器沉入水中时，两端各自的两个半圆盖子随之向上开启，水不停留在采样器中，到达预订深度上提，两端半圆盖子随之盖住，即取得所需深度的样品。上述排空式采样器只是其中一种，其他只要能达到同等效果的采样器，均可使用。

具体采样步骤大致如下。

1) 准备采样瓶。采样时要根据采样计划小心采集水样，使水样在采集过程到进行分析之前既不变质也不能受到污染。要准备足够数量、质量可靠、容量合适的采样瓶（要求有内塞）。水样瓶使用前，要先用蒸馏水洗两三遍，或根据监测项目的具体要求特别清洗采样瓶。

2）准备采样记录纸。根据水样种类和数量，分别准备不同的记录用纸，制订一个格式。

3）做好记录。根据采集水样种类不同，预先做好同一编号计划。在记录纸（本）上，对采集到的每一个水样要做好记录，记录样品编号、采样日期、地点、时间及其他相关情报和采样人员姓名。

4）采集水样。根据不同采样目的，采用不同容器采集水样，先在每一个水样瓶上贴好标签，标明样品标号、时间等。采样前先用被监测水体洗两三遍，然后将水样装满容器，注意一定尽量保证容器没有空气。

5）保存水样。根据不同目的，采用不同方法保存水样。一般水化学及稳定同位素采样的要求常温或者冷藏保存，避免高温或低温情况（防止结冰）。

6）运送水样。按照相关要求，做好包装防止挤压，保护好容器。运送过程中，避免高温或低温情况（防止结冰）等。

一般来说，水样采集和分析之间时间间隔越短，分析结果越可靠。对于某些成分和物理特性（如温度、电导率和 pH）应在现场测定。在测定水样的温度、电导率和 pH 时，应尽量避免外界环境的干扰，并及时记录保持稳定的数据。水样允许存放的时间，随水样的性质、所要检测的项目和储存条件而定，采样后立即分析最为理想。有些水样需带回实验室进行分析测定，水样取出后到实验室的这段时间，不可避免地发生化学、物理或生物变化。大多数情况下，低温储存可能是最好的办法。

样品采集结束后，要进行密封保存，有特殊需要的，还应冷冻保存。之后进行样品标记，具体标记内容可包括采样编号、采样日期（年、月、日）、采样性质，最好在瓶身两面都标记。

采样过程务必谨慎逐步进行，以免造成样品质量不高等结果。

（4）考察表填写

考察应记录的内容有：日期、时间、编号、地名、采访的各种情况（湖泊周边人口，工矿企业，农业强度、方式，鱼类及渔业，水草及藻类）、经纬度、海拔、EC、pH、水温、采水样、天气情况等。

4.8　社会经济与人居环境调查方法

4.8.1　调查与考察方法

由于科学考察的性质和统计环境的限制，本专题总体上采用抽样调查与文献调查相结合的方法，由于人居环境专题考察内容涉及的专业领域广泛，针对不同考察内容所采取的考察方法差异显著。

1）社会系统考察方法。对人居环境的人口特征、经济特征各项考察内容主要借助统计资料等文献，对文化特征和生活特征的考察采用直接观察法、采访法和问卷法相结合，并以文献资料作为补充。

2）居住系统考察方法。居住系统的考察采取结合文献资料的直接观察法（踏勘），城市规划调查参考《城市居住区规划设计规范》（GB 50180—93）和《城市规划基本术语标准》（GBT 50280—98）。

3）自然系统考察方法。对大气的考察方法参考《生态系统大气环境观测规范》；对土壤环境的考察方法参考《土壤环境检测技术规范》（HJ/T 166—2004）；对固体废弃物、污染物的考察参考各类固体废物污染物测定的国家标准：GB/T 15555.1—1995至GB/T 15555.12—1995；对水体环境的考察方法参考《水环境监测规范》（SL219—98）和《水质采样技术指导（征求意见稿）》；对环境噪声的考察方法参考《声学环境噪声测量方法》（GB/T 3222—94）；城市绿地考察方法参考《城市绿地分类标准》（CJJT 85—2002）、《城市绿化条例》、《公园设计规范》（CJJ 48—92）、《风景名胜区规划规范》（GB 50298—1999）、《城市绿地分类标准》（CJJT 85—2002）、《城市道路绿化规划与设计规范》（CJJ 75—9）和《城市容貌标准》（CJT 12—1999）；城市气候考察方法参考《地面气象观测规范》。

4）支撑系统考察方法。对支撑系统的考查要采用直接观察、重点采访、问卷调查与文献调查相结合的考察方法。给排水考察方法参考《城市给水工程规划规范》（GB 50282—98）、《城市排水工程规划规范》（GB50318—2000）、《污水再生利用工程设计规范》（GB 50335—2002）和《城市居民生活用水量标准》（GBT 50331—2002），交通系统考察方法参考《城市道路设计规范》（CJJ 37—90）和《城市道路管理条例》，医疗卫生系统考察方法参考《环境卫生术语标准》（CJJ 65—95）和《城市容貌标准》（CJT 12—1999），文化系统考察方法参考《风景名胜区规划规范》（GB50298—1999）、《公园设计规范》（CJJ 48—92）和《中华人民共和国文物保护法》，能源系统考察方法参考《城市电力规划规范》（GB 50293—1999）。

4.8.2 调查数据获取

调查记录填写规范字段（带＊号为必填字段）：调查时间＊、调查者＊、调查地点＊（国家、地级、市、乡镇名称）、调查地点坐标位置＊、调查地点GPS定位点标记录＊、调查对象类型＊（单位、住户、个人、其他）、调查对象名称、调查对象基本特征（性质、规模、人口、性别、年龄等必要特征信息）、调查目的＊、调查形式＊（座谈、采访、问卷等）、调查内容及结果＊（本规范上述各项考察内容或其他补充内容）、调查过程简要记录＊（起因、经过、结果、受访者态度、双方交流质量等）。

调查记录填写注意事项：

1）确保调查问卷的完整性和有效性，避免信息损失；

2）完整填写调查记录，认真记录谈话要点，避免遗漏信息，书写清晰、规范；

3）入户调查记录信息应包括调查时间、调查地点（包括国家、城市、乡镇（或街道）名称）、地理坐标值及GPS定点标记名称、调查单位名称或户主姓名、调查对象姓名、年龄、谈话内容要点、调查人员姓名和分工以有记录人姓名、记录建立时间、记录修改时间及修改项目（非必填项）。

发放和填写调查问卷步骤及注意事项：

1）选择被调查对象。注意被调查对象的代表性，应符合调查目的和调查内容；

2）邀请被调查对象。向被调查对象讲明调查目的、意义以及被调查对象受到邀请的原因等，征得被调查者同意，注意不得强制被调查对象接受调查，以免影响调查质量；

　　3）讲解调查表填写注意事项及各项填写内容的含义、数据单位等调查表说明信息；

　　4）发放调查问卷、笔；

　　5）回答被调查者的提问，协助完成调查问卷填写；

　　6）收缴调查问卷；

　　7）核查调查问卷内容，发现问题及时与被调查者沟通、纠正；

　　致谢。

4.8.3　影像拍摄及技术要求

　　人居环境拍摄对象包括以下几项。

　　1）文物古迹、遗址、纪念地。包括古文化遗址、历史遗址和古墓、古建筑、古园林、石窟、摩岩石刻、古代文化设施以及革命家和人民群众从事革命活动的纪念地、战场遗址等历史时期经济、文化、科学、军事活动遗物、遗址和纪念物。如北京的故宫、北海，西安的兵马俑、南京的雨花台等。

　　2）现代经济、技术、文化、艺术、科学活动场所形成的景观，如音乐厅、剧院及各种展览馆、博物馆。

　　3）地区和民族的特色人文景观。包括地区特色风俗习惯、民族风俗，特殊的生产、贸易、文化、艺术、体育和节目活动，民居、村寨、音乐、舞蹈、壁画、雕塑艺术及手工艺成就等丰富多彩的风土民情和地方风情。

　　4）自然、人工的生态景观图片。包括自然水体、山地、丘陵、人工水渠、桥梁、公园等。

　　人居环境拍摄对象的精度要求：①记录准确：拍摄地点、拍摄对象名称（活动类型、名称或场所、物件类型、名称）、拍摄者（姓名和单位）和拍摄时间；②采用数码相机，要求拍摄物主体突出，图像清晰，相机像素不低于 500 万。

　　在无拍摄限制的条件下，照片要素应包括：工作现场全景、被调查者特写、接待单位特征及环境。精度要求：①记录准确：拍摄地点、接待单位名称、调查目的、拍摄者（姓名和单位）、拍摄时间；②采用数码相机，要求拍摄物主体突出，图像清晰，相机像素不低于 500 万。

4.9　气溶胶监测方法

（1）监测方法和仪器

　　WMO-GAW（世界气象组织）推荐了两种通过直接测量太阳分光辐射求出气溶胶光学厚度的方法，一种方法是采用一组短波截止滤光片和直接日射表相配合的测量方法，另外一种是使用太阳光度计的测量方法。中国北方及其毗邻地区综合科学考察中所使用的测量方法是太阳光度计法。太阳光度计法采用 CE318 自动跟踪太阳光度计，该仪器是由法国 CIMEL 公司生产、专门用于气溶胶光学特性观测的野外测量仪器。

太阳光度计的功能包括：

1）由直射太阳辐照度观测推出大气透过率。

2）垂直气溶胶光学厚度在大气质量数为 2 时的精度是 ±0.01~0.02。

3）由天空辐射测量可推出的气溶胶在 0.1~3mm 的尺度谱分布，用于辐射传输计算。

4）从尺度谱分布可推出气溶胶相函数。

（2）系统安装及操作方法

1）电缆连接。各部件之间电子连接，连接电缆线到控制箱，主要包括跟踪底座两根步进电机电缆（AZ 和 ZN）、外部电池电缆、传感器头部电缆、湿度传感器电缆等。

2）配置控制测量单元。即输入日期时间和测点的经纬度，见参数设置。

3）系统定位。放置三脚架使太阳能板在北半球朝南，南半球朝北；架好三脚架后，调整三腿使太阳光度计底盘水平，调至水平后固定腿部；将跟踪底座固定在一个稳定水平面上，但传感器头不要放上；用螺丝刀将底座调平；启动 PARK 指令（指令的详细说明见下面章节）；底座到达 PARK 位置，按如下方法固定传感器头：瞄准器朝下（天底），传感器头连接器靠近轴，用一塑料圈或金属弹簧固定传感器头的电缆；启动 GOSUN 指令，并调整传感器头电缆的位置；转动底座使瞄准器对准太阳（通过沿着垂直轴转动整个系统）；再次启动 PARK 指令；重复 GOSUN 指令，确认是否对准太阳。

注：在 PARK 位置，高度角旋转轴朝向地理的东西方向，传感器头在西，头部旋转面在子午面上。

4）方位角定位。

启动 PARK 指令；把步进马达系统放到架子上，并调节使其底座水平；导引天顶马达控制轴朝西（垂直运动）；启动 GOSUN 指令；用手水平转动马达系统底座，使对准器瞄准太阳，当太阳的像尽可能接近对准孔，表明操作正确；使马达系统底座水平，如果必要，检查配置和修正平台的位置；调整底座的螺钉，再次控制水平；当所有螺丝固定之后，再检查所有前面的操作。

CE318 不需要操作者的帮助可以实现自动操作。其运行流程是：先让对准器对准太阳的近似位置测量直接太阳辐射，该位置是根据时间、地理参数坐标等用内部程序计算的。一个四象限探测器接着利用一个反馈循环将太阳定位在对准器视场的中央，滤光片轮在探测器前转动进行一个测量过程。一次测量过程需要 10s。为了分辨薄卷云的存在，需进行三次测量，此过程一般需要持续 35s。

在数据分析过程中，被测值间相互比较，然后删去非均匀值。等高度角天空辐射测量是在固定高度角和不同的方位角条件下扫描天空，获得四个滤光片上不同角度的天空光。太阳主平面天空测量就是在太阳、仪器和地表法线平面上进行天空扫描。在接近太阳时采集数据更频繁，因为太阳晕变化很快。天空扫描数据由辐射传输程序转化成气溶胶尺度谱分布和相函数。

CE318 有两种工作模式：手动模式（manual）和自动模式（auto）。手动模式需要用户指定某一指令让仪器做某项操作或某项测量，仪器的所有动作需要用户的干预；自动工作模式不需要用户的任何干预，太阳光度计内有一些编好的程序，可以在每天不同时刻完成一系列测量，并能将数据保存传送出去。另外，用户可以编一些程序令其自动执行。

注：需每天检查太阳光度计的光点位置是否偏离，如有偏离则需要进行调整；检查跟踪器是否能够准确跟踪太阳，并注意太阳光度计的启动和停止是否按照时间程序正常进行；检查数据是否正常下载；所有检查记录是否记入日检查表中。

（3）数据收集与处理

采用计算机配合方式收集数据，因为采用的测量模式是 3min 等间隔测量，数据量比较大，仪器本身的储存量比较小（大约是在这种测量模式下 2~3d 的数据量），所以采用计算机存储数据。在自动测量模式下，仪器在每次测量结束后将向计算机传递数据，每个晴天的数据 30~80K，这样就保证了数据的安全。

数据由太阳分光光度计附带软件 ASTPWin 读取，并经 AOT 功能处理得到气溶胶光学厚度 AOD。

（4）系统维护与校准

对于防止在野外的 CE318 太阳光度计，要进行每周一次的维护和检测，请将检查结果记入周检查表，具体检查内容见表 4-19，还需定期转存采集计算机内数据存储文件夹（由于数据文件很多，而文件夹内存储文件数目有限），一般一个月左右转存一次。仪器每六个月需要进行一次系统定标，即将气溶胶光学厚度、水汽量和辐亮度 $[W/(m^2 \cdot Sr \cdot mm)]$ 转换成预期的物理量。定标时将仪器与标准仪器进行比较得出定标系数。标准仪器自身的定标采用 Langley 技术进行。影响定标系数稳定性的因子主要是仪器的光学滤光片，平均每年衰减 1%~10%，滤光片需要两三年更换一次。

表 4-19　太阳光度计观测周检查

_____年_____月_____日　　　　　　值班员：_____

检查时间

　　检查时间：_____

完整性检查项目

● 电池连接：正常_____。异常_____。原因_____

● ZN/AZ 电缆和光学头电缆的连接：正常_____。异常_____。原因_____

_____

● 安装箱是否漏水：正常_____。异常_____。原因_____

　湿度传感器工作：正常_____。异常_____。原因_____

其他检测

● 内部电池电压：_____ （>5V）

● 外部电池电压：_____ （>12.5V）

● 仪器时钟与标准时间偏差：_____ （<10s）

● 机器人臂水平（调整否）：_____

● 光学头水平（调整否）：_____

● 仪器自动跟踪能力（>2mm，需调整）：_____

● 四象限跟踪器清洁：_____

备注

_____

参 考 文 献

北京市统计局，国家统计局北京调查总队.1996–2010.北京统计年鉴（1996–2010）.北京：中国统计出版社.

布里亚特共和国人口年鉴（2007）.2007.乌兰乌德.

董雪娜，李雪梅，贾新平，等.2006.西北诸河水资源调查评价.郑州：黄河水利出版社.

俄罗斯联邦西伯利亚联邦区赤塔州和其他所属联邦主体统计数据.2007.赤塔.

甘肃省统计局.1996~2010.甘肃统计年鉴（1996–2010）.北京：中国统计出版社.

国家统计局，环境保护部.2007.中国环境统计年鉴（2007）.北京：中国统计出版社.

国家统计局.1996~2010.中国统计年鉴（1996–2010）.北京：中国统计出版社.

国家统计局国民经济综合统计司.2007.中国区域经济统计年鉴（2007）.北京：中国统计出版社.

国家统计局国民经济综合统计司.2010.新中国60年统计资料汇编.北京：中国统计出版社.

国家统计局能源统计司.2008.中国能源统计年鉴（2007）.北京：中国统计出版社.

国家统计局农村社会经济调查司.2007.中国农村统计年鉴（2007）.北京：中国统计出版社.

河北省统计局.1996~2010.河北统计年鉴（1996–2010）.北京：中国统计出版社.

河南省统计局.1996~2010.河南统计年鉴（1996–2010）.北京：中国统计出版社.

内蒙古自治区统计局.1996~2010.内蒙古统计年鉴（1996–2010）.北京：中国统计出版社.

宁夏回族自治区统计局.1996~2010.宁夏统计年鉴（1996–2010）.北京：中国统计出版社.

山东省统计局.1996~2010.山东统计年鉴（1996–2010）.北京：中国统计出版社.

山西省统计局.1996~2010.山西统计年鉴（1996–2010）.北京：中国统计出版社.

陕西省统计局.1996~2010.陕西统计年鉴（1996–2010）.北京：中国统计出版社.

天津市统计局.1996~2010.天津统计年鉴（1996–2010）.北京：中国统计出版社.

西爱琴，陆文聪.2006.俄罗斯土地改革历程与现状.世界农业，（1）：43-45.

伊尔库茨克州70周年统计汇编，2007.伊尔库茨克.

张学成，潘启民，等.2006.黄河流域水资源调查评价.郑州：黄河水利出版社.

中国林科院.2007-11-15.俄《林业报》全文发表《俄罗斯联邦森林法》.http：//www.forestry.gov.cn.

中国县（市）社会经济统计年鉴（2007）.北京：中国统计出版社.

朱行.2007.俄罗斯农业政策最新变化及分析.世界农业，（12）：46-47.

Bartalev S A, Belward A S, Erchov D V, et al. 2005. A new SPOT4-VEGETATION derived land covermap of Northern Eurasia. Int. J. Remote Sensing, 24（9）：1977-1982.

Canadell J G, Steffen W L, White P S. 2002. IGBP/GCTE terrestrial transects：Dynamics of terrestrial ecosystems under environmental change-Introduction. Journal of Vegetation Science，12：298-300.

Milanova E V, Lioubimtseva E Yu, Tcherkashin P A, et al. 1999. Land use/cover change in Russia：Mapping and GIS. Land Use Policy，16：153-159.